匠心艺现系列丛书

壶中九华——英石假山研究与口述实录

Wandering in the Mountains of Heaven Cavern: Oral History of Ying Stone Landscape and Craftsmanship

华南农业大学岭南民艺平台
李晓雪 高 伟 编著

东南大学出版社

图书在版编目（CIP）数据

壶中九华：英石假山研究与口述实录 / 华南农业大学岭南民艺平台，李晓雪，高伟编著. -- 南京：东南大学出版社，2021.3
（匠心艺现系列丛书）
ISBN 978-7-5641-8680-7

Ⅰ. ①壶… Ⅱ. ①华… ②李… ③高… Ⅲ. ①叠石－园林艺术－介绍－广东 Ⅳ. ①TU986.44

中国版本图书馆CIP数据核字（2019）第293197号

壶中九华——英石假山研究与口述实录
HUZHONG JIUHUA — YINGSHI JIASHAN YANJIU YU KOUSHU SHILU

编　　著：华南农业大学岭南民艺平台　李晓雪　高　伟
出版发行：东南大学出版社
社　　址：南京市四牌楼 2号　　邮编：210096
出 版 人：江建中
网　　址：http://www.seupress.com
邮　　箱：press@seupress.com
经　　销：全国各地新华书店
印　　刷：徐州绪权印刷有限公司
开　　本：889 mm×1194 mm　1/20
印　　张：15
字　　数：440千字
版　　次：2021年3月第1版
印　　次：2021年3月第1次印刷
书　　号：ISBN 978-7-5641-8680-7
定　　价：119.00元

匠心艺现系列丛书

壶中九华——英石假山研究与口述实录

编委会名单

★国家自然科学基金资助项目：

英石叠山匠作体系及其技艺传承研究（项目批准号：51908227）

当我们面对抱持着“给造物以灵魂”精神去坚守一门技艺的传统匠师，

我们一直在思考，风景园林专业的我们，究竟能为传承做些什么？

造物予魂 匠心艺现

岭南园林的悠久历史可以追溯到秦汉时期，繁复绚烂、精雕细琢的传统工艺一直是岭南传统园林最为直接与具象的外在体现，也是岭南园林最为鲜明的特色之一。从某种程度来说，岭南风景园林遗产特色的保护与传承最直接的对象就是这些极具地方特色的传统工艺。

然而，中国传统文化中“形而上者谓之道，形而下者谓之器”的观念，使得重赏轻技的现象一直存在。两千多年来，历史上涌现出的具有高超技艺手法的名匠在中国风景园林史的记载中寥若晨星，而在岭南园林呈片段式的历史文献记载之中，更难见到关于传统工艺与匠师群体的相关记录。周维权先生在总结中国园林发展时曾经指出：“向来轻视工匠技术的文人士大夫不屑于把它们（造园技术）系统整理而见诸文字，成为著述。因此，千百年来的极其丰富的园林设计技术积累仅在工匠的圈子里口传心授，随着时间的推移而逐渐湮灭无存了。”

岭南地区作为中国最早与西方文化接触的地区，是最早受到西方建筑风格与现代技术影响的地区。西方现代技术为岭南传统建筑与园林的营造方式带来了翻天覆地的变化；中国社会近百年的急剧变化中传统与现代的冲突，也将岭南园林、传统工艺与传统工匠群体裹挟其中。

时至今日，岭南园林遗产由于历史进程中自然灾害、城市化发展等的影响，留存的数量、规模以及利用情况都无法与辉煌时期相比。而在对岭南风景园林遗产的保护修缮与当代园林景观建设工程中，常常出现专业建筑设计人员与施工团队因不理解岭南园林传统工艺特色而照搬其他地区园林技艺风格、施工质量粗劣等问题。现代生活方式的改变、审美标准的变化、现代机械化与产业化发展，岭南传统工艺与匠作系统的保护传承面临多重挑战。岭南风景园林文化遗产的保护思路、保护技术与手段相对缺乏，岭南传统工艺特色流失、传统工艺后继无人更让岭南园林文化遗产的保护不容乐观。

传统工艺是以工匠为主体，兼具技术性、艺术性、组织性和民俗性的造物过程。工匠们调动身体五感全力投入眼前的工艺制作之中，材料与技巧相结合，历经时间累积，以“给造物以灵魂”的信念终让岭南园林呈现出独有的品质。

而从非物质文化遗产保护的角度来看，对岭南风景园林传统工艺与匠作体系记录的缺乏，使岭南风景园林文化遗产的保护与传承遇到了严重瓶颈。由于地方历史文献与现有研究成果中一直缺乏关于岭南风景园林传统工艺的记录，更缺乏对匠作系统的记载，岭南风景园林的保护与传承仅仅停留在对“物”的保护层面，缺少从非物质层面对技艺与人的动态关注，无法呈现岭南园林作为地域文化遗产的完整性，也无法全面、真实地认识岭南园林的价值，以及无法实现岭南风景园林的传承与可持续发展。关注岭南风景园林传统工艺发展现状与匠师群体的生存现状，才能推进岭南风景园林保护与传承。

华南农业大学岭南民艺平台是由关注岭南风景园林传统工艺与匠作系统保护与传承问题的研究团队建立。岭南民艺平台，全称“岭南风景园林传统技艺教学与实验平台”，是依托华南农业大学林学与风景园林学院一个公益性学术研究平台。岭南民艺平台以保护与传承岭南风景园林传统工艺为使命，以研究与孵化培育为己任，以产学研相结合的方式促进与推动岭南地区传统工艺的再发现、再研究、再思考与再创作，为岭南民艺的可持续发展搭建一个研究、培育、互利的公益平台。

自2016年开始，我们实地走访了岭南地区的传统工艺手艺人，以口述历史的研究方法，真实记录岭南风景园林特色技艺的传承现状与工匠的生存现状，希望能为岭南风景园林传统工艺留下基础档案记录，更重要的是真正厘清岭南园林以匠作系统为核心的传统工艺保护传承所面临的问题，以期从行业到学界角度，为岭南风景园林文化的保护与传承提出更为有效的思路与对策。

“工匠精神”并不是一句空话，是始终如一的专注、持续与坚持。我们希望通过持续地关注与坚持研究，为岭南风景园林文化遗产的保护与传承留下一份宝贵的记录。

华南农业大学岭南民艺平台

2020年10月

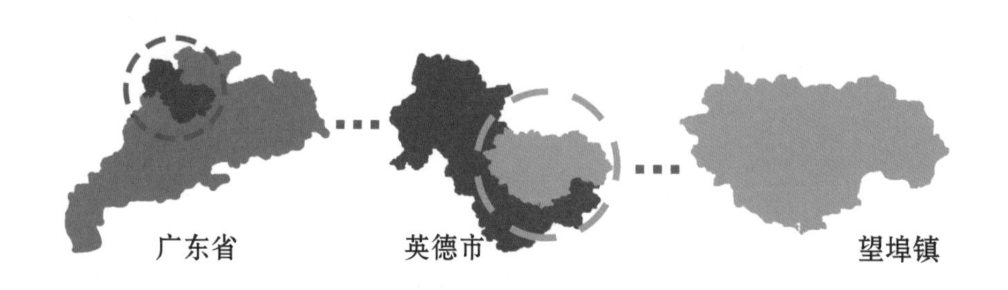

英德市仙桥村采石场 （拍摄者：邱晓齐）

漫长的埋藏、侵蚀风化过程，赋予它致密的质地、丰富的纹理、奇拙的外形；从一根拐杖、一个背篓的时代到一根钢索、一辆吊机的时代，对它的开采始终艰辛；从山乡野地到精巧的供桌，每一次问世都是眼力与缘法的考验。

这就是英石。石者，累千世之积；英者，萃万界之灵。

英德望埠，英山绵延，是英石出产的园圃。石头从岩层中脱落，在植物的根系作用下分裂，恰似几十万年一熟的果实。靠山吃山，从北宋开始，当地就没有停止过对英石的开采。采石工人们从山脚开始开路，穿过最茂盛的密林，涉过最湍急的山涧，攀上最险峻的山崖，把一块块石头“采摘”而下。它们大多被送到叠山工匠和盆景匠师们的手中，在匠心与巧手中，化为精巧尺幅，完成生命的升华。

在很长一段时间里，当地对英石的利用仅仅只是采集，而不是经营。区别于其他工艺，叠山匠人更多地被视为“工人”，他们是一群“城市民工”。这是一个常常被遗忘的行业。赏石常常要摆脱象形思维，从意识与意境的高度去审美；不如跟随我们，在咀嚼匠人们的故事中，体会石、山之美。

工匠手中的“武器”

手套

施工时工人佩戴于手上，避免直接接触英石导致划伤，保护双手。

石刷

用于刷洗刚开采下来的英石表面的杂质。

锯子（手锯）

将木棍锯短到合适的长度以支撑或固定石头；也可用于将石头附近的树木灌木锯掉便于开采。

连环钩

使用于吊车、支架，连接多根绳子，协助吊起石头。

铁 / 钢锹

撬起石头凸起的部分使石头表面较为平整，平的一头用来撬石头，尖的一头用来凿石头。

齐铲（方铲）

在开采石头的时候，挖土方运到指定处堆放；也可以用于翻拌水泥。

铁／钢撬（铁臂）

将一端插入石缝，撬起体积较大的石块，便于后续操作。

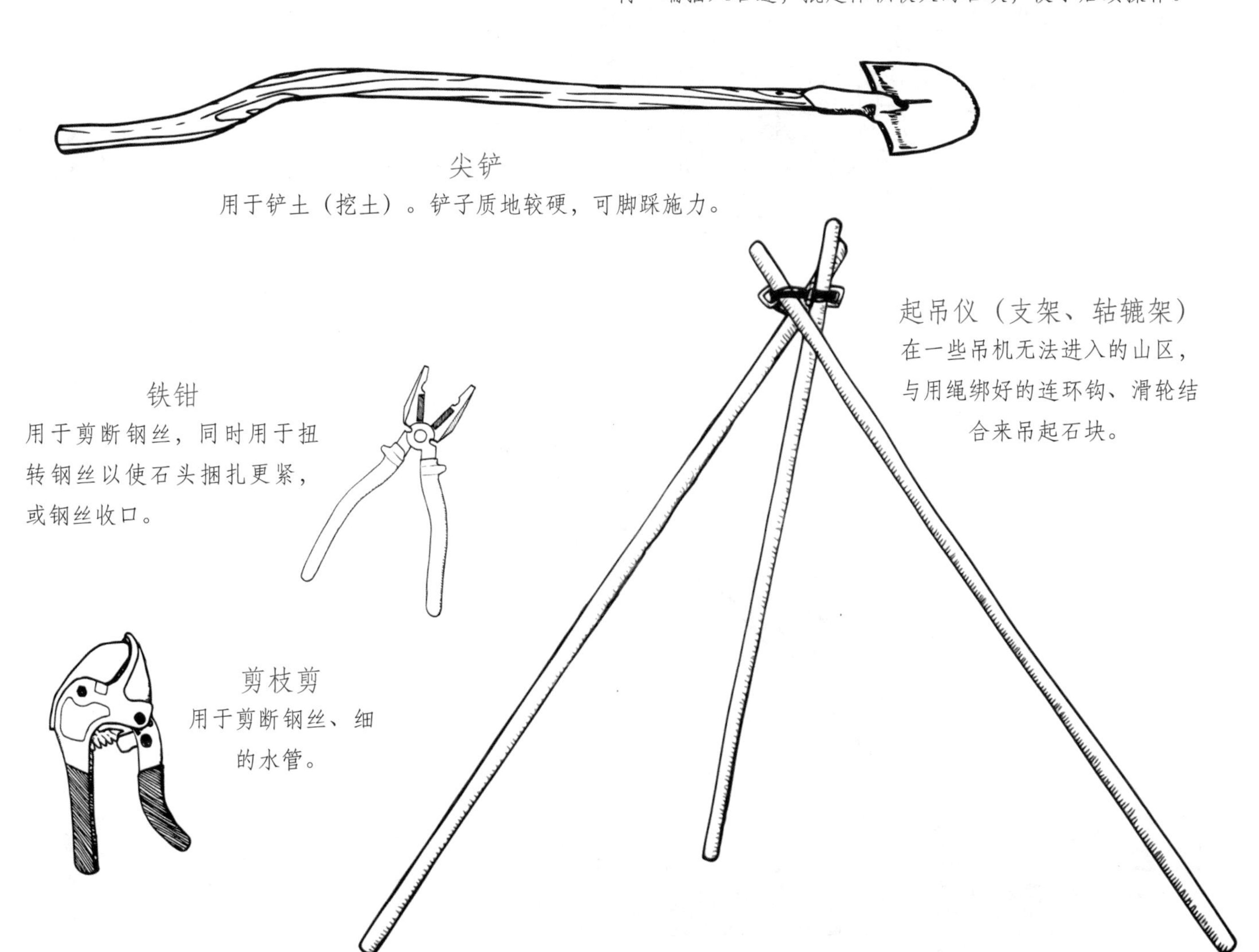

尖铲

用于铲土（挖土）。铲子质地较硬，可脚踩施力。

起吊仪（支架、轱辘架）

在一些吊机无法进入的山区，与用绳绑好的连环钩、滑轮结合来吊起石块。

铁钳

用于剪断钢丝，同时用于扭转钢丝以使石头捆扎更紧，或钢丝收口。

剪枝剪

用于剪断钢丝、细的水管。

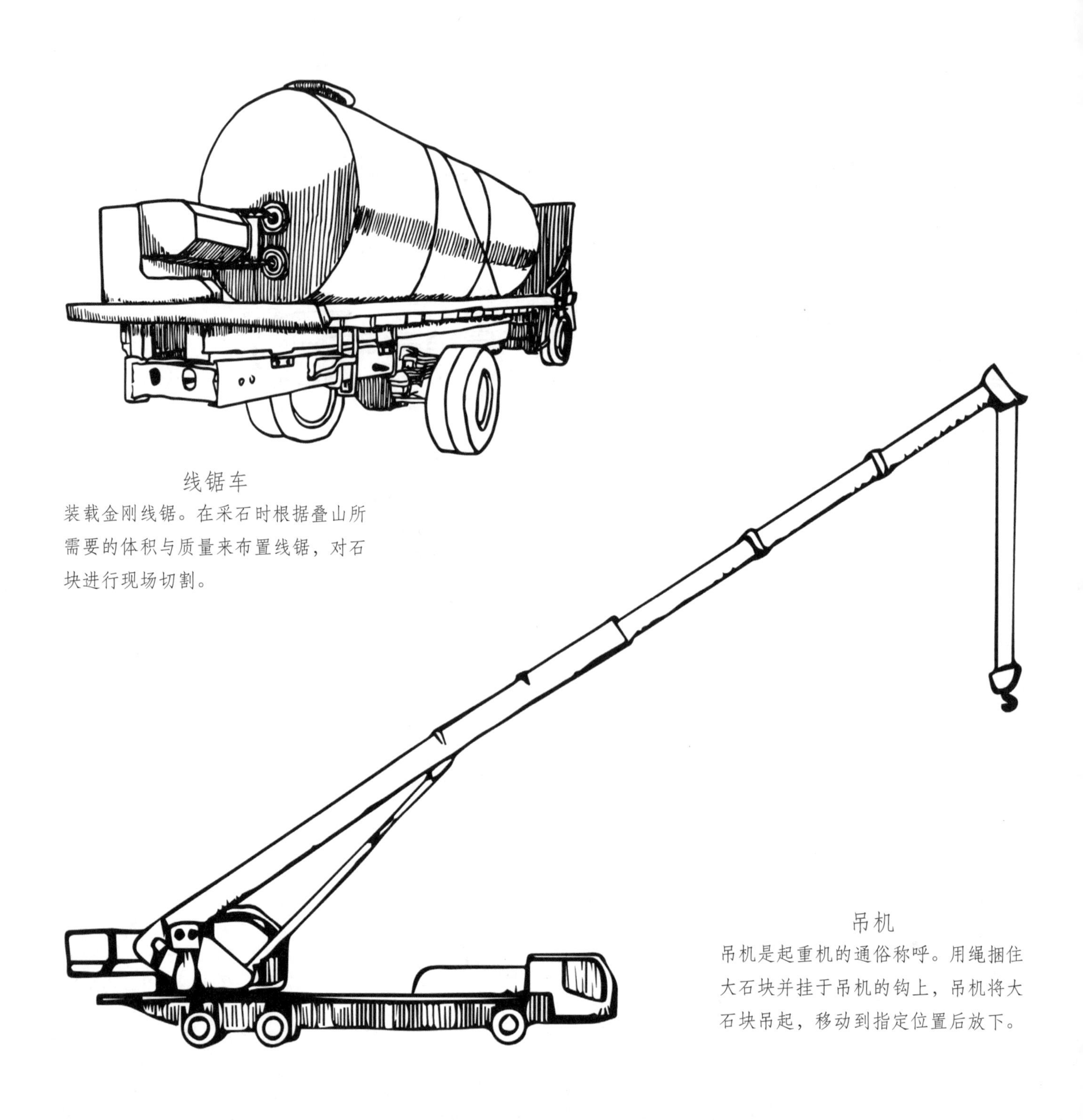

线锯车

装载金刚线锯。在采石时根据叠山所需要的体积与质量来布置线锯，对石块进行现场切割。

吊机

吊机是起重机的通俗称呼。用绳捆住大石块并挂于吊机的钩上，吊机将大石块吊起，移动到指定位置后放下。

铲车

用于辅助清理、搬运挖出来的泥土。

钩机

钩机是挖掘机的俗称。在开采石头的时候，钩机辅助刨开石头周围的土块，并将土运到指定处堆放。

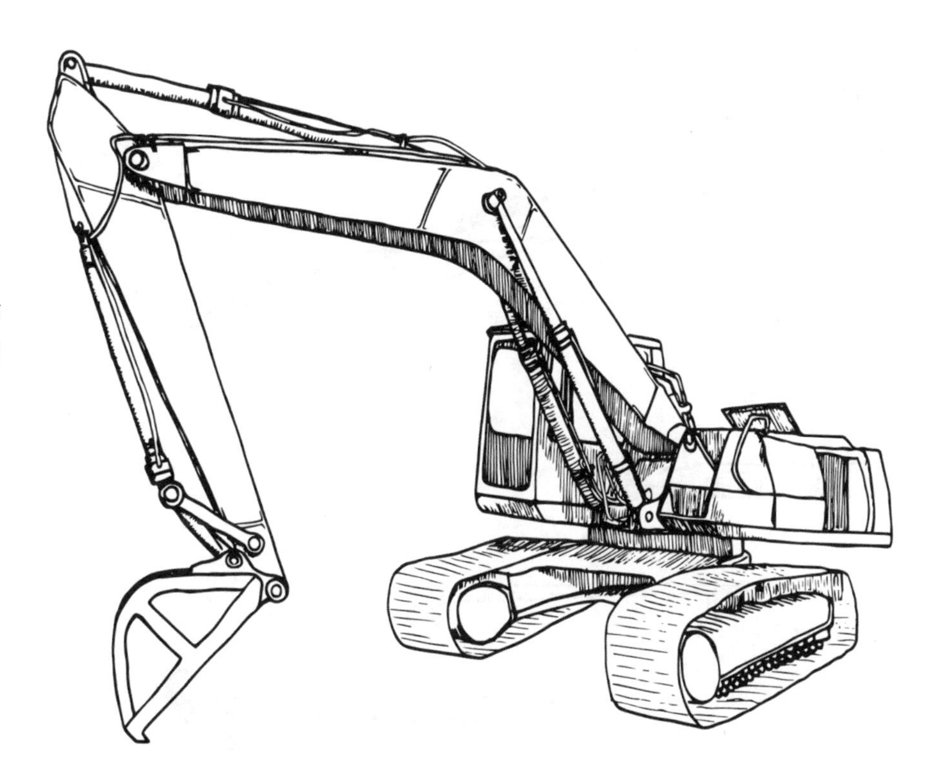

西餐刀

用于在做体量较小的石景时从桶中取较少量水泥并抹于石上。同时可用于石头黏合后将多余的水泥刮掉。

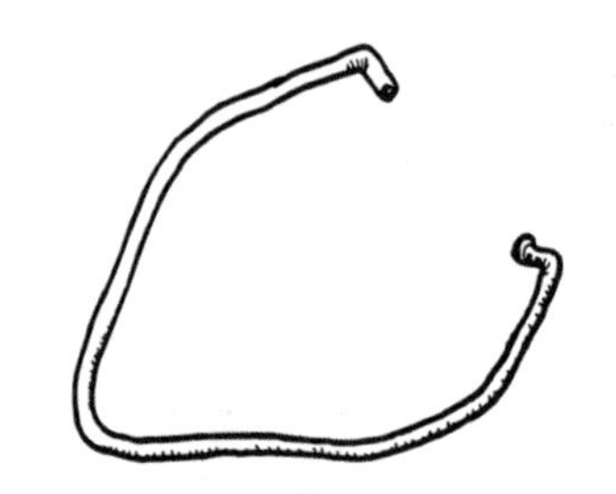

V 型钢丝

原为自行车零部件，多用于中小型英石假山或盆景的制作。在两块（也有多块）小石块之间涂上水泥时，用来固定石块位置，将石块夹紧黏合。水泥干透以后方可移除。

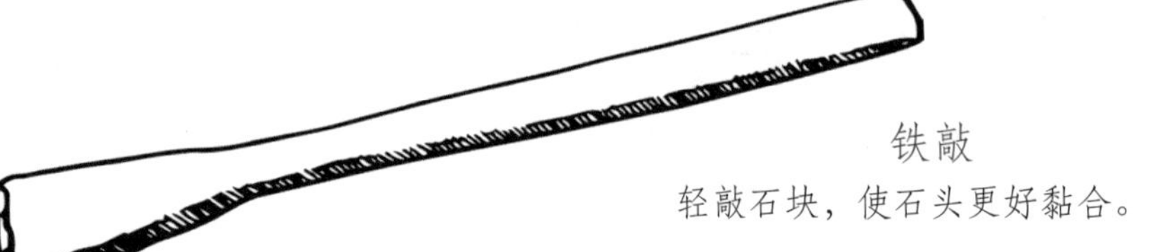

铁敲

轻敲石块，使石头更好黏合。

木棍

立基阶段，在未上水泥或水泥未干时，用于支撑故作悬挑的或于高处悬空的石块，辅助上层堆叠。

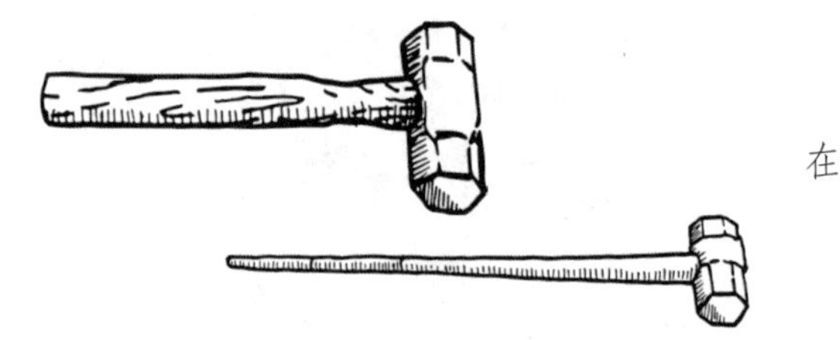

不同型号的锤子

多用于中小型英石假山或盆景的制作。

在叠山过程中石块太大不符合造型时，用来敲掉石头的一些部分，

同时可用于轻微敲击石头，使石头之间的黏合更稳固。

在某些情况下，也用于在石头中敲入钢钉 / 铁钉固定。

铁／钢丝

多用于中小型英石假山或盆景的制作，在假山盆景塑形时固定石块位置。同时在两块（也可以是多块）石块之间涂上水泥时，用来固定石块位置，将石块捆紧黏合，水泥干透后方可拆除。有悬挂、捆扎两种用法。

黄糖

早期制作假山时，当水泥效果不佳时，将黄糖与水泥混合，使假山石块黏合更牢固、坚实。现较少使用于大型工程中，偶于盆景制作中使用。

墨水

勾缝着色时，与水、水泥混合调成色浆后刷在未干的拼接缝上，使拼缝颜色与英石更接近。

水泥

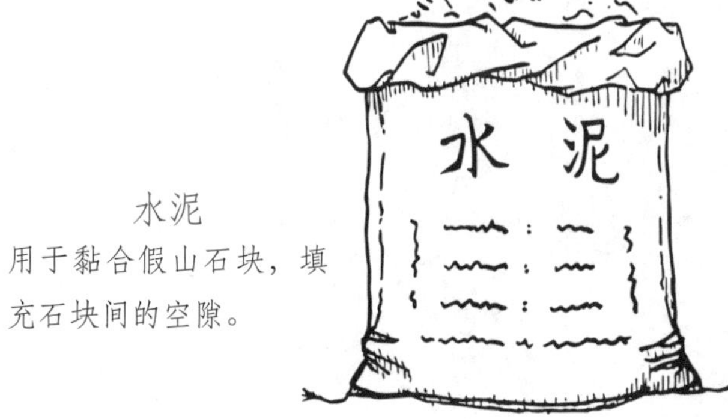

用于黏合假山石块，填充石块间的空隙。

抹泥刀

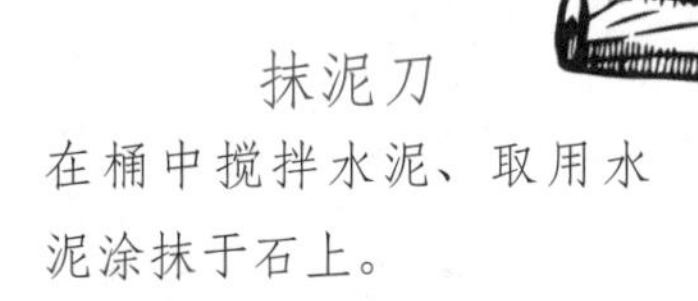

在桶中搅拌水泥、取用水泥涂抹于石上。

桶

用于混合、搅拌、盛装水泥，便于移动和涂抹。

灰板

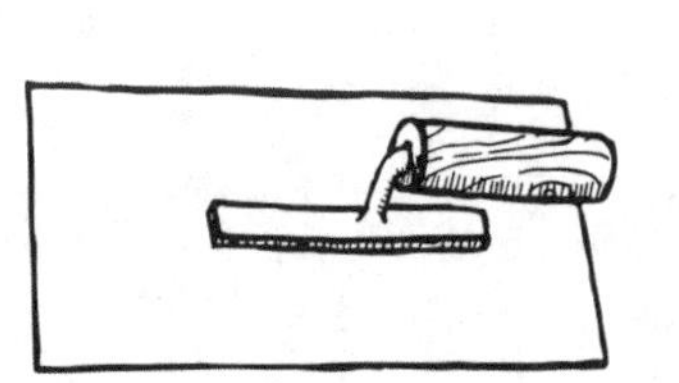

与抹泥刀用法相似，但相较于抹泥刀不便于搅拌水泥。

（绘制：罗欣妮）

目录

登山（拍摄者：李彦昱）

工作坊成员实地考察 （拍摄者：李彦昆）

第一章　英石特质与源流

■ 中国英石

■ 英石赏石文化历史源流及发展前景

中国英石

赖展将 李晓雪 林志浩

1 概述

英德市是广东省中北部的 一个县级市，南距广州 140 千米，北距韶关 90 千米，是中低山围绕的构造盆地，喀斯特地貌发育十分典型，造就了中国赫赫有名的英石。

公元前 206 年至公元前 195 年间，汉高祖在英德境内同时设立浈阳、含洭两县。公元 920 年（五代南汉乾亨四年）改州制，以浈阳县东部的英山（图 1-1）盛产英石而命名英州；以后历称英德府、英德路、英德州、英德县、英德市，始终保留英石的“英”字。

英石即英德石的简称，是经自然力长期作用而形成的玲珑剔透、雄奇突兀、千姿百态的石灰岩奇石。英石有“瘦、皱、漏、透”等特点，具有极高的观赏和收藏价值，是园林美化和制作山水盆景的上乘材料。早在宋朝，英石就被列为贡品；到了清代，英石与太湖石、灵璧石、黄蜡石齐誉，被定为全国园林名石。

英石主要产区为英德市望埠镇的英山，其山上、山沟、山涧中均有，这是英石的宗源。此外英东的青塘、白沙、大镇等镇，英中的沙口、云岭、横石塘、石牯塘、石灰铺、英城等镇，英西的浛洸、大湾、青坑、波罗、九龙、明迳、岩背、西牛等镇均出产英石。还有人把清远、阳山等地的此类赏石也划入英石的范畴。经探测，英德市计有优质石灰石山 5.33 万公顷之广，可见能作园林清供和盆景假山之用的英石材料是相当丰富的。

英石就质地而论，可分为阳石和阴石两类。阳石裸露地面（图 1-2），经长期风化，质地坚硬，色泽青苍，形体瘦削，表面多褶皱，扣之声脆，适宜作假山、盆景。阴石深埋地下（图 1-3），风化不足，质地松润，色泽青黛，通常间有白纹，形体漏透，造型雄奇，扣之声微，适宜独立成景或作组景。

有人把英石归作太湖石，这是不确切的。虽然英石和太湖石都产于同类地质，都具有“瘦、皱、漏、透”四大特点，但英石锋棱突兀，色泽鲜明，颜色丰富，有明显的石英脉，与太湖石有明显的区别。

在岭南，英石的开发较早，它的功能，一作园林景石，二作清供石，三作假山盆景构件。

图 1-1 盛产英石的山地（拍摄者：李晓雪）

图 1-2 英石阳石（拍摄者：刘音）

图 1-3 英石阴石（拍摄者：林志浩）

英石作园林景石，自古有之，今日更盛（图1-4）。宋代杜绾所撰的《云林石谱》中的英石篇、宋代《渔阳公石谱》中的绉云石记、明代计成《园冶》中的英石段、公元1655年英国人纽浩夫关于英石造景的游记……无不对园林英石有所记叙和赞誉。

清远虽佳未足观，真阳佳绝冠南蛮。
一泉岭背悬崖出，乱洒江边怪石间。
夹岸对排双玉笋，此峰外面万青山。
险艰去处多奇观，自古何人爱险艰。

南宋杨万里这首七言律诗，赞美北江浈阳峡是一座雄奇怪险的天然大盆景。

曲江门外趁新墟，采石英州画不如。
罗得六峰怀袖里，携归好伴玉蟾蜍。

清初朱彝尊这首七言绝句充分表达了作者对英石的赞美和珍视。

问君何事眉头皱，独立不嫌形影瘦。
非玉非金音韵清，不雕不刻胸怀透。
甘心埋没苦终身，盛世搜罗谁肯漏。
幸得硁硁磨不磷，于今颖脱出诸袖。

清人陈洪范这首七律赞颂英石“瘦、皱、漏、透”四大特色。

瘦骨苍根各自奇，碧栏十二影参差。
平章妙出诗人手，半傍书帷半墨池。

这首七绝（作者不详）赞美用英石叠成的佛山“十二石斋”是一处如诗如画的园林。

历代文人雅士以及能工巧匠对英石的宠爱和研究，使得文化内涵极其丰富的英石园林应用长盛不衰，闻名中外。我国宋代汴京艮岳已使用英石点景，北京故宫御花园用英石缀景，明建清修的顺德清晖园狮山和斗洞是用英石塑成的，同一时期的番禺余荫山房假山也是用英石砌成的。东莞可园、佛山梁园，其主景无一不采用英石。至于国外园林，早在18世纪以后，英、法、德等西欧国家的宫廷、官邸、富人花园就选用英石叠山、作拱门、筑亭基、饰喷泉等。1986年中国援建澳大利亚谊园，部分园林石选用的是英石；现在新加坡国家公园主要景点用的也是英石。

英石盆景体现了岭南画派的风格。邓其生教授在《岭南山石盆景风采》一文中这样论述：“英石盆景正应岭南画派之风骨。英石褶皱明快有力，脉纹变化多端，空透灵邃，疏秀遒劲，竖立、横置、斜倚均可成景，独放、叠布、群列均宜，造景幅度宽广。不同摆置和组合，易于构成峰、峦、岭、峡、崖、壑、岛、矶、嶂、岫、岑、渚等山形地貌，蕴含着艺术意境构思的许多素材。”

千百年来，英石的应用作为一种既古老又新潮的文化活动，给英石之乡的英德市带来诸多福祉，同时也为增进中外友谊发挥了重要作用。多年来，各级政府抓住改革开放的良好机遇，根据文化市场的需求，日益重视英石资源的开发和利用。

英石是英德人与外地人、中国人与外国人的友谊使者。北宋著名书画家米芾于宋神宗熙宁年间任浛洸县尉两年，公差之余常到山溪沙坑中选择英石，珍之如宝，表现出他对英州山川风物的无限热爱。明嘉靖年间，广西富川人周希文曾任英德县令，政绩突出，百姓拥戴，当他告老还乡时，送礼者不计其数，而他将金银财物悉数退还送礼者，仅仅带走英德人民赠给他的一块鹿角型英石作纪念。此石与《英德石纪》碑文一并存放在广西富川周氏宗祠，作为两地人民深厚友谊的象征。明末清初，广东青年吴六奇流浪到浙江，受到当地绅士查继佐的资助；后来吴六奇官至广东水师提督，便以自己花园内的一座英石峰（绉云峰）赠给恩师查氏，聊报知遇之恩。这个故事流传了几百年，这座绉云峰被安置在杭州西湖畔的江南名石苑，成为江南三大名石之一。

据有关文章记载，苏东坡、黄庭坚等文人当年都是玩藏英石的行家。“凡岭北人莅粤，走时势必携英石而归。”可见英石从很早的时候起就成为友谊的使者。

今天英石进一步发挥了使者的作用，不断增进我国人民与世界人民的友谊。1986 年广东省代表中国政府援建澳大利亚新南威尔士州“谊园”，部分园林景石就是从英德望埠运去的正宗英石。同年广东省外事部门挑选了一块上乘的英石作为中华人民共和国的礼物赠送给美国马萨诸塞州。1987 年广东省代表团访美，把一座中昌工艺厂生产的现代英石盆景赠给沙拉姆镇皮博迪博物馆。1995 年世界第四次妇女代表大会在北京召开，北京华联电子有限公司赠给世界妇女代表大会 4 盆龙山厂生产的现代英石山水盆景，表示对大会的祝贺。1996 年 11 月受广东省外事部门委托，英德市人民政府挑选了一块优质英石（命名为鸣弦石）作为广东省礼物赠给日本神户国际和平石雕公园，从此，这块英石与其他国家的名石一起成为该公园的“和平之珠”。

图1-4 园林景石“瘦云峰”（拍摄者：林志浩）

图 1-5 英山（拍摄者：李晓雪）

英德市幅员5634平方千米，北江、连江、滃江纵贯全境，其间点缀着5.33万公顷典型喀斯特地貌。在祖国版图上，英德市无愧为一处天然英石园林。如果把英德比作一座巨型的英石盆景的话，那么这座盆景的主峰便是位于英德市中部的望埠镇英山（图1-5）。

2　英石的定义

英石是石灰岩经内部碳酸钙分化和外部风化、溶蚀等自然力作用而成的天然赏石，产地为广东英德。其功能很多，可作园林景石，又可制成假山、盆景，还可作清供石。英石的特点是“瘦、皱、漏、透”。英石的硬度为4～6，硬度低于4或高于6的英石极少。

3　英石的基本特点

英石与太湖石、灵璧石基本上属于同一类的赏石。它们共同的特点都是米芾所述的“瘦、皱、漏、透”。所谓“瘦”就是形体苗条、高挑、清晰、嶙峋，奇巧见风骨；所谓“皱”就是外表皱纹深刻，纹理纵横有序，不给人呆板之感；所谓“漏”就是滴漏，全身布满穴窝流痕；所谓“透”，就是通透，石头的眼、孔、洞彼此相通，玲珑剔透，空透灵邃。英石有阳石、阴石两大类，阳石暴露于地面，“瘦、皱、漏、透”者为佳品，一般都突出“瘦”和“皱”，是传统上所谓的英石。阴石埋在地下，巨型的居多，一般突出“漏”和“透”，传统上归入太湖石一类，或直接叫太湖石，或冠上地名叫广东太湖石。因此，英石当中有太湖石，太湖石当中没有英石。阴石类较之太湖石和灵璧石有明显的石英脉，石英脉呈网状，颜色为白居多，亦有黄色、红色，当地叫“石筋”。

根据英石的特点，传统英石（即英石中的阳石）坚硬，多皱褶，峰棱突兀，故往往是好看不好摸，很棘手，像玫瑰花一样，美丽却长刺。太湖石类的英石（即英石中的阴石），由于深埋地下，且有石筋，需挖掘、切、割、钻方可得到，那么势必有一面带上伤痕；就算有一些不用切割的大型英石，也有一面座底，风化不好，很呆板，且呈块状。所以，如果得到一件“瘦、皱、漏、透”俱全、峰棱钝角可以摩玩、四面中看的英石，那就可能是极品。

4 英石的分布、分类和用途

4.1 英石的分布

英德市是广东省陆地面积最大的县级行政区域，幅员5634平方千米，其中喀斯特地貌面积达5.33万公顷，英石储量625亿吨以上，资源非常丰富。位于市区北部13千米处的望埠镇（镇政府治所），往东走10千米左右便是盛产英石的英山，它是英石的宗源，方圆140平方千米，呈南北走向，往北至冬瓜铺青溪一带，往南至莲塘都蕴藏着优等的英石资源。这一带什么样的英石品种都有。英山东部的大镇、青塘近年来发现有虾肉色、黑褐色（牛角质）的英石。市区的北、西、南部近年来有人采到幼花英石，虽然硬度较低，但北部发现的黑白相间的幼花英石和西部发现的白里透绿的幼花英石都为人们所喜欢。横石塘共耕村山溪里有人开采出为数不多的"龙骨"石，表面灰白色，敲击发出金属之声，清脆悦耳；用酸泡则能变色，首先变成米黄色，再泡可变成绿色，如果是薄片则绿得透明。石牯塘尧山存在一种质地黑得发亮、面有白筋、满身手指纹痕的英石，十分稀奇。大湾的斧劈石，石灰铺的横纹石，仙桥一带的叠石等质量都不错。岩背、冬瓜铺等地发现有伴生性英石，比如里面有海生物（珊瑚、贝、鱼、藻等类）化石的英石。莲塘村背后的蛇窦窝可谓英石大全之地，说得出的英石石种几乎都有。此外，浛洸、青坑、波罗、西牛、九龙、黄花等地都有英石，甚至有好的白英石。

4.2 英石的分类

英德市境外的同类观赏石亦称英石，不过近年来有的地方为了当地声名直接叫"××（地名）石"。根据英德市英石目前的石种和传统称呼，英石分类有几种情况。

图1-6 直纹石（拍摄者：李晓雪）

图1-7 横纹石（拍摄者：李晓雪）

图1-8 大花石（拍摄者：林志浩）

图1-9 叠石（拍摄者：邹嘉铧）

(1) 阴阳说

裸露在地表的英石叫阳石；埋在地下的英石叫阴石。

(2) 大小说

连体石称为大英石；散落无根者叫小英石。

(3) 两器两件说

1.5 米以上见方的英石为大器，1 米左右见方的为中器；用于堆砌盆景假山的英石叫构件，摆设在几案书架上的清供石叫小件。

(4) 民间流传说

英德地区石农和玩石者都认同英石（特别是阳类英石）分为直纹石（含斧劈石）、横纹石、大花石、叠石、小花石、雨点石（大雨点和小雨点）。近年来人们根据颜色又细分为黑英石、白英石、红英石、黄英石、彩英石等。纹理直线条为直纹石，纹理错乱为横纹石，石英脉多为大花石，层叠状的为叠石，雨滴流痕状的为雨点石；三种颜色以上的为彩英石（图 1-6 至图 1-18）。

大小说、阴阳说来自清朝屈大均《广东新语》，他认为，“自英德至阳山，数百里相望不绝”的石峰为“大英石”，“无根”“散布”的为“小英石”；并认为出土者为“阳石”，入土者为“阴石”，还提出“凡以皱、瘦、透、秀四者具备为良”。第三种说法，比较倾向于阴阳说加民间流传说。民间流传的称呼说得具体形象，阴阳说避免了将入土的英石叫作太湖石。所以，采用了阴阳说、民间流传说合二为一的分类法。

图 1-10 小花石（拍摄者：邹嘉铧）

图 1-11 雨点石（拍摄者：林志浩）

图 1-12 黑英石（拍摄者：林志浩）

4.3 英石的用途

英石的用途很广，宋朝时被列为贡品；清朝时被定为全国园林名石之一，与太湖石、灵璧石、黄蜡石齐誉。另一说英石是全国名石之一，与太湖石、昆石、黄蜡石齐名。它不仅是园林名石，而且又是假山盆景构件，同时还是观赏性清供石。古今中外，名城、名园、名人很多都与英石结缘，古今名园大都留下英石的倩影。

现行英德市早在汉武帝时就设浈阳、浛洭两县。英州因英山盛产英石而得名，以后建制变迁，都少不了一个“英”字。英的原意是什么？根据《辞源》的解释，英的本义为“花”“花片”。《诗经》“有女同行，颜如舜英”，《离骚》“朝饮木兰之坠露兮，夕餐秋菊之落英”，这里的“英”即花或花片的意思。英山上的英石，“瘦、皱、漏、透”，嶙峋奇巧，晶莹剔透，实在是名副其实的石花。宋徽宗于公元 1117 年筹建皇家园林“寿山艮岳”，派官员在江南设应奉局，挑选名花、异卉、奇石，英山的英石再不能沉睡地下，应运而生，进贡朝廷，英石开发从此掀起高潮，同时带来浈阳县升级为州。清朝曾一度掀起园林之热，岭南四大名园（东莞可园、顺德清晖园、番禺余荫园、佛山梁园）都用英石点景。归纳起来，英石的用途有如下几种。

图 1-13 白英石（拍摄者：邹嘉铧）

图 1-14 红英石（拍摄者：李晓雪）

图 1-15 山型石（拍摄者：刘音）

（1）作园林景石

英石大器可以独立成景，在公园、庭院、街头“置”上一件或几件巨型英石，立即给环境增添几分秀气。

（2）作清供石

挑选那些有意境、有寓意、有象形的英石小件或小品，配上几座、几架，摆放在案头或博古架上，会使厅堂、书房增添许多文化气息。

（3）作假山、盆景构件

平原地区往往用英石构件制作假山、配饰坡地、构筑湖堤和沟堤等。用英石构件制作成山水自然盆景、树桩盆景、雾化盆景，适用于家庭和办公室。

（4）作装饰配件

别出心裁地用一些小巧玲珑、晶莹剔透的英石小件，特别是叠石小件筑拱门、镶墙壁、垫柱基、饰喷泉、托瀑布、引飞流等，其情其景，妙趣横生。

图 1-16 彩英石（拍摄者：邹嘉铧）

图 1-17 胶合石（拍摄者：林志浩）

图 1-18 虾衣色英石（拍摄者：林志浩）

关于英石假山、盆景的制作工艺，一般分为四道工序：

一是选石，即选择适合制作盆景的英石构件，如果是制作单个盆景需选用1～5件英石。在这个环节当中，关键是石块的大小搭配要均匀，所选英石必须是同一类型，直纹石竖放，横纹石横放、斜放，叠石叠放，以求自然效果。

二是洗石，即把英石构件表面的泥土、污垢清洗干净，以加强粘贴效果。洗时用毛刷、钢刷或竹刷在英石表面反复摩擦，一般采用清水洗石，不用酸洗。

三是拌浆，主要材料有水泥（600#）、细沙、黄糖、黑墨、化学黏剂等，材料搭配要适度，加水调拌，关键是拌好的浆要尽量接近自然石色。

四是制作，根据实际情况制作成各类山水形貌，使之成为大自然的缩影。每粘好一块石头要用钢夹夹住固定，用扫帚或刀理净外泄的粘贴物，整座盆景干透后再用清水清洗，最后上盆定位。主要制作工具有凿、钳、锤、钢夹、刮刀、锯、毛刷（竹刷或钢刷）等。

制作英石假山时，所用工具大致与制作盆景的相同，只是规格大一些。制作时同样要分类选材，但不用洗石，拌浆与建筑水泥浆接近。假山形状与喀斯特地貌类同或模仿自然界的名山大川。饰沟、饰湖时，镶边要犬牙交错，忌平铺直筑。假山砌在室外，不用盆托。

5　英石文化的三大特征

英石文化的基本特征包括艺术特征、时空特征和产业特征三方面。

5.1 英石的艺术特征

艺术特征是英石本身固有的、本质的特征，即宋代石痴米芾提出的“瘦、皱、漏、透”。“瘦”是指英石的形体美，轮廓苗条、清晰，嶙峋奇巧，突显风骨；“皱”是指英石的纹理美，表面满布褶皱，纵横之皱，雨点之皱，井然有序；“漏”是指英石表面的滴漏，较大的滴痕和流痕，这是更深刻的纹理美；“透”是指英石造型富于变化，孔、眼、洞相互通达，玲珑峻峭，空透灵邃，这是英石的美中之美。欣赏英石追求“瘦、皱、漏、透”的自然美，是东方文化的体现，是道德观念的演绎。当然，按常理艺术是需要创作的，但是发现自然界中存在的“瘦、皱、漏、透”的天人合一的英石比人工的雕塑更难，因此发现更是一门艺术，一门精湛的艺术。用英石构件制作成的假山、盆景，更被人们誉为“立体的画，无言的诗”。

5.2 英石的时空特征

时空特征是指英石开发历史悠久和传播地域宽广的特征，这个特征是英石较之其他石种占据优势的特征。根据有关文字记载，英石至少在宋朝就被开发利用了，宋朝的三部赏石专著《渔阳公石谱》《云林石谱》和《老学庵笔记》都描述了英石这一石种。宋朝英石被列为贡品，“绉云峰”就是北运京城时在苏浙一带流失的“花石纲”遗石。宋朝浈阳县建立州制，因当时英山开发的英石出名而命名英州。由此，我们知道英石的开发历史少说也有一千多年，之后岭南文化被融进中原文化，成为中国文化、东方文化的一部分。早在18世纪英石就传到了西欧的英、法、德等国，现在又遍及东南亚和澳大利亚、美国。新加坡国家公园、澳大利亚谊园都用英石缀景。这些西方国家欣赏着中国英石，兼容东方文化。古今中外，英石都备受人们青睐。这些是英石文化的时空特征。

5.3 英石的产业特征

产业特征指英石从古到今不仅仅是一个文化概念，而且是一门产业，一门文化产业。宋朝陆游的《老学庵笔记》、清代《清稗类钞》都记述了当时英德地区英石经营盛况。

目前，英德市已成为国内最大的园林景石集散地，同心村、莲塘村、冬瓜铺村成为远近闻名的专业村，望埠镇被广东省文化厅授予民间艺术（英石）之乡。市区一百多人收藏英石精品，文化局设有英石园林和英石馆，不少协会会员设有家庭英石馆，茶园路逐渐发展为赏石一条街。

英石文化基本特征的三个方面中，艺术特征是前提、基础，时空特征和产业特征是它的表现和延伸。

本文节选自赖展将．中国英德石 [M]．上海：上海科学技术出版社，2008.

已发表在《广东园林》2017年第5期 Vol.40，总第180期．

英石赏石文化历史源流及发展前景

刘音　高伟

自古以来，在儒、道、释三家主流传统意识形态的影响下，中国文化传统寄情山水，始终追寻人与自然的和谐统一。在这种思想的引导下，园居生活成为中国人居生活的至高理想，文人雅士将现实生活与自然环境、文化享受与人工筑物有机结合，在天人合一、回归静谧的传统山水思想中，品自然之德，思和谐之理，以完善自我，提高审美情趣，达到境由心造的境界。园居山水之景便是这一理想生活最为直接的物质载体，园中山石成为自然（山岳）的象征物，赏石如看山，从石的造型看群山峻岭，从石的纹路看云雾流水，即使足不出门，仅凭一块爱石、一座假山，也能实现神游物外，回归自然。园居生活中的赏石文化是中国传统山水文化与价值观集大成的物质体现，承载着中国传统园林生活对自然的向往和对自我修养的精神追求。

中国一直有源远流长的赏石文化传统，承天地精华的可赏之石层出不穷。其中作为与太湖石、灵璧石、昆石齐名的中国四大名石之一的英石，更是有其独特的魅力。英石主要产自广东英德，其石质坚而脆，佳者扣之有金属共鸣声。石质较干涩，以略带清润者为贵。英石轮廓变化大，常见弹孔石眼。石表褶皱深密，是奇石中“皱”的表现最为突出的一种。

英石赏石文化一直与中国传统生活、园林生活以及文人文化传统有着极为密切的关系，但却一直缺乏系统的梳理与研究。本文以历史文献研究结合地方口述史研究，系统梳理英石赏石文化历史源流，将英石赏石文化置于中国赏石文化传统与岭南地域文化的背景之下，重新梳理英石文化的历史源流与发展脉络，探寻英石赏石文化与中国传统赏石文化的关系、中国园居生活与文人文化传统的关系，从而重新认知与理解英石赏石文化之于中国传统文化、岭南地域文化的重要价值。

1 英石赏石文化历史脉络

英石是石灰岩经内部碳酸钙分化和外部风化、溶蚀等自然力作用而形成的天然奇石，为喀斯特地貌特有的石灰石。英石的主产地英德，位于广东省中北部，地处喀斯特地貌区，区划内三分之二的山脉符合喀斯特山脉岩溶地貌特性。从地理上看，喀斯特岩溶地貌起于前南斯拉夫，经过云南石林、贵州、广西中部（桂林山水）等地，其中一条山脉下连至武陵山脉，最后延伸进入广东西北部，在英德西南部英山山脉终止。英德便位于喀斯特地貌山脉分支的末端，得天独厚的地貌环境，形成优质而独特的英石，孕育出源远流长的英石赏石文化传统。

1.1 自然崇拜的秦汉之前

英石赏石文化传统源起于中国石头文化源起与发展。追溯至旧石器时代，古人类就使用打制石器进行各项生产劳动。旧石器时代后期，石材开始从工具使用向装饰配置转变。至新石器时期（约前 7000 至前 6000 年），人们就开始将石器精心打磨、穿孔，并在上面雕刻纹样。[1] 开始出现对“石”形态美的追求。

进入农耕社会，人们因对自然要素和自然现象的恐惧、依赖、敬仰，形成自然崇拜心理，大山崇拜、巨石崇拜和灵石崇拜等均是人们借由自然物象对自然敬畏的表现方式。山岳是人们所认知的体量最大的自然要素，上至以皇帝为代表的对“五岳”的祭祀活动，下到平民百姓的“拜山”活动，山岳被赋予了连接天地的作用，具有神性和灵性。随着社会进程的发展，人们建村围城，生活环境相对远离自然，但对于原生环境自然山岳的精神向往并未就此终止。由于不是所有地方都能接触到山岳，为了保持与自然的联系，石成为自然、山岳的象征物进入人们的起居生活中，成为人感受自然、崇敬山岳的精神承载。儒家“君子比德”思想传播之后，以自然对象之美隐喻人的修为与品性，石由此更加具有精神性，也由此构建起中国赏石文化传统初始的审美意识。

1.2 寄情山水的魏晋时期

魏晋南北朝时期是中国历史上一个百家争鸣、思想活跃的高峰期。大自然由人类生存的纯物质环境转变为人类的审美对象，结合当时受庄子“造境以游心”等哲学思想影响，人们开始跳出自然环境欣赏中诸多物质条件的限制，更多追求主观能动性来满足自己的精神需求。当时的社会动荡环境也促使文人雅士隐逸山林之中抒怀明志，寄情山水、崇尚归隐成为当时的社会风尚，对后世中国山水文化影响至深。

景园文化就在这种背景下兴起，私家园林异军突起，文人名流和隐士出于对“归园田居”“山居”的精神追求，[2] 大兴造园，园林形式更为丰富，更讲究园居满足园主人的物质追求和精神追求。[3] 此时各类石头已开始作为造园重要材料，所用之石已十分讲究。从魏晋皇家园林的选石记载可以看出，早期的皇家园林叠山置石选用的并非太湖石、英石这类具备独特形态的石材，多看重表面色彩，如“白石英”“紫石英”和“五色大石”（史籍称之为“文石”“嘉石”）等。[4] 此时的赏石文化注重视觉感官体验。此时还没有发现记载英石使用情况的历史文献。

1.3 初入诗画的唐朝时期

唐代土地制度改革，朝廷限制豪强大族兼并土地，让更多的高官文人通过官方分配、垦荒等方式获得土地，为造园盛行创造充分的条件。唐代节假日制度的普及，也确保文人雅士有更多的休闲时间，可以频繁地进行宴集、游赏活动。拥有优美自然风光又便于游赏、宴集作乐的园林成为文人闲暇修养、雅集的优选场所。[5] 在这样的背景下，以士大夫为主体的山水审美和园居文化得以发展，为唐代造园的兴盛和赏石文化的发展奠定基础，并带动造园技艺的提升。

而在园居生活之中，园主日常观赏石景，邀请同好游园、雅集等活动，与赏石相关的题诗作画更不在少数。如杜牧《题新定八松院小石》中“雨滴珠玑碎，苔生紫翠重。故关何日到，且看小三峰”，沈佺期《侍宴安乐公主新宅应制》、刘得仁《冬日骆家亭子》等作品都描述了雅集之中的赏石活动。当由于变迁或变故要离开故地时，也多会有思念故园之诗作。园林为赏石文化提供了重要的品鉴场所，而赏石文化也在诗词中承载着唐人爱园、兴园、居园的故事，

图 1-19 （唐） 阎立本 职贡图 绢本 61.5x191.5 台北"故宫博物院"藏

让石头除了寄托人们对自然的崇拜与向往之外，更赋予了石头以人的品性，承载着石以载物的功能，让石更具人情世故与人性色彩。

唐代绘画也是追溯唐代赏石文化发展的重要依据。吴道子、阎立本等众多名画家都对奇石珍木有所描绘，对当时的赏石喜好也有所记录。著名的《职贡图》是唐代描绘外国及中国境内的少数民族向中国皇帝进贡的图画，其中使者手中怀抱的异样的峰型奇石，体现出唐代偏好形态奇特的赏石的审美取向（图 1-19）。

此时，大批达官贵人、文人、僧侣兴建园林，并多有追求奇山异石的雅兴，将石头植入园林、庭园和书房之中。李中《题柴司徒亭假山》诗题中的“假山”，证明“假山”一词已于中唐时期出现，此时山石在唐代园林中已经成为重要的构景元素之一，园林成为赏石活动展开及相关技艺发展的重要场所。

唐代的园居生活蓬勃发展，园居生活和赏石活动常作为唐人诗歌吟咏的主题。唐人如何造园、如何游园、如何在园内生活、如何赏石，对园林和赏石的看法等都能从唐代诗词歌赋中寻得踪迹。

广纳美石成为潮流，园外的赏石活动盛行。唐代诗词中多有记录赏石、品石、咏石、求石、买石等一系列与石相关的活动，但此时多以太湖石为主，如牛僧孺的《李苏州遗太湖石奇状绝伦因题二十韵奉呈梦得、乐天》、刘禹锡的《和牛相公题姑苏所寄太湖石兼寄李苏州》、白居易的《双石》等。

赏石入园时，造园历程以及造园相关的叠石技艺与过程、与园林造景相关的审美原则都会引发诗词创作。如崔公信《和太原张相公山亭怀古》中“叠石状崖巇，翠含城上楼。前移庐霍峰，远带沅湘流”，白居易《思子台有感二首》中“曾家机上闻投杼，尹氏园中见掇蜂”，李中《题柴司徒亭假山》中“叠石峨峨象翠微，远山魂梦便应稀。从教藓长添峰色，好引泉来作瀑飞。萤影夜攒疑烧起，茶烟朝出认云归。知君创得兹幽致，公退吟看到落晖”，姚合《寄王度居士》中“无竹栽芦看，思山叠石为。静窗留客话，古寺觅僧棋”，许浑《奉命和后池十韵》中“叠石通溪水，量波失旧规。芳洲还屈曲，朱阁更逶迤”等诗词都生动地描写了唐代园林与叠石的关系。

1.4 赏石发展的宋代时期

宋朝赏石文化以及相关的绘画、诗词艺术达到鼎盛，这与宋徽宗爱石成痴不无关系。宋徽宗举“花石纲”，建艮岳，在《宋史 · 朱勔传》中，“徽宗颇垂意花石……至政和中始极盛，舳舻相衔于淮、汴，号‘花石纲’，置应奉局于苏，指取内帑如囊中物，每取以数十百万计。延福宫、艮岳成，奇卉异植充物其中”。为收集奇石，宋徽宗专派官员在江南设应奉局挑选奇石，全国各地的奇石都向京城汇集。现置杭州西湖江南名石苑的著名古英石绉云峰就是北运京城时在江浙一带流失的“花石纲”遗石之一（图 1-20）。后人往往自喜于获取一鳞半爪之艮岳遗石或以得花石纲漏网之物而为荣，[6] 可见艮岳石之价值，从中也可见赏石痴迷的热潮。

艮岳推动了当时叠山技艺的快速发展，也促成各类石图谱出现。有《癸辛杂识》记载：“前世叠石为山，未见显著者。至宣和，艮岳始兴大役。连舻辇致，不遗余力，其大峰特秀者，不特侯封，或赐金带，且各图为谱。”“花石纲”汇集来的各类奇石还被宋徽宗人格化，为石命名、题字，将其视若众臣。

借由艮岳的契机，广州、泉州、杭州三路设立的市舶司为运输石材提供了便利，加速了各地石材在全国范围内互通共赏。而远在岭南的英石也由此得到更多文人雅士的广泛赏识和认可，走出产地英德，其运抵的地域和文化圈辐射面逐渐扩大。根据记载，“英石”这一专用名词的出现至少可追溯到 1133 年《云林石谱》一书之中，口头流传可能比书面传播时间要早。[7]《云林石谱》中这样描绘英石：“英州浛洸、真阳县之间，石产溪水中。有数种：一微青色，间有白脉笼络；一微灰黑；一浅绿，各有峰峦，嵌空穿眼，宛转相通，其质稍润，扣之微有声。又一种色白，四面峰峦耸拔，多棱角，稍莹彻，面面有光，可鉴物扣之有声。采人就水中度奇巧处鏨取之。此石处海外辽远，贾人罕知之，然山谷以谓象州太守费万金载归，古亦然耳。顷年，东坡获双石，一绿一白，目为仇池。又乡人王廊夫亦偿携数块归，高尺余，或大或小，各有可观，方知有数种，不独白绿耳。”

图 1-20 “花石纲”遗石绉云峰（引自赖展将《中国英德石》）

宋徽宗喜爱英石，选其作为贡品和皇家园林造园用石，这种风气逐步自上而下，对各阶层文人产生了一定的影响。英石逐渐在奇石玩赏中占有一席之地，上至朝野大臣，下至民间雅士，开始将赏玩英石当成一种潮流。这些文人收藏英石，与其为伴，并以英石为题材进行各类艺术创作，从不同的角度品赏英石，留下了不少优秀的作品，为英石赏石文化的发展推波助澜。

宋代也兴用诗词歌赋描绘生活抒怀言志，咏石题材是重要的内容。整体上来看，宋代咏石诗与唐代相比，最明显的特点是数量增多，据统计达 394 首。从篇幅看，宋代咏石诗不仅有短小的绝句、律诗、古体诗，还有长篇歌行体。从诗中所述石种类型看，宋人欣赏石头的类型更为丰富，从路边石到石制品，不分大小、所处环境或功能，是石皆为所好；从描述上看，宋人写石选词更为丰富，描述外形更为细致，且常用比喻、想象、夸张等描绘手法，使得石头富有更多的情感和现实意义。[8]

宋代文人当中，爱英石以米芾、苏轼、陆游等最为知名，他们创作了大量的诗词，记录他们与英石生活的点滴，并对英石赏石审美标准进行探讨，对后代英石审美标准影响至深。陆游《砚湖》诗序：“余得英石，数峰环立，其中凹处，可容一仑，因以潴水代砚滴，名之曰砚湖”，便是专为英石所作。米芾和苏轼都是宋代赏石爱石的典范。米芾拜石的故事流传最广，他提出的“瘦、皱、漏、透”四字赏石标准，成为后代品石赏石的通用标准，也是目前英石赏石品鉴的重要标准。[9] 苏轼在米芾的基础上，认为“石文而丑”（南宋罗大经《鹤林玉露》甲编 · 卷一记载，另有郑板桥《竹石图》题跋记“东坡又曰‘石文而丑’”），让人们从“丑石”中获得一种新的审美体验，从对“丑石”品赏中超越普通的审美标准，追求至情至性的表达。[10] 郑板桥有言：“米元章论石，曰瘦、曰皱、曰漏、曰透，可谓尽石之妙矣。东坡又曰: 石文而丑，一丑字则石之千态万状皆从此出。”苏东坡为想得而不可得的英石“九华”，曾作《壶中九华》：“清溪电转失云峰，梦里犹惊翠扫空。五岭莫愁千嶂外，九华今在一壶中。天池水落层层见，玉女窗明处处通。念我仇池太孤绝，百金归买碧玲珑”，叹九华不得的遗憾（图 1-21）。

此时，英石也得到了众多奇石论著如《渔阳公石谱》《老学庵笔记》《洞天清录集》等的专类记载和描述。更有地理学专著记录，如王象之《舆地纪胜》引《真阳志》中言：“英之山石，擅名天下”“其贫无为生者，则采山之奇石以为贷焉”。

图 1-21 九华 （引自赖展将《中国英德石》）

1.5 追求怪异的元朝时期

元代赏石艺术整体发展处于低谷，造园活动同处于低潮，关于赏石的记载非常零碎。低迷的环境下，御苑建设多仿北宋东京园林，所用石多为艮岳之石，其中的英石就被灵活使用起来。北京故宫御花园现存的御苑赏石中，就有大小不一的观赏英石作品。

英石在元代时期被列为四大名石之一，用作“文房四宝”材料。元代把玩与宋代相比，奇石品赏大多沿袭宋人观念，但更加追求张扬与怪异。此时与奇石相关的作品记录亦相对匮乏。

1.6 再次繁荣的明清时期

明朝开始，岭南地区在经济上的繁荣使其对外文化交流频繁，英石外销数量也逐渐增多。经洪武、建文、永乐三朝励精图治，至明宣宗的近百年间形成“海内清平，万邦来朝”的局面，社会的安定繁荣带动造园活动进入新的高潮，赏石文化与园林叠山置石的风气到明朝后期尤为盛行。上至皇家园林，下至文人私宅，几乎“无园不石”，期间形成的“名园以叠石胜”的造园价值观念影响至今。除了园林叠山置石，几案赏石等小件玩石也十分受明代文人欢迎。明人选石和赏石的审美与宋人大致相同，但在英石审美上略有差异，据史料记载，明人更为强调英石的“黑”，黑为美；其次，明代更加强调英石“扣之有声”的特点，并以“声亦如铜”为佳。[11] 明文震亨在《长物志》中对英石的产地、形态、颜色、纹理、声音均有描述，明曹昭著《格古要论》也开新章论述英石，可见英石颇受当时文人喜好。现上海博物馆收藏的明朝徐渭所绘《牡丹蕉石图》轴，其下立所绘便是英石。其以粗笔泼墨画成，没有过多细致的刻画，使得整体墨韵气势十足，尽显奔放横溢。

在明代绘画中，广东绘画史上最早有画迹传世的明代画家颜宗，画下了广东现存最早的古典绘画作品《湖山平远图》（图 1-22）。画中描绘的是一派南方春天的景色。画中远山近峰绵延起伏，杂树成林繁郁葱茂，烟气云雾弥漫于山间。这幅画直观展现了明代时期岭南地区的丘陵山水风貌，通过与今天英德的山水地貌相比，具有极高的相似性，也许描绘的正是岭南特有的英石山水风貌（图 1-23）。

英石在清朝被定为全国四大园林名石之一，朝廷持续选精美英石进宫，英石的使用不断增多，记载也更为详尽（图 1-24）。而与明人多承袭宋说有所不同，清人赏石颇有新意，其明确提出了峰与石同形的观点，即英石是英德山峰地貌的反映，如广东屈大均《广东新语》所言“大英石：大英石者，吉乎英德之峰也。英德之峰，其高大者皆石，故曰大英石”，为近代地理学的缩影。[12]

清朝再次涌现出大量明确歌咏英石的诗词作品。如清文人查慎行《英山》“曾从画法见矾头，董巨余踪此地留。渐入西南如啖蔗，英州山又胜韶州”，朱彝尊《岭外归舟杂诗》“曲江门外趁新墟，采石英州画不如。罗得六峰怀袖里，携归好伴玉蟾蜍”等。除了诗词歌赋，各类书籍对英石相关内容的记录也逐步增多。屈大均《广东新语》、徐珂《清稗类钞》、谢堃《金玉琐碎·奇石部》等文献对英石的采凿、拼合和功用都有详细描述，其中《广东新语》中提出英石的品赏标准为“凡以皱、瘦、透、秀四者备具为良”，在米芾的观赏标准基础上又提出英石之“秀”，审美标准有了新的变化。在古典小说《聊斋志异》之《大力将军》补篇中更是别具匠心地将英石“绉云峰”设为故事发展的主线索。[13]

表现英石的绘画作品也与日俱增。清人绘画更讲究用不同笔法和植物搭配表现不同奇石的造型与个性。[14] 清代著名书画家郑板桥亦爱石，他的画作中石经常与竹、兰、松、菊等相互映衬。郑板桥曾说“一竹一兰一石，有节有香有骨”，在他看来，石之有骨主要在于坚贞高洁的品性。

造园方面，因地域环境和交通因素，岭南地区造园多用英石。清末岭南四大名园东莞可园、顺德清晖园、番禺余荫山房、佛山梁园以及福建等各地园林中，都选用造型丰富的英石作为主景（图 1-25）。

图 1-22 （明）颜宗 湖山平远图 广东博物馆藏

图 1-23 英德望埠镇远山（拍摄者：赖洁怡）

图 1-24 龙腾 （引自赖展将《中国英德石》）

图 1-25 清晖园"狮山"（引自赖展将《中国英德石》）

1.7 文化碰撞的近代

近代的英石文化发展也多与岭南文化艺术和造园活动相关。此时，岭南地区对外贸易增加，来自西方的理念与艺术手法逐渐影响地域文化发展，也推动英石走出中国，走向世界。

在岭南地区近代初期的传统绘画中，广东画坛代表性的人物之一苏仁山，曾绘《十二石斋图》，纸仅数寸，而亭堂轩槛、几案鼎彝、树木花竹，靡弗悉备；十二石如小楷头，其岩壑峰峦状皆通肖，堪妙绝，将英石的形态特色表现得淋漓尽致。[15]番禺的居巢、居廉（并称“二居”）也创作了大量与英石相关的绘画作品。二居的作品中，素材多取自他们在广州隔山乡居所“十香园”中的太湖石、英石和各类花草蔬果，因受外来西洋绘画影响，相比于传统写意画法，他们的绘画风格更为写实。居廉的现存作品中，留下了不止一本的石谱册页，如香港中文大学文物馆所藏的《石谱》册页，只描绘太湖石和英石，突显石的各种情态，较少衬景，有也则多为小草野花类点缀。在石头与其他要素结合的绘画作品中，鲜艳怒放的花朵一般在石前方或石后方，画轴题款左上侧的统一和构图大多数于上方留白，已形成了一种“居式模式”，充分体现出西方绘画手法的影响（图 1-26、1-27）。[16]他笔下的石多满足“皱、瘦、漏、透”的特点，作为留存数量较为丰富的岭南赏石画作，“二居”的绘画对研究英石赏石文化与岭南地域文化具有重要的意义。

图1-26 居廉 花卉奇石册十二开

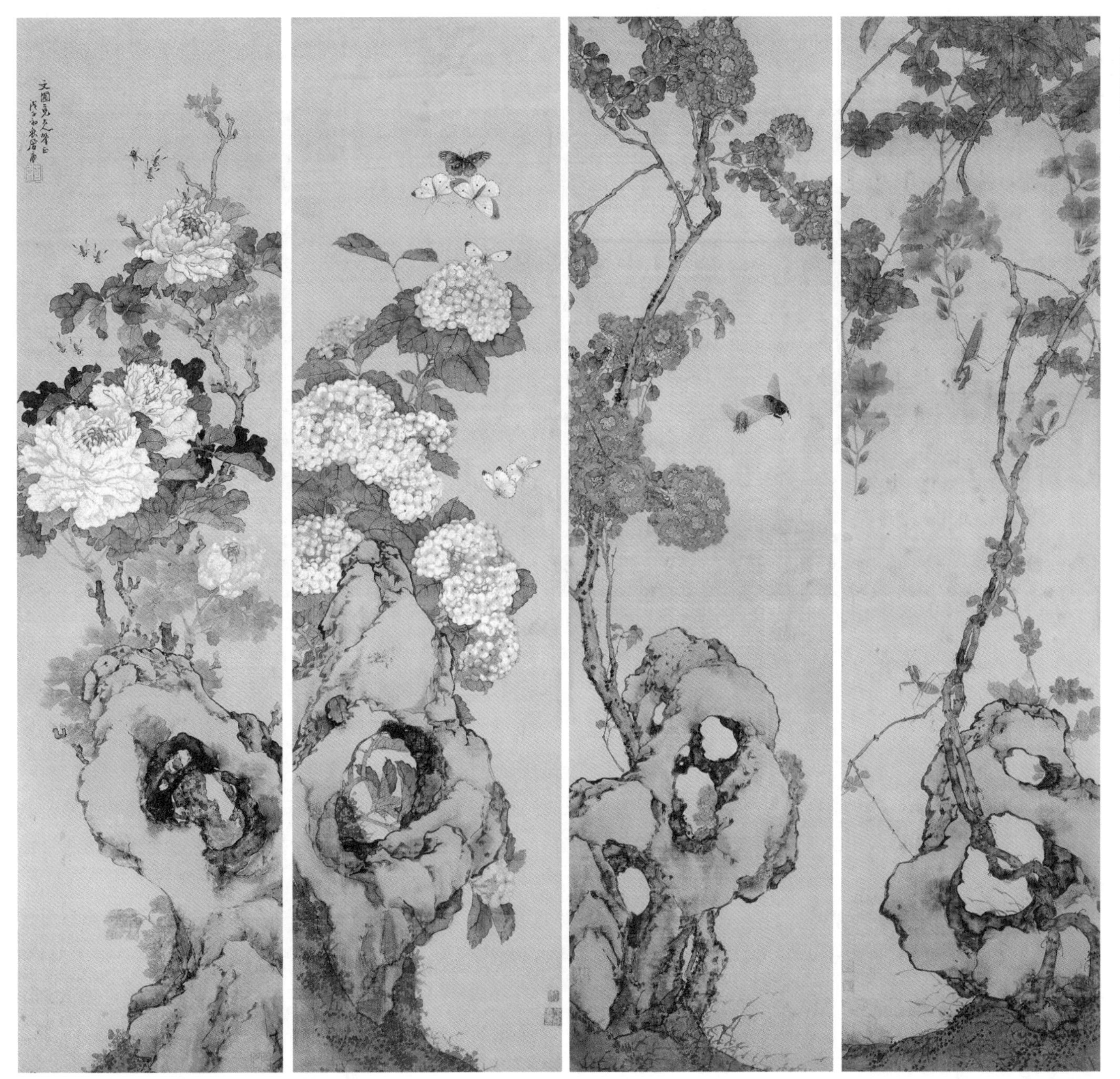

图 1-27 居廉 花卉四屏 纸本 台北"故宫博物院"藏

图 1-28 十三行行商所建花园中的"百花亭"园景（引自网络）

图 1-29 1914 年蓝色蚀花玻璃人物画 广州美术馆藏（拍摄者：刘音）

除传统绘画外，“外销画”盛行拓展了石在绘画中的表现形式，也推动了赏石文化的“外销”。外销画品种繁多，因专供输出海外，受西方艺术审美影响，画风以写实为主。外销画题材广泛，包括肖像、海事、屋景、园林生活、风俗信仰、百业行当等。从外销画对中国传统园林描绘中，可以探知当时的山水审美、选石样式和置石运用等信息（图 1-28、1-29）。

广州同期远销海外的外销品如广彩、广绣等，其中也发现富有岭南特色的山水风貌和园林活动题材。这些岭南园林与山石随着各类工艺品走出国门，潜移默化之中传播了中国传统文化、中国山水文化与赏石文化（图 1-30、1-31）。

造园方面，岭南近代中后期留下了大量英石假山作品，并发展出塑山技艺，许多英石假山为叠山与塑山的结合体，如广州陈廉仲公馆的“风云际会”。这些假山作品的整体形态符合传统英石“皱、瘦、漏、透”的审美特点，配合传统山水画论和岭南地域特色，成为现代研究英石赏石文化与叠山塑石技艺的宝贵实例。

除了本土绘画和造园的发展，英石对外贸易逐渐增强。十八世纪以后，随着中国造园艺术在欧洲传播，在英、德、法等西欧国家的宫廷、富人花园、官邸中常见以英石为原材料的叠山、石拱门、亭基、喷泉装饰等，例如德国歌德设计的魏玛自然风景园，英国斯道维园林、派歇尔园林，法国丹枫白露园林等。[17] 在外交上，英石也曾作为礼物送往国外。

1.8 多元发展的现当代

改革开放以后，造园以公共园林建设为主重新进入新的高潮。在老一辈的工匠师傅和现代建筑与园林设计师的共同努力下，岭南地区出现泮溪酒家“苏东坡游赤壁”（图 1-32）、白天鹅宾馆“故乡水”等许多优秀的园林英石作品，英石传统与技艺得到了进一步的传承与发展。

图 1-30 广彩描金开光山水纹盘 广州美术馆藏（拍摄者：刘音）

图 1-31 广彩开光人物纹灵芝耳瓶局部 广州美术馆藏（拍摄者：刘音）

图 1-32 泮溪酒家"苏东坡游赤壁"现状（拍摄者：邱晓齐）

同时，英石继续发挥着对外交流的沟通作用。1986 年，广东省代表中国政府援建澳大利亚谊园，部分园林石选用的是英石。同年，广东省外事部门挑选了一块上乘的英石作为国家礼物赠予美国马萨诸塞州。1987 年，广东省代表团访美，赠予沙拉姆镇皮博迪博物馆一座现代英石盆景。1996 年，鸣弦石东渡日本，置于日本神户和平石雕公园内，被命名为“和平之珠”，象征中日两国的友谊。[18]

近些年，随着物质生活日益丰富，人们重新审视当下生活状态，回归传统文化生活追求，大型公共文化设施造园、私人造园项目呈现复兴态势，英石造园与赏石收藏活动也呈现新的发展热潮，也由此对英石的把玩与观赏在古人基础上有了新的传承与发展。如在《英德历史文化普及读本》中，在宋代米芾提出的“皱、瘦、漏、透”基础上，将英石审美标准更为具体化，所谓“皱”指英石的纹理美，石表面褶皱深刻，井然有序，不紊乱；“瘦”指英石的体态美，苗条、高挑，凸显铮铮风骨；“漏”是对英石提出更深层次的纹理美，石表面有明显的流痕、滴漏；“透”是对英石提出更高要求的体态美，整个石体弹孔遍布，相互连通，玲珑婉转。[19]

从现代的审美角度欣赏，符合“皱、瘦、漏、透”观赏特点的英石奇石，具有强势、怪异、富于张力之美。一块纯天然、不加人工处理的英石，能从多个面观赏，有面面不同景的效果，配合色泽、纹路、孔洞、整体形态流线和每块石头独有的基座，能给人除了具体物象以外更为丰富的想象空间，观之能感其精神气，而内心愉悦，陶冶情操，即为上等佳品。观赏石如此，盆景假山亦然。英石盆景和假山除遵循“皱、瘦、漏、透”的基本原则外，在当代造园之中根据场地环境赋予英石以山水意境，满足“可行、可望、可居、可游”的传统山水观念，山中景观多样，多面空间丰富，给人以真山林质感，还原传统以石山见山川的自然精神寄托（图 1-33）。

2 英石赏石文化历史源流特征

英石赏石文化在中国赏石文化传统背景之下，从先民的自然崇拜、魏晋南北朝的寄情山水，到唐宋的文化高度发展，经元朝低潮至明清进入英石赏石文化发展的巅峰，发展到近现代，英石赏石文化承载着对外文化交流的作用。英石赏石文化历经千年发展，凝聚着中国山水文化、园林文化、文人文化传统的精髓，从古至今仍然保持着旺盛的生命活力。

作为英石主产地的广东英德，从北宋开始就出现开采英石的“专业村”，至清代英德望埠镇曾一度被称为英石乡，[20]从古至今，这里的发展都与英石文化的兴衰密不可分。1997 年 12 月，广东省文化厅授予望埠镇“广东省民间艺术（英石艺术）之乡”的称号。2005 年 11 月，英德市被评为“中国英石之乡”。如今，英石赏石文化传统在英石之乡英德，正以完善的产业链条与强大的发展潜力在观赏石与园林营造方面传承与延续着。

图 1-33 重庆市清远园假山 丘声武、邓卓献作品（照片提供者：英德市奇石协会）

3 英石赏石文化发展现状与未来

自宋代开始，英石赏石文化与太湖石一样，一直与中国山水文化、园林文化与文人文化传统有着千丝万缕的联系。太湖石作为中国名石之首，其赏石文化研究存有大量的诗词歌赋、古籍书画记录，历史发展脉络更为清晰，相关研究内容也更为丰富。与太湖石相比，英石的赏石文化研究却由于历史文献与图像资料的片段化与碎片化，一直缺乏系统的梳理与研究，更缺乏一手的记录，因此民间多言英石之美，但相关研究只言片语，也因此无法完整、全面与客观地评价英石赏石文化作为中国赏石文化组成部分的重要价值。

与英石历史记录与文化研究相对欠缺的现状相比，英石文化产业的发展现状相较于其他园林名石，在综合实力上却焕发出蒸蒸日上的活力。从储量上来看，太湖石资源已面临严重消耗，并已禁止开采原石；而英石资源储备相对充裕。据《中国英德石》中的数据统计，经近些年地质探测，英石产地英德市计有优质石灰石山 5.33 万公顷之广，储量在 625 亿吨以上，能作园林清供和盆景假山之用的英石材料相当丰富。[21] 英德地区的英石产业经过新中国成立后几十年的发展，已经形成完善的产业链条与市场业态。英德人开办的英石企业与英石园林假山匠师已分布至全国各地，发展迅猛，并在江南、北方各地主导当地的石头产业贸易与园林营造工程，参与江南园林、北方园林的修缮与营建项目的叠山匠师多来自广东英德，其影响力已经辐射至日本、韩国、新加坡以及欧洲等多个国家和地区。英石凭借充足的资源储备和蓬勃发展的产业支持，拥有着优于其他名石的保护与传承的发展空间与活力。

近几年来，英德地方政府与英石行业也越来越认识到英石赏石文化传统保育工作的重要性，逐步形成对英石资源保护性开发的共识，也越发关注英石赏石文化历史研究、英石园林盆景与假山技艺的保护传承等。英石文化的产业发展现状直接反映出中国传统山水文化、园居文化复兴的热潮。英石赏石文化作为岭南地区独特的山水风貌与地域文化的缩影，凝聚着中国山水文化、园林文化与文人文化传统的精髓，应该成为岭南地区、中国乃至世界自然和文化遗产重要的保护对象。

附表 英石赏石文化历史源流简表

年代	年代背景	赏石与时代特色	英石赏石文化形式
秦汉以前	自然崇拜 功能型园林	石材从使用工具向装饰型工具转变；后期受儒家“君子比德”影响，石由此更具有精神性	无专类记载
魏晋时期	寄情山水 百家争鸣 景园文化	人们多赏表面有色彩的石头； 造型奇特的石头并未成为观赏对象； 园居文化影响赏石文化内涵	无专类记载
唐朝	诗词涌现 宫苑园林和私家园林兴起	赏石文化逐步兴起； 诗词绘画创作贯穿赏石造园和赏石的全过程，被记录者以太湖石为主；人们赋予赏石文化更多的人性特色	开始出现专门描写英石的诗句； 画作中开始出现造型奇特的石头
宋朝	社会经济、文化发展全面繁荣 交通网完善	宋徽宗兴建艮岳，在江南设局广纳奇石异木，引领赏石文化潮流；以太湖石为首的造型奇石成为新宠；诗词绘画和造园艺术的发展进一步促进石材运用，赏石的方式更为多样	皇家园林和私家园林均开始使用英石；各类书籍开始专门记录英石的各项属性；米芾、苏轼等文人玩石推动英石文化发展
元代	整体发展低迷	造园活动减少；赏石追求张扬与怪异；赏石史料记载相对缺乏	英石被列为四大名石之一，成为“文房四宝”的制作材料；继续作为贡品上交朝廷
明清	社会经济、文化全面恢复，再次繁荣	“名园以叠石胜”的理念影响各类园林奇石的使用； 除了出现各种以石为景的大小园林，以赏石为主题的诗词创作也与日俱增； 赏石标准基本沿袭宋朝，奇石记载的模式和内容与宋朝类似，但所记录的石种更为丰富，内容更为详细	英石入选中国四大园林名石之一，继续作为贡品上交朝廷，且更讲究色泽和声响； 记载英石的书籍数量和种类更多；英石广泛参与各种造园活动中；持续作为贡品上交朝廷，造型更为多变
近代	中外文化交流	接触并吸收了西方文化特色； 奇石作为政府礼物送给外国使节； 各类奇石出口国外	英石绘画艺术作品受西方影响，更为写实；出口到海外用于公共园林和私家园林建设；对外贸易与交流
现当代	传统文化复兴	赏石文化向自由和多元化的方向发展； 赏石更加讲究奇石石质、造型和寓意，玩赏趋于多样化； 造园复兴	重新解读英石“皱、瘦、漏、透”； 英石应用更为丰富； 对外贸易与交流

参考文献:

[1] 贾祥云 . 中国观赏石文化发展史 [M]. 上海 : 上海科学技术出版社 , 2010: 82.

[2] 周维权 . 中国古典园林史 [M]. 3 版 . 北京 : 清华大学出版社 , 2008: 169.

[3] 徐淳理 . 美学视野中的中国古代园居生存 [D]. 济南 : 山东师范大学 , 2007: 3.

[4] 王劲韬 . 中国皇家园林叠山研究 [D]. 北京 : 清华大学 , 2009: 75.

[5] 王书艳 . 唐人构园与诗歌的互动研究 [D]. 上海 : 上海师范大学 , 2013 : 20-25.

[6] 朱育帆 . 关于北宋皇家苑囿艮岳研究中若干问题的探讨 [J]. 中国园林 , 2007(6): 13.

[7] 赖展将 , 林超富 , 范贵典 . 英石志 [M]. 英德 : 政协英德市文史资料委员会 , 2007: 4.

[8] 张艳 . 北宋诗歌中的石意向研究 [D]. 广州 : 暨南大学 , 2016: 146-147.

[9] 苏梅 . 宋代文人意趣与工艺美术关系研究 [D]. 兰州 : 兰州大学 , 2010: 126-127.

[10] 朱良志 . 顽石的风流 [M]. 北京 : 中华书局 , 2016: 42.

[11] 丁文父 . 中国古代赏石 [M]. 北京 : 三联书店 , 2002: 72.

[12] 丁文父 . 中国古代赏石 [M]. 北京 : 三联书店 , 2002: 100-101.

[13] 梁明捷 . 岭南古典园林风格研究 [D]. 广州 : 华南理工大学 , 2013: 73.

[14] 康茜 . 论中国绘画中石头的美学 [D]. 淄博 : 山东理工大学 , 2013: 35.

[15] 李公明 . 广东美术史 [M]. 广州 : 广东人民出版社 , 1993.

[16] 王志英 . 居巢、居廉花鸟画写生研究 [D]. 重庆 : 西南大学 . 2016: 25-26.

[17] 梁明捷 . 岭南古典园林风格研究 [D]. 广州 : 华南理工大学 , 2013: 82.

[18] 赖展将 . 中国英德石 [M]. 上海 : 上海科学技术出版社 . 2008: 5.

[19] 英德市政协文史委员会 . 英德历史文化普及读本 [M]. 广州: 广东人民出版社 , 2012: 81-82.

[20] 赖展将 . 中国英德石 [M]. 上海 : 上海科学技术出版社 . 2008: 1, 23.

[21] 赖展将 . 中国英德石 [M]. 上海 : 上海科学技术出版社 . 2008: 2.

本文已发表在《广东园林》2017 年第 5 期 Vol.40 总第 180 期。

英石切片 （拍摄者：赖洁怡）

第二章　英石技艺与匠作

■ 英石假山技艺的传承与发展
——以英石峰型假山为例

■ 英德英石叠山匠师传承历史与现状

■ 中国园林传统叠山技法研究概况

英石假山技艺的传承与发展——以英石峰型假山为例

李晓雪 陈燕明 邱晓齐 绉嘉铧

1 英石叠山技艺概述

叠山是中国山水文化在传统造园之中最为重要的承载表现，中国的叠山历史几乎与中国园林的发展历史同步，是中国园林造景最重要的技艺之一。岭南地区盛产英石，也造就了独具特色的英石叠山技艺。

1.1 英石叠山的主要类型

英石叠山目前应用的范围十分广泛，主要运用于室内外园林景观，大至大型公园、公共绿地景观、居住区景观，小至私人宅园、建筑室内园林小景等，处处可见英石叠山的身影。根据工匠口述，英石叠山类型根据山型与用石特点主要可分为峰型、壁型和置石三种。

峰型叠山，主要特点为主峰比较突出，体型峭峻秀拔，附从石组比较矮小，整个石景轮廓结合山峰造型，起伏明显，山径起伏较大，可以四面观赏（图 2-1）。壁型叠山，是依附于建筑墙面上的浮雕式叠山，只能在主要观赏方位上欣赏，但它有效地节省利用庭园空间，通过石组搭配使建筑物犹如立于山崖峭壁之中，在有限的建筑环境中形成自然的山水空间。置石也称孤赏石，即用一块造型奇特、出类拔萃的山石独立造景。[1]

1.2 英石叠山技艺现状

岭南地区盛产英石，有着源远流长的英石赏石文化传统。早在宋代，英石就在全国范围内带动了玩赏风潮，并在造园中大量运用。岭南地区善用英石叠山，现存的岭南四大名园之中就多以英石叠山为主，但由于缺乏关于英石叠山技艺的历史文献记录，更缺乏对于叠山匠作的一手记录，使得目前专门针对英石叠山技艺的研究仍多停留在审美与艺术风格层面。夏昌世先生、莫伯治先生曾在《岭南庭园》“水石景”章节中提到关于石景与石塑的构筑方法，在这之后也有《假山工》等职业技术等级考试教材涉及现代假山施工过程，总结具体技艺操作。但对英石叠山技艺传统与发展、具体操作流程与技术经验的总结严重不足。[2]

图 2-1 峰型叠山（拍摄者：陈燕明）

图 2-2 峰型叠山技艺流程 （绘制者：邱晓齐）

英石叠山技艺从采石、运石到假山场地设计与堆叠，是一个融合石头材料特性、山水审美与技术经验的综合性创作过程。中国传统叠山技艺在历史上其实是与中国山水绘画传统关系最为密切的技艺类型，要求匠师有极高的文化艺术修养。传统叠山技艺常由文人意匠与匠师联合创作，叠山工匠也极具艺术修养，最为著名的匠师有张南垣、戈裕良等。

发展到今天，叠山技艺多被视为现代工程操作项目，切分成不同环节的工程操作流程。有些流程沿袭技艺传统，依靠匠师人工完成，特别是叠山的造型体现、风格特色依然主要依靠匠师的经验操作与审美修养，匠师的技艺水平直接影响了叠山的水平。现代技术发展之后，使用大型机械与设备进行技术辅助，使得大型假山砌筑成为可能，也极大推动了叠山技艺的发展。但由于叠山技艺在现代工程体系下多被视为单纯的技术操作，往往容易忽略叠山技艺的艺术价值。加上假山审美也往往具有主观性，受业主、设计师、叠山匠师的主观感受影响较大，也使得对叠山技艺水平的评价一直缺乏相对客观的标准。归根结底，问题就在于没有研究清楚不同石质材料的叠山技艺核心的技术特征与技术经验。

如果要系统梳理与总结英石叠山技艺的技术特征与技艺价值，首先必须摸清英石叠山一线操作的具体技艺流程与技术经验，厘清英石材料的特性、堆叠技术与叠山造型的关系。专业学者由于欠缺实操经验，往往仅限于历史文献与理论研究，无法从技术核心上探讨此类问题；而一线操作的匠师往往具有丰富的操作经验和审美感受，但相对缺乏系统地总结与梳理能力。因此本文试通过实地口述访谈多位在英石之乡——英德多年从事英石叠山一线操作的匠师，借助匠师在工程现场实地操作记录、手绘草图讲解、现场动手拆解流程等方式，详细记录英石叠山从获取材料、场地设计到现场假山堆叠的全过程。通过匠师口述技艺结合文献研究，梳理英石叠山技艺流程与技术特征，以期在未来随着研究的深入真正寻找到英石叠山技艺的核心技术特征与核心价值，为英石叠山技艺的保护与传承打下基础。

2 英石峰型叠山技艺流程

英石叠山中的峰型假山是对自然真山的传移摹写，更能体现英石叠山技艺的技术水平与匠师能力，因此本文以英石峰型假山为例，着重记录研究英石峰型假山在当下设计、堆叠构筑与施工的全过程。

有叠山匠师曾说，叠山就要先叠整个骨架，再思考细部装饰，才能真正完成整体，山才具有灵性。英石峰型假山的堆叠过程一般也从骨架开始，完整的技艺操作流程主要包括：相地设计、塑模、选石、立基、分层堆叠、结顶、镶石、勾缝、养护、清场等多个步骤（图 2-2）。

2.1 相地与设计

相地，即察看园址，分析空间环境，以便根据地形地貌进行设计和分工，正如《园冶》所说“相地合宜，构园得体”。叠山对建筑与园林环境的依赖性很大，与水体、花木也联系密切。相地时，应尽可能保留自然水源，根据场地进行水体设计，疏通水路，还要保留场地古树名木，同时与庭园建筑、位置和室内的视线等相适应。[1] 传统风水观点认为相地阶段十分重要，比如有匠师认为，水体设计不宜制造不分级的大瀑布，从园林与建筑的风水关系角度来说，这样就像直射门户的镜子，影响人的身心健康。水的走向要有曲水流觞的意味，蜿蜒曲折。叠山过程中，要使水流顺着山谷走势布设。在广东地区的一些私宅庭园中，叠山匠师一般要将流水的最后一级流向主人房的位置，源于民间传统的“水聚财”观念。

匠师在相地阶段，一般会根据场地平面形状和山石观赏面特征来确定叠山类型与主景假山的位置，整体考虑假山的山水关系。而在相地初始，匠师便在头脑中对选石的造型特征有了基本想法。以私宅庭园的英石叠山为例，按照假山堆叠位置不同，一般有四种不同的场地平面特征，场地类型不同会直接影响匠师的叠山选石、山型设计与技术手法。

(1) 带状场地叠山

带状场地叠山一般组织成一系列多组的观景单元，其中将分隔出来的最大的空间作为主景。在处理平面关系上，保证假山正立面处有前后视距的变化，山峰的大小随着空间大小而变化，山脚至地面的过渡处理要顺势而下，序列末端拖脚拉长（图 2-3）。

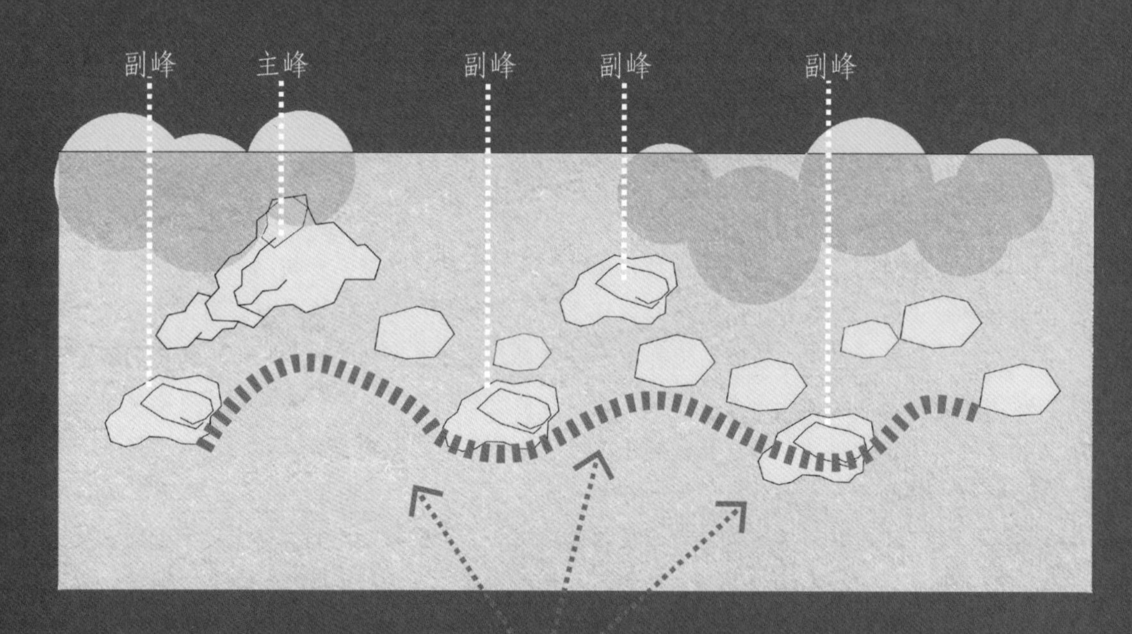

图 2-3 带状场地平面构图（根据匠师口述绘制 绘制者：邱晓齐）

(2) 靠墙面叠山

靠墙面叠山，要将庭园中做假山的位置正对建筑物，主峰应位于主观赏点视线中心靠左的位置，主峰为整体构图中的最高部分并向内凹进，旁边配套小峰作为衬托，副峰布置在主峰所在场地的对侧，与主峰遥相呼应。副峰及小峰排布均较主峰更向前方布置，形成稍显内聚的格局。正观赏面选石应最能体现石头纹路的细节，也是最能展现假山丰富肌理变化的地方。主峰后面可搭配低矮后峰作为副峰，使人从正立面观赏整座假山时形成深远的层次变化（图 2-4）。

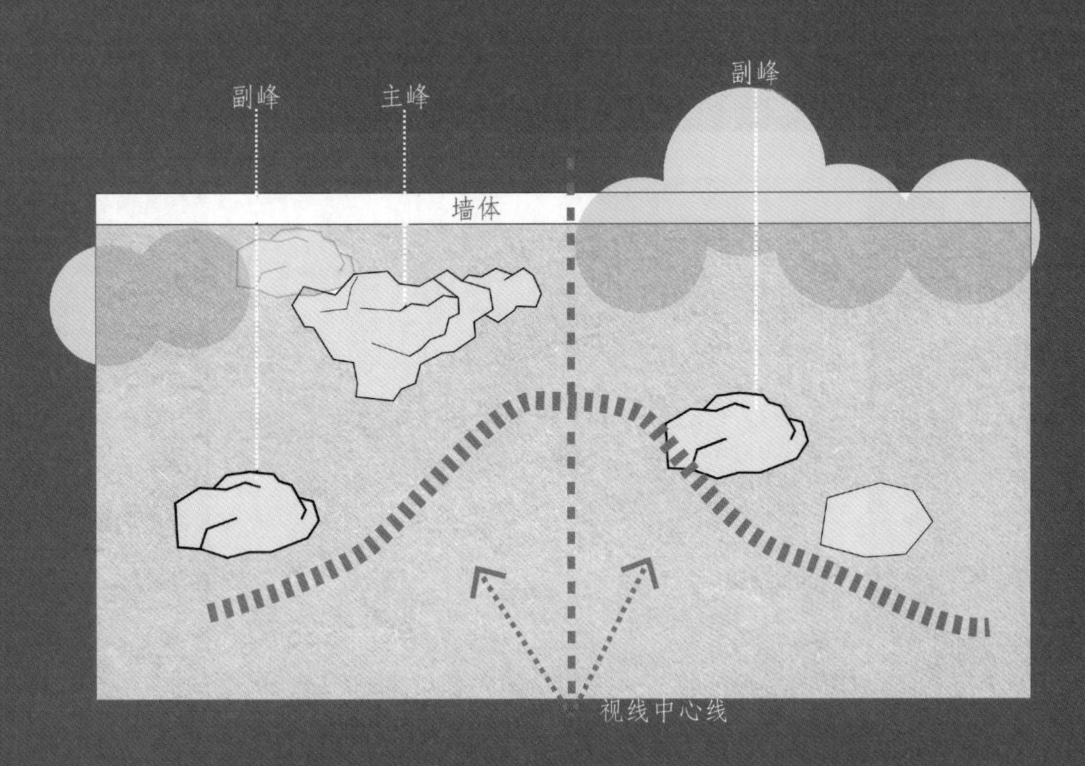

图 2-4 靠墙对建筑场地构图设计（根据匠师口述绘制 绘制者：邱晓齐）

（3）庭园角落叠山

庭园角落处的假山，山势的展开排布一般要根据园路走向来确定，主要观赏面正对建筑物的主出入口或人行方向，山型走势顺园路横向展开，主峰应位于主要观赏点视线的中心焦点，副峰靠侧面设置，逐级拉开空间层次，侧边用小峰点缀，取得整体平衡。整体山势高低对比突出，山体两翼向前聚拢，在平面构图上略微形成内凹弧形，主峰在平面上形成内凹的视线焦点（图 2-5）。

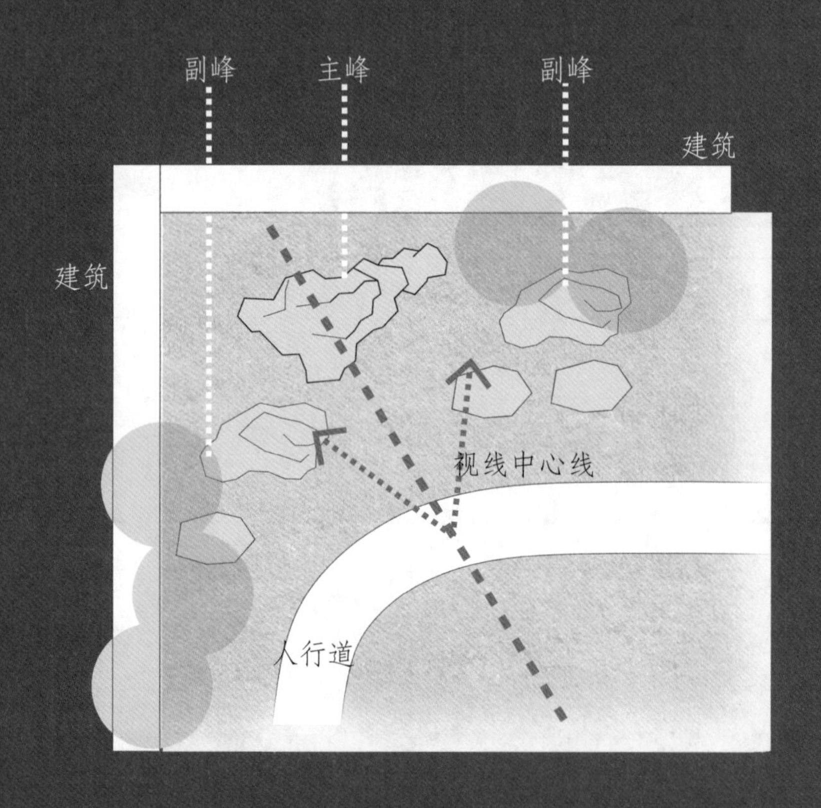

图 2-5 角落场地平面布局设计（根据匠师口述绘制 绘制者：邱晓齐）

（4）四面可观叠山

四面可观的场地叠山，一般在构图上要分步进行，每一步的做法均与靠墙面场地叠山做法类似。第一步，要确定最主要表达的主观赏面，主峰、副峰在平面上接近品字形的布局。第二步，要处理山体背面，为突出观赏面的主次关系，细节变化不宜过多，但在设计过程中要考虑到后峰形态高低对正面观赏主峰的影响，以及前后峰的进深关系，确保主峰为最高。最后，再对山体两侧进行修补，整体平面关系要“圆”，即保持整体重心平衡，山边缘不宜过分突出（图 2-6）。

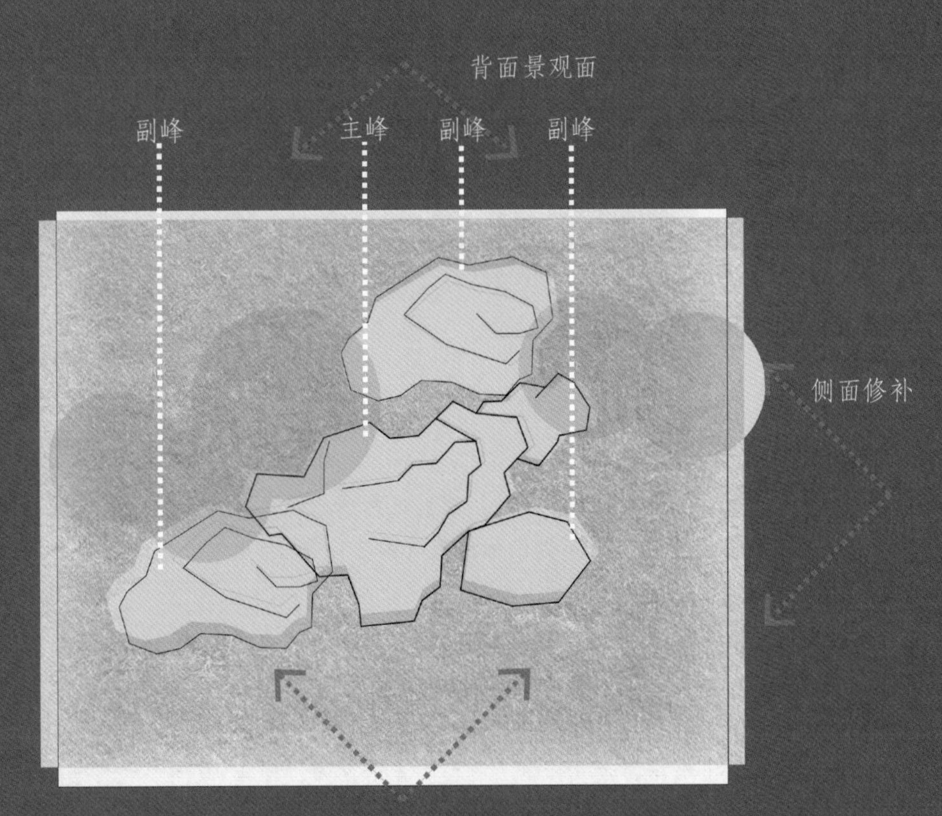

图 2-6 四面可观景叠山示意图（根据匠师口述绘制 绘制者：邱晓齐）

图 2-7 匠师现场制作假山模型（拍摄者：李晓雪）

图 2-8 掰动判断石头硬度（拍摄者：邹嘉铧）

2.2 塑模（制模）

在完成相地之后，匠师已经对山型有了初步想法。有些匠师会根据工程大小手绘草图与客户沟通假山效果，对于大型工程中的假山也会用真实石材按比例缩小做山体模型（图 2-7）。近几年，越来越多的园林项目开始借助电脑效果图与业主进行沟通。

要做现场的假山模型，必须在模型上考虑假山与园林、建筑、水体的相互关系。制作模型前，需要按照实际图纸在模型场地或底板上将建筑和水岸线的平面放样，按模型比例和设计标高在场地或底板上做好池底和房屋内外的地势，再用英石真石做缩小的实景模型。

假山模型以竹条木片、长钉铅线和砖碎瓦片等为骨架，用雕塑泥、橡皮泥、煤渣、水泥砂浆、油画颜料等材料，由上至下、由里而表制作。现代也有运用玻璃钢翻模石头技术，可以避免因运输或存放问题而导致石材的损坏。[1]

2.3 选石

选石一般包括相石、采石与运石三个环节。许多匠师在相地阶段已经基本构思好山型与选石材料特点，一般在石场现场选石，也会根据项目需要直接去英德石矿中现场选石、采石。

相石（俗称“看石”），是按不同叠石风格、景观布置和造型要求对石头进行初步筛选的过程。作为已明确场地要求的相石，要按假山设计的需要对石料观察、分析、研究、归类，挑选最适合场地实际的石头，充分发挥石料的特性（图 2-8）。相石的要点是必须考虑石料符合所叠假山在场地设计、风格、造型、功能、结构、耐压承重、特殊造型及部位（如拼峰、洞口、结顶、悬挑、垂挂、发拱等）对山石形、纹、色、运输、人工搬抬等多方面的要求。[1]

叠山本身有匠师主观审美修养的因素，不同的匠师会有不同的相石标准与眼光。有匠人言道，相石像人化妆一样，不是质地好就漂亮，要根据假山的不同部位选用不同的石（图 2-9）。

图 2-9 叠山现场图（丘声考匠师提供）

明确了场地与山型，就要根据匠师的假山设计现场采石（图 2-10）。英石的阴石与阳石采石方式不同，阳石在地表直接开路采集，阴石埋在地表之下，则需要较长的时间和较多的人工来清理挖掘。一块大型英石重量在 3～40 吨不等，人工采石耗费时间极长，两三个石农同时工作常常是半个月也难以看到效果。大型设备的辅助可以极大提高效率，使用钩机先把石头周围的泥土松动挖开，再人工介入挖土，用铲车辅助清理，然后根据叠山所需要的体积与质量来布置线锯，进行现场切割（图 2-11）。如果在切割石头时遇到不便于线锯操作的地方，则需要垂直于石头表面钻孔（孔之间间隔约 30 cm），灌入膨胀剂，经过膨胀爆裂，大块的石头就会从山体分离。需要注意的是，膨胀剂的加入量与实时的气温相关，天气热的时候由于物体的自然热胀，膨胀剂的加入量相对可以少一些，膨胀剂作用时形成的切割面形态会受到钻孔方向的影响（图 2-12）。

选好石头后，要将石头运到石场或直接运到场地，需要有大型机械运输工具的参与。以英石中的阴石运输为例，按照运输的石头重量来确定分配使用的吊车大小；要把开采好的石头用钢丝捆绑起来，每个面都要确保得到固定，石头底部同样需要钢丝环绕，捆绑时需要先处理顶部，再使用吊车稍稍吊起，钢丝穿过底部，因此底大头小的石头捆绑并吊装的难度较大，头大底小则相对容易操作。阳石的运输则相对较为简单，由于整体露出地面，开采过程也是开山路的过程，山路一边开挖一边采石，选择合适的石头直接在路面用吊车吊装上车，运输过程中石头需要用布料、泥土等表面具有弹性的软物进行包边保护，以免出现剐损。大型设备的介入使运石操作仅需 3～4 人，石农工作效率大大提升。

图 2-10 路边吊石（拍摄者：刘音）

图 2-11 切割后的石头细部（拍摄者：邹嘉铧）

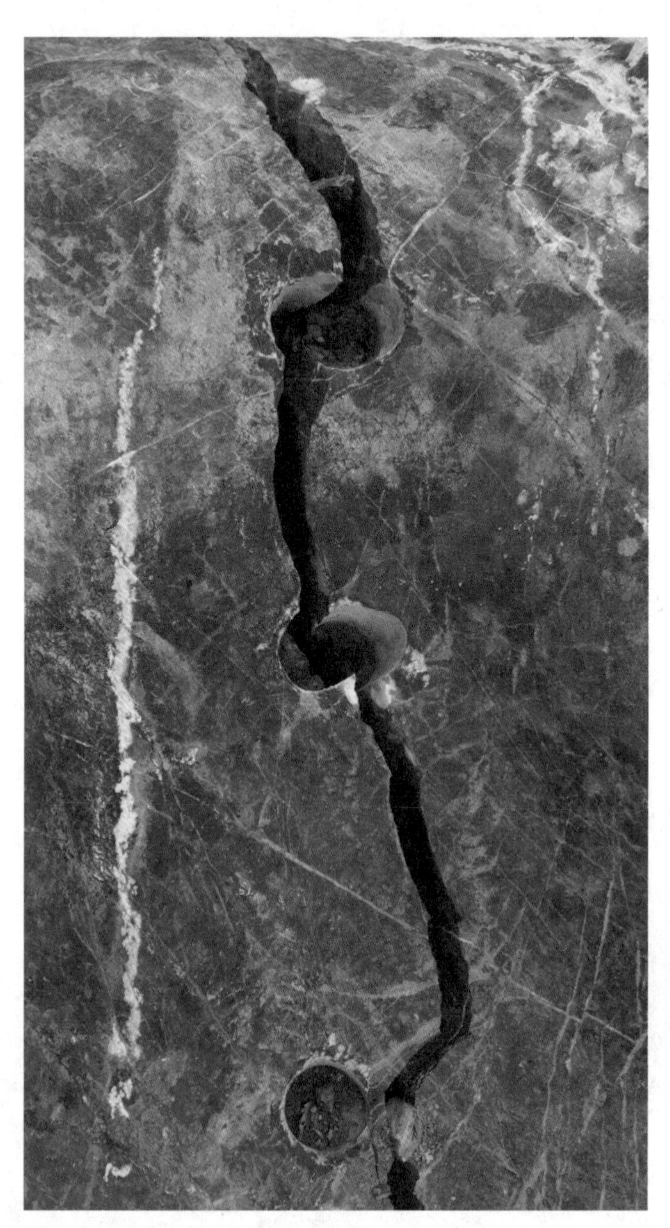

图 2-12 打孔加入膨胀剂的效果（拍摄者：邹嘉铧）

2.4 立基

石头进场后就正式进入叠山现场施工。峰型叠山要首先做好基底。不同假山体量、山石摆放位置与地质条件都会对基底有不同的要求（图 2-13）。

根据初期设计的山石排布，要估算整体石组的单方重量（约 200kg/m³）以及各支点的地质情况，再决定基石基础的结构类型。最底层基石至少需要向下深挖 40 厘米的下沉坑，若地质基础为土质或沙质，则可以继续深挖。基石与下沉坑底部要用水泥黏接，既防止由于场地基础变形导致山石局部下沉发生结构变化而造成危险，又可防止假山歪斜扭曲，确保假山基面的统一性。做好基底，即使遇到地基变化的时候，最坏的状况也只会是整体下降，不至于假山整体崩塌。

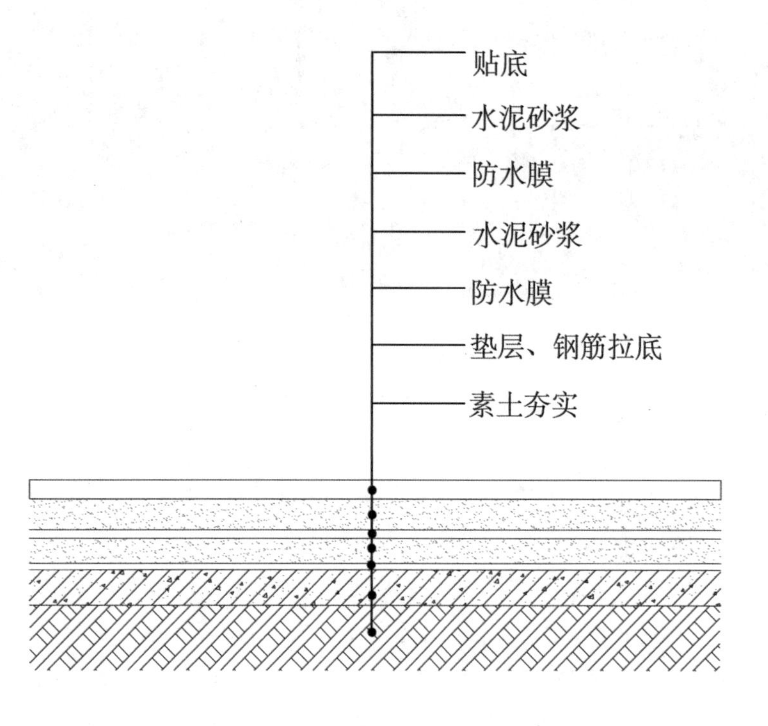

图 2-13 假山池底剖面示意（邓建党匠师口述 邱晓齐绘）

2.5 分层堆叠

做好基底之后，就要进入最为关键的堆叠流程，主要分为石头堆叠、压石咬合与固定黏接三步。

英石假山是由不同的石头层次组成，肌理与层次表现对假山的整体造型艺术效果表达至关重要。由于英石石头材质表面多缝隙、棱角，不同石头层次的组合关系还起着叠压、咬合、穿拉、配重、平稳等结构功能。石头层次组合关系一般可分基础层、中间层、发挑层、叠压层、收顶层等，尤其是中间层起着连下托上、自然过渡的作用，一石一式都对整体造型有直接的影响。

图 2-14 石头云头雨脚式叠压（拍摄者：邹嘉铧）

图 2-15 做角（拍摄者：邹嘉铧）

图 2-16 敲石头（拍摄者：邹嘉铧）

山石组合是一个整体相互作用的系统，在定型之前需要先考虑内部石块的挤压受力关系，每一块石头都受到周围石块的挤压固定，同时又卡紧周边的石头，师傅们称之为“做角”（图 2-14、2-15）。以流水叠石的出水口平台为例，山崖平台出挑，后方至少需要两块石头来压紧石块边角，至少要压到石块长度的三分之一处才能确保牢固。

选定石块、确认定位和流水管线分布之后，峰山捆上钢丝时仍要留条小缝，便于之后灌水泥。如果是小型假山盆景，则在两块石头黏接面上直接打上水泥，并用钢丝固定。如果黏接面不平整需使用锤子进行局部的敲击加工。小型假山盆景中使用净水泥，大型假山黏接则以一包水泥、半斗车砂的配比来调制，水分要少，调成黏稠状确保黏性，并避免水泥渗漏弄脏盆底或下方石头，水泥中可以适当混墨汁来保证颜色与英石接近融合，水泥强度至少要达到 PO450。在叠山施工过程中，还需要借助竹棍支撑来确保结构牢固，最后依靠水泥的黏合，必要时还要使用钢筋拉结与水泥砂浆

图 2-17 水泥加墨汁（拍摄者：邹嘉铧）

图 2-18 钢丝固定石头（拍摄者：邹嘉铧）

或混凝土辅助，加强石头之间的咬合及加固。一般在堆叠过程中要同时预留植物种植槽（图 2-16 至图 2-18）。

在匠师的叠山操作过程中，峰型叠山讲究“云头雨脚”，即山脚体量小，山峰石块出挑较大，整体形成一个倒三角形态。立基之后，用选好的主景石将假山的大致轮廓形势拼接出来，再从山峰向下逐步修补拼接，把不牢固部分修补完整，先定型后修补。按照英石“瘦、皱、漏、透”四原则，山脚部分过大会破坏整体“瘦”的效果，为确保之后镶石拼补能够有足够的发挥空间，一开始就要确保山脚的体积要小。

传统叠山在假山堆叠操作过程中，主要由匠人们由下往上踩着石头逐层运石堆叠，现代施工过程中主要依靠大型起吊机吊石，这对石头的捆绑稳固非常重要，堆叠时由匠师根据摆放位置指挥吊机调转石块方向，一块体积较大的石头往往需要几个小时的时间才能摆放妥当。

2.6 收顶（结顶）

收顶即指处理最顶层的山石，叠山匠师常称之为“结顶”。从结构上看，收顶的山石要求用体量大的石头，以便合凑收压。从外观上看，顶层的体量虽不如中层大，但有画龙点睛的作用，[5] 英石峰型叠山也多选用轮廓和体态都突显英石山峰特征、富于变化的石头收顶。

2.7 镶石拼补

镶石拼补是叠山细部加工的重要环节，起到保护缓冲垫层，连接、勾通山石之间纹脉的作用。镶垫石则具有承重和传递重心，增加结构强度的功能。在什么位置需要镶石，主要看大石块衔接处的水泥灌浆孔洞的大小，当孔洞较大、处理痕迹较为明显时就应进行镶石处理。选石大小约为缝隙两侧的石块体积的一半左右，要与两侧石块纹路自然衔接，组合的山势应顺应落差。

2.8 勾缝、着色

勾缝、着色也是在整体山型完成之后进行细部加工的重要环节。勾缝需经过洗石、嵌浆、配色、勾抹、紧密、干刷、湿刷、养护八道工序。[3] 匠师一般运用水、水泥、墨汁调成色浆后直接刷在未干的拼接缝上，是一种比较理想的做法，经吸附干燥后可保持多年不褪色，勾缝的色度一般都要与山石色泽接近。着色湿刷是指勾抹后趁湿用盐卤铁屑刷所嵌之缝，使之不至于显露突出。勾缝着色后，必须持续喷水养护，才能有效地增加水泥的凝结程度和石山的强度，同时减少水泥缝泛色（图 2-19）。

2.9 调试、清场

整座假山完成之后，还需要用水泥砂浆或混凝土配强，按施工规范进行养护，以达到结合体的标准强度。水池放水后对临水置石进行调整，如石矶、步石、水口、水面的落差及比例等。所有环节完成后，叠山场地的清场也必须遵守一定的顺序，以保安全。假山施工的清场不等于一般的清扫，还包括覆土、周边小峰点缀、局部调整与补缺、勾缝收尾、植物配置、放水调试等，由此才完成全部叠山过程。[3]

图 2-19 勾缝（拍摄者：李晓雪）

3 英石叠山技艺的传承与现代发展

3.1 传统技艺价值观念与经验依然沿用

英石叠山技艺随着现代技术的发展和大型设备的辅助，采石、运输与叠山技术实现水平已经比传统有了长足的发展，但叠山传统价值观念与技术经验依然发挥着重要作用。

在价值观念上，传统风水观念依然影响着英石叠山技艺。匠师在叠山相地定位操作中依然遵循中国风水传统，从主峰的位置到石组的组合关系都注重风水布局，特别在私人园林叠山中更为注重。一般常见的石组为“三峰”石组，广州石山匠师称主峰为“玄武”，劈峰左为“青龙”，右为“白虎”，常见的白虎（右劈峰）、玄武（主峰）、青龙（左劈峰）三峰高矮比例大致为 5:10:7，但并无一定限制，只要与空间尺度相匹配即可，主要由匠师现场判断。[4] 比如园林假山讲究水聚财；假山种植选用寓意好的植物，如龟背竹（取意“万物归山”）、迎客松等。

在技术经验上，传统方式也依然在发挥作用。在采石环节，阴石的开采依然需要依靠匠师经验判断，是一门技术活，讲究整石开挖。如果钩机碰烂了石头，也就让石头的价值大打折扣。在石头开挖前，仍然需要石农根据经验进行原始的物理勘探，用钢钎、锄头敲击，有经验的石农根据石头的回音，就可以判断石头在地底下的大小和重量，以及是否有洞壑，判断之后再由人工初步挖石，之后再上辅助设备。

在采石与运石过程中，在一些陡峭的山体部位，钩机和吊机无法进入的山区，传统的采石与运石方法也在发挥作用，以人力背石并借助传统木架滑车、辘轱起重、滑轮等传统方法解决。而在勾缝的色差处理方面，如沈复《浮生六记》记载“择石之顽劣者，捣末于灰痕处，乘湿糁之，干或色同也”，这一方法至今仍在运用，通常是在勾缝水泥未干时，将同质石粉均匀地撒抹在水泥上面压实。[5]

3.2 现代技术促进叠山水平发展

现代技术的发展极大提升了英石叠山的工程效率。机械动力的发展使采石、运石与堆叠效率大幅度提升，同时也使得叠山从人与石的二元关系，变成人、机、石的三者结合。[6] 现代机械设备的介入也在一定程度上带来了传统技艺操作流程与生产方式的变化。以采石为例，在钩机等大型器械出现后，一块 25 吨重的石头，以前仅凭人工开采，整个开采流程至少要超过半个月时间才能完成，而现在只要场地交通状况允许，钩机、铲车能够进场操作的情况下，大约 1 个小时的时间就可以完成松土与清理工作，有了机械的前期辅助，石农的体力消耗大幅减少，工作效率也大大提升，清理完成之后再根据买家需求布置线锯切割采石，整个采石到运石出山的过程不超过三天即可完成。

现代技术的发展也提升了英石叠山体量与技艺水平。大型设备的介入使得大型叠山成为可能，一些大型工程可在地下架空的地面操作上千吨的英石叠山，这在古代是不可想象的。有多年从事英石叠山技艺的一线匠师这样总结：英石石头变化很大，悬崖洞壑夸张奇险，视觉效果强烈，这种风格的叠山造型只有用英石才能表现。随着机械设备的发展，现在叠山的石头体量也越变越大，在假山造型上，现在的匠师会比以前更加追求假山的险峻，同时也比以前更加注重绿化搭配。技艺的发展实际上也影响了英石叠山技艺的造型体现、风格特色以及叠山匠师的整体技艺水平。

英石叠山作为中国传统园林造景的重要组成部分，其技艺传承所反映的不仅是技术经验的沉淀与积累，更关系到中国山水文化与造园技艺的传承与发展。英石叠山技艺，由于英石本身的石质材料特性所产生的技术特征、英石不同叠山类型的不同技术特点与不同山型造型的关系，技术发展带来的技艺水平、假山风格变化的具体表现、成因与影响仍需要未来更多的匠师口述与实操以进行更加深入的研究。更为重要的是，与英石叠山技艺的传承与发展最直接相关的一线操作的叠山匠师，他们习得技艺的经验历程、技术能力与审美水平、匠作传承组织形式等都直接影响着英石叠山技艺水平的发展，而关于英石叠山匠作体系与传承机制的研究才刚刚起步，仍有大量的实地口述研究工作需要持续展开。

特别鸣谢叠山匠师（排名不分先后）：

余永森 邓浩巨 邓建党 邓建才 邓达意 丘声考 丘声耀 丘声仕 邓帅虎 邓能辉 邓志翔

参考文献

[1] 梁明捷 . 岭南古典园林风格研究 [D]. 广州：华南理工大学，2013.

[2] 李晓雪 . 基于传统造园技艺的岭南园林保护传承研究 [D]. 广州：华南理工大学，2016.

[3] 莫计合，陈瑜，邓毅宏 . 假山工 [M]. 广州：广东省出版集团，新世纪出版社，2009：43-50.

[4] 夏昌世，莫伯治 . 粤中庭园水石景及其构筑艺术 [J]. 园艺学报，1964(02):171-180.

[5] 梁明捷 . 岭南古典园林风格研究 [D]. 广州：华南理工大学，2013.

[6] 冷雪峰 . 假山解析 [M]. 北京：中国建筑工业出版社，2014：58.

本文已发表在《广东园林》2017 年第 4 期 Vol.39，总第 179 期。

英德英石叠山匠师传承历史与现状

李晓雪 钟绮林 邹嘉铧

1 中国传统叠山匠师历史

中国历代造园都以山水为骨架，以山林意境为追求。叠山、理水一直是造园的主要手法，它与中国园林相伴始终。从这个意义上讲，中国园林叠山的历史几乎和造园的历史一样长。[1]

中国叠山传统成型于秦汉，当时的假山多为模仿周边名山的写实土筑山，叠山匠作更近乎一种大规模、繁重的体力劳动，[2] 就叠山技术而言，虽不成熟，但在采、运和构石方面已形成一套比较专门的技术。[3] 北宋艮岳以后，江南地区出现了世代以叠山为业的专业工匠，称为“山匠”“花园子”；叠山专业技术的世业交替从技术上保证了江南园林叠山的快速发展。[2]

明清时期经济繁荣，造园需求增加，出现了大批掌握造园技巧、有文化素养的专业造园工匠和叠山家。他们以世守其业的方式，将造园叠山、移天缩地的技艺代代相传，并迅速在江南造园中形成一种以叠山为职业的专业工匠队伍。明末清初是造园活动空前高涨的时代，像张南垣父子这样的杰出叠山工匠在江南地区为数不少。文人与工匠之间的关系比以往更为密切。文人不再将造园叠山视作壮夫不为的“末技”，而是积极参与其中，如李渔、计成等。[2] 民间工匠也开始涉足皇家园林的营造，清初皇家畅春园、南海瀛台以及玉泉山静明园等园林，都是延请江南叠山名匠完成。

清末时期，不同地域出现了不同的叠山流派。按照创作思想和叠山风格大致可分为两类：一类以张南阳、陆叠山为代表的工匠，延续了传统以石为主的写意掇山方式；另一类则是以张南垣、张然为代表的新风格，即将写实与写意掇山相结合，再现自然山水的创作方式。[3] 以戈裕良为代表的叠山名匠对叠山进行了技术性创新。在戈裕良之前，叠假山洞都以条石收顶，包括著称于世的狮子林假山，戈氏创造了钩搭之法掇叠山洞，洞壁和洞顶一气呵成，仿佛天成。[4] 清同光之后，叠山工匠的艺术修养和行业的综合素质都与清中期无法相比，民间工匠叠山大多依照定式操作，技术虽精但无任何创意可言，工匠的执业范围更转向修复旧园林和毁坏严重的古代假山，修复水平也参差不一。[3]

按照陈从周先生的分类，清末叠山流派按照地域划分大致可分为苏帮、宁帮、扬帮、金华帮、上海帮等五种。当代匠人方惠在他的《叠石造山》一书中，也将工匠分为苏派、扬派和金华帮三类，苏、扬两派所指较明确，即苏州的韩氏兄弟、扬州的王氏、余氏（继之）等，而金华帮来源较复杂，大抵如陈从周所说，是浙中假山师的统称。[3]

历史上关于传统叠山匠师的专门记录较为匮乏，仅见清代钱咏《履园丛话》；由营造学社创始人朱启钤编辑，著名学者梁启雄、刘敦桢校补的《哲匠录》以及陈植的《筑山考》等。

2 英石叠山匠师的传承历史和现状

2.1 英石叠山匠师的传承历史

在最早有关英石的记载文献宋代陆游《老学庵笔记》中，记录了当时广东英德出现“专以取石为生”的“采人”，即现在的“石农”。到了清代之后，英石开发逐渐产业化，英德设有数间经营英石的商店，甚至还出口英石到西欧的国家用于园林营造或缀景。清道光年间，盛产英石的望埠镇建制，称为英石乡。清代陈淏子《花镜》中对英石盆景制作环节与技巧做了详细论述，说明当时英石盆景已相当普遍并具有较高水平。[5]

但一直以来，关于英石叠山匠师的历史资料极为缺乏，英德英石匠师传承谱系近几年由地方学者进行梳理，整理出英石叠山盆景传承最早可追溯至清朝道光年间何永堂。[5] 本文根据实际调研的匠师在前人谱系基础上进行了进一步补充完善，此谱系仍需根据后续调研不断完善（图 2-20）。

2.2 英石叠山匠师的传承现状

（1）石叠山匠师来源与组织形式

调研访谈以及资料收集的数据显示，英德英石叠山匠师以及石农主要来源都是英德望埠镇。民间有一种说法，广东叠山找英德，英德叠山找望埠。广东叠山师傅中，来自英德的师傅能占据八成左右。据统计，望埠镇当地大概总人口有约 5 万，民间统计起码有 6000 人左右从事石头行业，包括同心村、冬瓜铺以及莲塘村，石农较为集中在望埠冬瓜铺地区进行挖石工作并从事石头贸易，匠师最为集中的是望埠镇同心村。[6] 根据匠师口述，同心村村内目前成年在业者仅两人不从事英石叠山行业。同心村在英石产业发展的初期，匠师基本都从上山挖石卖石起家，20 世纪 60 到 70 年代出生的匠师们在跟随父辈叠山匠师参与实践后，多于 80 年代开始外出接手各种叠山工程，同心村成为最大的匠师输出地和匠师来源地。

望埠镇的叠山匠师足迹遍及珠江三角洲以及上海、四川、浙江、新疆等全国各地乃至海外，从大型公共园林工程景观到私家宅园叠山均有参与，江南一带园林叠山修缮建设也常有望埠师傅的身影。

英石叠山匠师们多数由于项目临时组建成一个班组，以亲属同乡为主，班组成员之间缺乏固定的师承关系。由于地缘关系以及区域文化特色，英德市从事叠山工作的人口基数大，叠山工匠们在针对不同工程组建团队的时候人员选择范围较广。

英石叠山匠师根据技艺水平与经验形成班组内部分工的级别。较为优秀的师傅都能够独立把控操作完成英石盆景制作、大型假山堆叠、理水、植物配置等各类技艺以及相应的技艺流程，兼任设计主笔、效果表达以及施工操作。而普通的工匠则以较纯粹的雇佣关系为主，一般只作为劳动力工作，不承担技艺操作。经验丰富的师傅们通过带着班组进行实战操作，训练出一代又一代的优秀匠师，新一辈的匠师出来之后又形成了新的班组，产业组织就这样不断扩大。

（2）英石叠山匠师与技艺传承

英石叠山匠师技艺传承中，亲缘传艺占据较大的比重，往往一家人或一个村民小组中就会形成一个施工班组，技

图 2-20 匠与石（拍摄者：邹嘉铧）

艺的传授方式依然是口传身授。

由于社会环境的影响，不同时期的匠师对叠山技艺的研习与理解也随着时代不断发展。二十世纪六七十年代，在农村生产队工作机制和当时的社会环境之下，匠师的主观能动性受到限制，匠师工作仍以石头挖掘、运输与简单的叠石操作为主。匠师由于文化修养的局限多关注到“技”，少关注或者难以关注到“艺”。随着改革开放，市政园林建设越发受到重视，叠山匠师开始走出英德乃至走出国门，有更多机会开始与专业的建筑、园林设计师合作，参与到大型园林建设工程与园林博览会建设之中，这些活动提高了当时英德英石匠师对叠山技艺的认知与理解，也使其在对外交流与工程项目之中逐渐从叠山、理水、植物配置整体性上全面考虑叠山技艺的实施，使得英德英石匠师的个人技艺中“艺”的能力不断提升。

在“走出去”和应对市场需求的过程中，当代的匠师们也发现了英石叠山技艺未来传承和发展的更多可能性，除了在传统山石盆景与园林工程中使用之外，也开始思考英石的保护性开发与利用。比如将英石小块构件石带入寻常生活之中创作工艺品，在家用鱼缸的水下盆景中使用英石（江浙一带称为“青龙石”）置景，搭配绘画材料的壁挂盆景（图 2-21、2-22）等。匠师在不断思考创作中提升技艺，也让英石叠山技艺跟随时代潮流有了进一步的发展。

3 英石叠山匠师的职业现状、发展困境和方向

3.1 英石叠山匠师的职业现状

(1) 职业角色的分化

英德地区早在五代时期便大量开采英石。[5] 发展到今天，英石产业早已形成了相石、采石、运石、销售、园林工

图 2-21 家用鱼缸英石置景（引自网络）

图 2-22 英西中学壁挂盆景搭配绘画全新创作（拍摄者：李晓雪）

程建设完整的产业链。叠山匠人的角色与分工也随着现代技术与企业化经营发生分化。过往传统石农与叠山匠师主要以手工操作为主，但随着现代技术发展与产业社会化程度不断提高，现代机械与技术介入，传统石农与叠山匠师适应并掌握了新技术工具，职业分工也随之不断地细化，专职化、专业化、专向化程度越来越高，叠山行业中甚至出现了新兴的领域，如假山效果图制作等。传统工匠职业角色由传统多元一体的集合状态逐步走向专职、专业、专向分化状态，英石叠山的产业链运作也愈加成熟。[6]

（2）价值认同的转变

现代叠山匠师从事叠山多以经济收入及个人发展为出发点，对传承的价值感与责任感除了家族关系之外，往往与匠师个体对自我职业角色认同与职业价值追求的自主性有很大关系，这也是造成匠师流动性、自主性大的原因之一。

现代叠石行业职业的分化和工程方式的改变，使得部分年轻匠师对待叠山技艺仅仅是作为经济收入的来源，对叠山技艺传承的价值感和责任感不强。资深的叠山匠师认为，“绝大部分年轻人接触这个行业就是一种过渡的心态，不要求说质量做得怎么样，效果要做成什么样，他们只要做得能验收，老总满意，能拿到钱，（就是）最高标准”。这种价值标准仅将叠山技艺作为谋生的手段，而不能从实践中反思与提升技艺，有传承人认为匠师如果仍持有这种观念，“做得再好，这个（匠作）体系基本还是处于一个被遗忘的角落”。

（3）传承方式的发展

英德英石叠山匠师整体文化水平不高，传授方式多以亲缘传艺及师傅口传身授为主。根据多位匠师口述，自己的家族多从事石头行业，多由家族成员带着挖石或参与叠山工程，从现场搬抬石头等零工做起，在实践中耳濡目染积累经验。

近几年，随着国内传统文化复兴，传统造园的市场需求日益增加，使得园林叠山工程也增多，部分叠山匠师的子女在受过正规教育毕业之后回归英德，跟着父辈从事石头产业，出现了所谓的“石二代”。“石二代”较“石一代”家庭环境更为优裕，自幼接受更系统的文化教育，学历水平、文化修养与视野均高于“石一代”。“石二代”对现代科技以及社会新兴事物的趋势更为了解，自主性与创新性也更强。“石二代”可以在传统技艺的家传过程中以新的视野开展产业转型，如专门制作叠山效果图公司的出现、石头电商的兴起、企业联营等发展趋势都与“石二代”的参与有很大关系，为传统石头行业注入了新鲜血液。“石二代”参与产业发展为传统行业带来的变化仍需持续地关注与记录。

3.2 英石叠山匠师的发展困境

(1) 叠山匠师的组织形式影响技艺价值

英石叠山匠师在发展过程中也存在瓶颈。比如，英石匠师现有的组织形式相对零散且流动，工程班组多没有经过正规的登记在册，处于“哪里有活儿去哪里”的流动状态。而具有资质的园林施工单位在与工程甲方对接的时候并不能直接派遣匠师，需要经过多层交接寻找班组，最终以工程项目分包的形式分配到匠师班组手中，叠山匠师在整个工作流程中变成了工程队下的施工员。这种组织形式使得匠师的实际收益被扣除了中间费用，流动性班组也不利于匠师技艺的延续与传承。

这种组织形式的流动与多变也使得部分年轻匠师仅将叠山作为经济收入的来源，自身定位仅为叠山环节中的操作者，工程完成了能够验收即可，在进行英石叠山的时候并没有追求叠山本身的艺术价值，也没有意识到英石叠山作为技艺的传承价值。

(2) 叠山匠师的社会认可程度不高

在传统园林建筑行业，社会公众对叠山匠师的认知仍停留在简单的劳动力认识层面，并没有意识到英石叠山匠师的创造性工作需要体力和脑力的大量付出，其职责与重要性并不亚于一位当代建筑设计师，在社会地位与价值认同方面仍缺乏应有的认可与尊重。[6]

根据匠师口述，最基础的石农工资可达 250 元 / 天，进行机械操作的大工工资可达 500 元 / 天，技术较好的叠石匠师日收入则可以达到 800～1000 元 / 天。英石叠山匠师的收入较之一般的务工人员尚可，但年轻一代多数都不愿意从事一线操作。学习英石叠山技艺需要花费大量的精力，学习周期长，工作条件艰苦，有一定的危险性，整个社会及行业对叠山匠师的价值认可度与尊重仍不够。许多叠山匠师谈到是否希望子女能够继承自己的英石叠山技艺时，仍表示工作太累太苦，又不受尊重，还是希望子女多读书，不干这一行。只有当社会对英石叠山技艺的价值产生认同，对英石叠山匠师形成应有的尊重，才能推动匠师层面对技艺传承的重视。

(3) 叠山匠师的文化素养不足

明清时期，叠山匠师技巧之所以达到出神入化的水平，不仅因为他们掌握着世代相传的叠山技巧，更因为他们具有较高的文化素养。[2] 英德地区从事英石叠山行业的人员数量很多，但匠师整体文化水平与修养仍偏低，技与艺兼备的高水平叠山匠师仍占少数。目前英德的叠山匠师，大多数在青少年时代是石农出身，接受的文化教育有限，加之叠山职业的分工越来越细化，导致部分匠师仅作为叠山施工某部分环节的操作者，并不具备传统叠山匠师的主动性和创造性，也使得部分匠师叠山艺术性也随之有所降低。英石叠山匠师文化素质的不足容易影响匠师后期的发展空间，而社会环境对于园林叠山的文化修养与审美价值需求不断提高，如不注重文化艺术修养的后天补足可能导致匠师叠山技艺的进步缓慢，甚至成为技艺发展的瓶颈。

(4) 叠山匠师缺乏相应的培养体制

英德英石叠山的匠师原来多为以耕种为主的农民，土地政策变化之后，部分农民转而上山背石，从石农做起，不曾接受过系统培训或教育。家族传承以及师徒传承仍是现在英石叠山技艺传承最常见的传承方式，这两种方式技艺传承主要是靠徒弟跟在师傅后面边学边干，工匠多数会实干而不会说，传授技艺的内容有限。发展到目前，英石的产业虽然极大发展，但匠师培养依然多以传统方式为主，对于英石叠山匠师现有能力水平与发展的培养十分缺乏相应权威部门的资质认定。现代职业教育培养制度下出来的部分年轻工匠虽接受过叠山技艺的培训以及理论学习，但始终缺少实操经验，文化艺术修养水平也不高。而在高校体制下培养的园林、建筑等专业的大学生，多经过设计专业训练，但大部分对传统技艺缺乏了解，更缺乏实践经验。传统技艺培养方式、职业培养制度与高校设计教育机制之间存在相当大的断层。

3.3 未来英石叠山匠师的保育方向

要应对英石叠山匠师的发展困境，首先应从机制上入手，通过政府、行业与学界的共同努力，对匠师的组织现状与能力水平探讨可行的评定方式来认可叠山匠师的技艺水平。比如对匠师进行规范的职业资质认证，对高水平的匠师与匠作体系进行传承人认定，并在工程操作中制定相关制度扶持传承人匠师直接参与叠山工程，从而提高叠山匠师的社会地位与认可度，形成良好的职业认证与激励机制。

从行业生态发展角度，对于英石技艺发展的新兴方向与发展趋势应给予及时的关注与扶持，鼓励匠师创作与发展，并平衡与传统产业模式的关系，从而实现传统与新兴的合作共赢，从行业生态保护层面为工匠提供良性的发展环境。

从匠师个人发展与培养角度，地方政府、行业、社会各界及研究教育机构应以英石叠山技艺的保育传承为出发点，为匠师的自我提升提供良好的交流平台。2016年，由英德市委组织部牵头的《英德市英石特色文化产业人才工程》入围广东省“扬帆计划”，加大资助、对英石匠师加强培养。英德市奇石协会也已协同华南农业大学岭南民艺平台开展英石文化遗产价值与保育策略的相关研究。英石叠山匠师受邀进入学校开展英石传统技艺的教学活动，如支持英德市英西中学的老师开展英石盆景专项课题研究，在华南农业大学林学与风景园林学院园林专业开展英石叠山现场营造课等。一系列的举措为英石叠山匠师提供更多的发展机会与更好的发展前景。

当英石叠山匠师的生活得到保障，社会地位以及价值得到认可，匠师自豪感得以提升，对于技艺的追求以及传承意识才能随之提高，加之由政府、行业与学界共建良好的培养体制，英石叠山技艺才有可能实现真正的可持续发展与传承。

特别鸣谢以下匠师（排名不分先后）：

邓浩巨 邓建党 邓建才 邓达意 丘声考 丘声耀 丘声仕 邓帅虎 邓能辉 邓志翔

参考文献：

[1] 王枭勇 . 浙江传统园林掇山置石研究 [D]. 杭州：浙江农林大学 , 2015.

[2] 王劲韬 . 中国皇家园林叠山研究 [D]. 北京：清华大学 , 2009.

[3] 魏菲宇 . 中国园林置石掇山设计理法论 [D]. 北京：北京林业大学 , 2009.

[4] 童寯 . 江南园林志 [M]. 北京：中国建筑工业出版社 , 1984.

[5] 赖展将 , 林超富 , 范贵典 . 英石志 [M]. 英德 : 政协英德市文史资料委员会 , 2007.

[6] 李晓雪 . 基于传统造园技艺的岭南园林保护传承研究 [D]. 广州：华南理工大学，2016.

本文已发表在《广东园林》2017 年第 5 期 Vol.40，总第 180 期。

中国园林传统叠山技法研究概况

邱晓齐 黄楚仪 李晓雪

叠山作为中国传统园林的重要造景要素，有着源远流长的营造历史。然而，由于中国传统文化中“形而上者谓之道，形而下者谓之器”的价值观念与“重赏轻技”的现象存在，关于传统园林叠山技法与技术经验的总结一直不足，传统工匠口传心授的传统传承方式使得关于技法的总结直到近现代才逐渐展开。这不仅影响着中国传统叠山技艺在当下的保护传承，也关系到当下叠山营造实践的技艺水平与艺术价值。

1 叠山技法的研究进展

总体来说，目前关于中国叠山技法研究主要集中在四个领域：一是针对材料特征与叠山技法关系的研究；二是基于传统叠山的经典案例来探讨叠山地域特征的研究；三是从工匠角度对叠山技法的经验总结；四是信息技术与数理统计分析方法在传统叠山研究领域的应用。

1.1 材料特征与叠山技法的关系

在“道器分途”的价值观主导下，中国传统叠山最早主要探讨土山的造型特点。东晋时期，《三辅黄图》记载袁广汉造园“构石为山，高十余丈，延亘数里”，此时石材成为叠山材料之一。在古代文献之中，常会探讨材料的利用方式及造型变化，如唐代白居易《太湖石记》中，从中国赏石文化角度研究太湖石的选石分类、堆叠方式，着重于对石形、石态的审美赏鉴。宋代开始从工程技术角度关注叠山材料。中国第一部石谱专著《云林石谱》记载了石品116种，详细记录了石头产地、采掘方法、运输技术等。此后，周密的《癸辛杂识》进一步补充园林叠山用石的运输技术。明清时期，多从相石标准与营造原则层面探讨石材的具体特征，其中中国第一部造园专著《园冶》对园林石材进行总结与梳理，共有10种山石类型与5种山型理法，并介绍了掇山基本工法流程及理法与山林营造的关系。

近现代以来，学者们开始关注不同石材在不同地区园林叠山中的应用，探讨石材特性、地域特征与叠山技法的关系。童寯先生在《江南园林志》中追溯中国古代就近取石应用的习惯，并以太湖石的材料特性及其在江南园林叠山中的应用为例探讨叠山地域特征。[1] 陈从周先生也提到扬州地区叠山的石材取材问题。[2]

20世纪90年代后，学者们开始关注石材特性与叠山技法、叠山意象的关系。孟兆祯先生在《掇山之相石、结体与水景》中提到，特定的意境与假山的性格只有相应的石材才能奏效，并将山石材料归类，认为了解石性后方能按掇山目的、意境等斟酌采用何种山石。[3] 贾珺先生在《北京私家园林的掇山艺术》中通过分析不同石材，总结北京私家园林假山堆叠手法特征。[4] 王劲韬从中国园林叠山材料演化和民间技术传承方面，探讨了皇家园林叠山风格发展与材料和技术等物质性因素之间的内在联系。[5] 欧阳立琼等通过对 3 本中国造园经典著作在掇山选石方面的对比，梳理选石取向的异同，并探讨了明至清代民间掇山选石的价值观。[6] 李运远等通过剖析“相石觅宜”与“问石求意”的营造过程，探讨了叠山技法中材料与营造手法的关系。[7]

1.2 经典案例的地域特征

关于中国传统叠山经典作品及其技法的论述，在古代文献之中多以散文、园记等形式记录下来。唐代白居易在《庐山草堂记》中，依据草堂周边环境来探讨叠山应“覆篑土为台，聚拳石为山，环斗水为池”。[8] 宋代张淏在《艮岳记》中记载艮岳通过自然山体的摹写带来了湖石开采、运输、堆叠等技术的进步。

20 世纪 50 年代以来，关于叠山技法的研究分地域展开。天津大学卢绳教授主持的对承德避暑山庄古建筑及园林环境研究项目，记录了北方园林的叠山技法。[9] 而江南地区则以刘敦桢、陈从周、杨鸿勋等前辈展开的苏州古典园林考察成果为代表，积累了江南地区关于叠山经典作品的一手资料。60 年代，岭南地区夏昌世、莫伯治等建筑师对岭南庭院水石景进行了研究。[10]80 年代之后，学者们对现存古典园林中遗存的叠山作品展开大量实地调查，并出版、发表了一批重要的著作与文章，如汪星伯先生的《假山》、孟兆祯先生的《北海假山浅析》与《中国古代建筑技术史》、吴肇钊先生的《夺天工》等。

近些年的研究更加注重叠山技法的保护与传承研究，也更加注重传统叠山的地域性特征研究。东南大学顾凯教授的国家自然基金项目以动态演进与当代保护传承的应用视野，关注晚明以来江南园林叠山的营造特点；[11] 谢杉对北海湖石假山空间布局和山石掇法进行系统总结；[12] 王昕通过对苏州现存叠山作品采样，对照传统技艺法则，总结当代假山工艺技术的传承、提高与发展的方法；[13] 梁明捷从岭南叠山的山石材料、砌筑技术、叠山造景艺术与建筑空间的环境关系三个方面，探讨岭南古典园林叠山的地方特征。[14]

1.3 匠师营造工法的总结

周维权先生在总结中国园林发展时指出："向来轻视工匠技术的文人士大夫不屑于把它们（造园技术）系统整理而见诸文字，成为著述。因此，千百年来的极其丰富的园林设计技术积累仅在工匠的圈子里口传心授，随着时间的推移而逐渐湮灭无存了。"[15] 中国园林传统叠山发展到明清之后，主要由文人、艺术家和专业技术工匠共同营造，而古代传统园林叠山记录则多由文人主笔记录理法与审美意匠，从匠人实操角度对技术经验的总结与记录却很少。周维权先生的观点恰好说明了目前关于叠山匠作体系研究较为缺乏的原因，但并不代表古代文献没有技法的相关记载。如清代《嘉兴县志·张南垣传》记载："旧以高架垒缀为工，不喜见土，涟一变旧模，穿深覆冈，因形布置，土石相间，颇得真趣。"[16] 其中描述了叠山名匠张南垣希望通过"土石相间"的掇山方法，改变清代掇山过度人工雕琢的倾向。清代钱咏在《履园丛话》中记录了叠山名匠戈裕良的叠山技法经验，记录其运用拱券法与穹窿法做假山山洞，从而实现叠山技法的创新。

近现代以来，一些出身于叠山工匠世家的匠人对家族传承的叠山匠作技艺经验进行了总结，如扬州叠山传人方惠所著的《叠石造山的理论与技法》就是根据自身技艺的经验汇集，所述技术、手法均从实践中来。[8]55-152《山石韩叠山技艺》由苏州假山世家韩家第三代传人韩良顺著成，这部著作对江南叠山"山石韩"流派的叠山技艺经验进行了系统总结。[17] 韩良顺的徒弟冷雪峰所著的《假山解析》侧重于从审美角度研究中国叠山美学特点，其中涉及叠山用石与地质特征的关系，并讨论了现代假山设计与施工的相关问题。[18] 这些从工匠视角进行的叠山操作实践技法总结，具有重要的理论与实践指导价值。

1.4 新技术在叠山工程中的应用

信息技术与数理统计方法的应用是近几年风景园林研究的重要特点，而新技术与定量分析方法的应用也是传统叠山技艺研究的重要突破。

一方面，数字化信息新技术近几年开始运用于传统名园叠山置石的历史发展与空间研究。张勃通过从掇山建造模式与匠作工具入手进行梳理，认为设计师和匠师都可以借助数字化 3D 技术调研，完善施工图设计，从而理顺设计与建造的关系。[19] 杨晨与韩锋对上海豫园黄石大假山空间特征进行了定量化研究，运用数字化近景摄影测量技术、激光雷达扫描技术和点云可视化技术采集大假山的空间信息，构建数字化三维模型，对假山空间特征开展定量化的识别与分析。[20] 张青萍等对苏州园林运用地面三维激光扫描和无人机近景摄影测量技术进行扫描、拍摄及后期处理分析，对私家园林叠山的定量技术和结果表达方式进行比较和总结。[21]

另一方面，数理统计的分析方法为叠山营造技艺标准与空间特征分析提供了新的思路。在定量研究分析方面，周建东等以扬州个园“四季假山”为例，借助心理实验的语义差别法（SD）为假山置石艺术提供了一种较为科学的分项评价法。[22] 周超等采用层次分析法（AHP）对影响扬州园林风格特征的评价因子进行重要性分析，总结了扬州园林风格特征的基本内容。[23] 而建筑空间研究的思路也被借鉴运用在叠山空间特征分析方面，如高洪霖等运用当代建筑学语言解读、分析、归纳了苏州古典园林假山空间与光影的典型关系，对传统假山光影空间进行图解与转译，并探索“最小状态的建筑空间”在现代地域建筑光影空间设计中的应用。[24]

2 传统叠山技法研究现状总结

就中国传统园林叠山技法的研究现状而言，早期对叠山技法的研究主要从相地设计、叠山造型、石材选择、堆叠工法四个方面展开。随着工程技术的发展，近现代以来对叠山的研究愈发关注技法本身，特别是从保护与传承的角度总结与分析传统叠山技法经验。近几年，新技术与新工具和方法应用于叠山营造技艺标准与空间特征的研究，突破了传统研究工具与方法的局限。

尽管关于传统叠山技法的研究已经取得了不少成果，但从中国园林叠山研究总体现状来说，仍侧重从叠山的山水理念、审美观念、形态、风格特征等艺术与审美层面进行探讨，而从“技”的角度基于材料特性、地域特征总结叠山技术经验与技法特征，仍有许多研究空间。同时，关于工匠叠山技法的经验总结，目前也主要集中在北方与江南地区匠派研究，在传统叠山技法的共性经验总结方面仍较为缺乏。

3 传统叠山技法的未来研究方向

中国传统叠山技法研究随着历史名园名山保护修复工作的专业化、技术化要求提高，园林造景与叠山产业发展需求增加，越发需要加强对传统叠山技法经验与技术特征的研究。随着数字化、信息化技术的发展，在传统叠山意匠研究基础上，中国传统叠山技法的研究领域在未来可从对叠山技法的地域性特征与共性经验方面加以总结与梳理，以定性与定量相结合的方式探讨叠山技艺特征的评价标准，更应在传统叠山匠作体系研究、遗产保护与传承等方面加大研究力度。

3.1 地域特征与共性经验总结

目前叠山技法经验总结主要集中在北方与江南地区匠派研究之中，由于叠山创作的主观性较强，因场地、山石材料的不同，叠山技法与艺术表现也千差万别。因此，在未来的研究中不仅需要通过对比分析不同地区、不同匠派与不同材料的叠山技法特点，更要总结与提炼中国传统叠山技法的共性特征，总结叠山的核心技术经验与关键性技术要素，以保护和传承传统叠山技法的核心特征。同时，要关注叠山技法的历时性变化，特别是现代工具介入之后对叠山技法实施与叠山风格的影响，对比研究现代与传统技法的异同，分析在现代技术与产业发展影响下传统叠山技法的演变特征。

3.2 定性与定量化分析相结合的技法特征评价标准

随着信息化、数字化的发展，点云技术、构建三维模型等方法已经大量应用于古典园林叠山的研究。新技术与新工具的使用提高了对叠山这类不规则园林要素测绘成果的完整性、精确性和工作效率，也提供了新的量化评价工具。如何将传统叠山非定量的技艺特征总结与评价问题结合定量研究方法，探讨一套融合审美与技术、主客观综合考量的技法特征评价体系，或能为传统叠山技艺意匠研究与技艺传承探寻新的研究思路和工作方法。

3.3 基于匠作视野的技艺传承机制

由于过往研究中仍较为缺乏对叠山工匠与匠作体系的记录，要保护与传承叠山技艺，必须重视对叠山工匠及匠作体系的研究。未来要更加注重从“人”的视角，即工匠的角度出发记录叠山技法的现代发展，注重人—物—技艺三者之间的关系研究，探讨传统叠山意匠追求与叠山技艺当代发展需求的关系。同时，还应从叠山匠作技艺的保护与发展角度，探讨叠山匠作体系可持续发展的保护传承机制与策略。

参考文献

[1] 童寯 . 江南园林志 [M]. 北京：中国建筑工业出版社，1984：15-20.

[2] 陈从周 . 扬州片石山房：石涛叠山作品 [J]. 文物，1962（2）：18-20.

[3] 孟兆祯 . 掇山之相石、结体与水景 (上)[J]. 古建园林技术，1991（2）：51-55.

[4] 贾珺 . 北京私家园林的掇山艺术 [J]. 中国园林，2007（2）：71-73.

[5] 王劲韬 . 中国皇家园林叠山研究 [D]. 北京：清华大学，2009.

[6] 欧阳立琼，张勃，傅凡 .《园冶》《长物志》《闲情偶寄》论选石的异同 [J]. 华中建筑，2015（9）：155-158.

[7] 李运远，魏菲宇 ."相石觅宜"与"问石求意"：议中国古代园林假山石材选择与设计的关系 [J]. 古建园林技术，2017（3）：39-42.

[8] 方惠 . 叠石造山的理论与技法 [M]. 北京：中国建筑工业出版社，2005：6.

[9] 天津大学建筑系，承德文物局 . 承德古建筑 [M]. 北京：中国建筑工业出版社，1982：46-50.

[10] 夏昌世，莫伯治 . 粤中庭园水石景及构园艺术 [J]. 园艺学报，1964（2）：171-180.

[11] 顾凯 . 重新认识江南园林：早期差异与晚明转折 [J]. 建筑学报，2009（1）：106-110.

[12] 谢杉 . 北京皇家园林湖石假山掇法研究初探 [D]. 北京：北方工业大学，2013.

[13] 王昕 . 苏州太湖石假山传统技法及鉴赏研究 [D]. 杭州：浙江大学，2013.

[14] 梁明捷 . 岭南园林叠山探析 [J]. 美术学报，2014（2）：82-87.

[15] 周维权 . 中国古典园林史 [M]. 北京：清华大学出版社，1999：773.

[16] 吴伟业 . 梅村家藏稿：卷五十二 [M]// 谢国桢 . 明清笔记谈丛 . 上海：上海古籍出版社，1981.

[17] 韩良顺 . 山石韩叠山技艺 [M]. 北京：中国建筑工业出版社，2010：140-236.

[18] 冷雪峰 . 假山解析 [M]. 北京：中国建筑工业出版社，2013：45-496.

[19] 张勃 . 对掇山建造模式与匠作工具的思考 [J]. 新建筑，2016（2）：41-45.

[20] 杨晨，韩锋 . 数字化遗产景观：基于三维点云技术的上海豫园大假山空间特征研究 [J]. 中国园林，2018（11）：20-24.

[21] 张青萍，梁慧琳，李卫正，等 . 数字化测绘技术在私家园林中的应用研究 [J]. 南京林业大学学报 (自然科学版)，2018（1）：1-6.

[22] 周建东，赵雅南 . 基于 SD 法的古典园林假山艺术评价研究——以扬州个园为例 [J]. 扬州大学学报 (农业与生命科学版)，2018，39 (2)：114-118.

[23] 周超，赵御龙，王晓春，等 . 基于层次分析法的扬州园林风格特征研究 [J]. 扬州大学学报 (农业与生命科学版)，2018（4）：112-118.

[24] 高洪霖，徐俊丽 . 苏州古典园林假山光影空间图解及转译研究 [J]. 中国园林，2018，34（10）：129-133.

本文已发表在《广东园林》2019 年第 2 期 Vol.41，总第 189 期。

山间的骆弘周（拍摄者：简嘉仪）

第三章　英石遗产与教育

■ 英德英石产业现状与发展研究

■ 英石非遗传承教育的新探索
——英德英西中学《英石艺术作为乡土美术教材的研究》

■ 英石碟景创作与中学美术教学相融模式研究与实践

■ 「入境如匠」
——以英石造园技艺为例的民艺传承教育模式探索

英德英石产业现状与发展研究

陈燕明 巫知雄 林云

广东省英德市作为英石的主产地，从北宋开始就出现了开采英石的“专业村”，至清代英德市望埠镇曾一度被称为“英石乡”。[1]1,23 从古至今，这里的市镇发展都与英石文化的兴衰密不可分。只要处于经济发展时期，英石就被大量地开发利用。历经千年发展，如今英石产业有较完善的产业链条与强大的发展潜力，依然呈现出多方面的发展优势。近二十年来，英石产业发展总体趋势正由迅猛发展慢慢趋于平稳。目前，英石产业发展逐渐面临着诸多问题与挑战。英石产业如何突破这些瓶颈、提升文化价值和经济价值，并在当代的活态保护中焕发生机，推动当地社会、经济与文化的可持续发展，关系着英石文化遗产的未来走向。

1 英德英石产业发展历程

英石产业在历史上主要经过3次大的开发热潮，与经济发展有密切的关系。只要处于经济高速发展时期，势必伴随着英石的大量开发利用。第1次开发热潮始于宋朝。北宋时期，英德经济相当发达，撤县建州，商税居广东第二，仅次于广州，这跟英石的开发利用密不可分。第2次开发高潮是明清时期。当时出现多部论述英石的著作，如《园冶》《素园石谱》《广东新语》等，英石在清朝更是被定为全国园林名石之一。从18世纪开始，英石更成为对外贸易的重要资源，英、法、德等西欧国家从广州购运英石回国。第3次开发高潮出现在20世纪特别是1978年改革开放之后。经济的迅速发展带来赏石文化的空前繁荣，英石需求量日益增加，英德市抓住了英石开发利用的大好机遇，让英石产业走上高速发展的道路。[1]22-23 其中，英德英石产业在20世纪之后的发展，可分为3个主要阶段。

1.1 1976年以前：发展缓慢至停滞

英德英石产业发展历史虽然源远流长，但在民国时期，连年战乱，以及西方文化的冲击，观赏石文化一蹶不振，英石产业发展一度停滞荒废。[2]1721949年以后，国家实行计划经济政策，农民基本被束缚在田地里头，没有公社（乡、镇、区）一级开具的证明，英石不能外出，使英石沉睡山头，无人问津。当时政府可以免费开采英石，而私人开采搬运贩卖英石会被关押批斗，英石产业销声匿迹。[2]12 在此阶段，英石主要用作园林景石。

1.2 1976—1996年：起步开发阶段

1978年“三中”全会明确提出全国实行改革开放政策。到了1983年，英德市望埠镇政府内设农工商联合公司，公司设园艺部，专门研究如何推动英石的开发和经营。[2]12

20世纪80年代末，望埠镇同心村、沙口冬瓜铺村的村前村后开始有了分类堆放的英石，但仍未形成市场气候。1989年，英德人温果良首创英石出口，当年发运新加坡的英石上千吨。同年，冼昌牵头组织几位望埠镇青年从事英石假山与盆景改良，于1991年把传统工艺与现代电气设备结合起来，成功生产出英石雾化盆景，并申报获得国家专利。此后，诞生了一批盆景工艺厂，如中昌、龙山、福星等专营英石盆景的工艺厂，英石产业得以小规模发展。[2]12-13

在此阶段，英石主要运用于园林造景以及盆景工艺。

1.3 1996—2017年：迅猛发展和趋稳阶段

1996—2003年，英德市委市政府挖掘英石文化的价值。经过前期初步调研，1996年，任命赖展将为英德文化局局长，专门推动英石发展。1996年12月，首届广东英石展销会在望埠镇举办，成交额21万元；1999年12月，第二届广东英石展销会在望埠镇黄田举办，直接成交13万元，签订园林工程合同300万元。期间有多份英石作品获得各类博览会和协会的大奖：2000年1月，温果良的英石《金豹》获岭南奇石博览会金奖；2001年10月，聂均平的英石《年年有余》获第四届（广州）国际园林花卉博览会金奖，赖展将的英石《亲情》获银奖；2002年年底，《姜公钓鱼》获省赏石协会首届精品展银奖；2003年，陆上强的英石获首届国际雅石博览会银奖。[2]177-178 由此，英石的影响力逐步提高，英石文化得以推广，英石产业迎来了春天。1996年9月26日，专营英石园林工程的首家注册公司"英德市园艺实业有限公司"于广东省清远市工商局注册成立。

这个阶段由于政府支持力度有限，市场尚未完全成熟、不成规模，英石产业发展速度较为缓慢。

2003—2008年，英德市委市政府全力推动英石产业，在政策与资金方面大力支持。此时，英石文化影响力拓展到全国，英石产业得到很大的发展。2003年，英德市委市政府积极将英石文化推上新的层次，请著名作家贾平凹写《说英石》，并邀请大批文人名流到英德参观英石，大力宣传英石文化。2006年11月，大型精装画册《中国英石传世收藏名录》问世。[3]49

2008—2017年，英石产业发展速度逐步走向平稳。2010年，首届中国英石文化节开始，并结合英德地方产业联合举办活动。到2017年7月，英德市委市政府已经连续举办了五届英石文化节（2010年12月、2011

年12月、2012年12月、2013年11月和2014年11月）和两届英德红茶文化节（2015年12月和2016年9月）。活动的举办进一步提高了英石在国内外的知名度和影响力。

近20年来，英石应用更为多元，既可作观赏，更可广泛用于园林景石。近几年，通过电商平台，挖掘出英石新的用途，如小英石（青龙石）用于制作鱼缸内的摆件；还有一些英石相关文创作品出现，如英德市英西中学的壁挂式盆景作品等。

2 英石产业市场特点

如今在英德市市域范围内，英石产业的市场主要分成两部分：一部分是园林景石市场，另一部分是几案石市场。

园林景石市场自1996年首届广东省英石展销会后开始兴起，发起于英德市望埠镇同心村和沙口镇冬瓜铺村。之后由同心村和冬瓜铺村村前村后的零星石档，迅速向英德市中部的英阳公路（S347）、英曲公路（S253）两侧转移。至2007年，英德的园林景石市场以这两条公路为依托，形成累计长度达40公里的“Y”字形的奇石展销长廊。经营英石的公司、石场、店铺等档口达到160多家。[2]172 至今，以英德市的大站镇至沙口镇的冬瓜铺村，以及望埠镇墟至英山脚下最为密集。在这段长达40公里的奇石展销长廊中，仅石场就达到了130家（2016年数据，图3-1）。这些个体经营石场以英石为龙头经营项目，兼营国内各类园林景石，并承接各类园林景观的设计与施工，成为中国南方最大的园林景石集散地，全国最大的英石集散地和英石文化交流中心。

几案石市场发起于2003年7月。英德市奇石协会第三届理事会换届，并将会址迁至市区后，由于市区赏石玩家需求增加，玩家的赏石水平迅速提高，藏石量迅速增加，市区出现以酒店和宾馆为依托的几案石展销点。2004年10月28日，骆清发先生在茶园中路开设第一家奇石店，命名为“清风石轩”。而后又有刘伟松、张结均等人陆续设店经营，从此几案石也正式走向市场。[2]172 到2017年，沿英德市区茶园路至教育西路、接仙水路形成了100家奇石门店以上的“Z”字形的奇石街（图3-2）。受英德市区几案石市场的影响，望埠镇墟也逐步形成了奇石门店一条街。

英石产业除了英德本土市场，更拓展至全国乃至世界。英德去往外地从事英石销售和英石园林设计施工的队伍大多集中在珠江三角洲一带。其中以东莞为最，几乎遍及各镇，从业人员数以千计。不仅销售英石，还承接英石园林工程。除了珠江三角洲，英石的国内市场更是在上海、江浙一带发展良好，亦有很多英德市望埠镇人在那里开设石场和公司；还有一部分市场在北京、河北以及山东青岛等北方地区；更有英石通过外事交流、企业合作、互联网电商等方式销往中国台湾以及韩国、新加坡、马来西亚、美国等地。

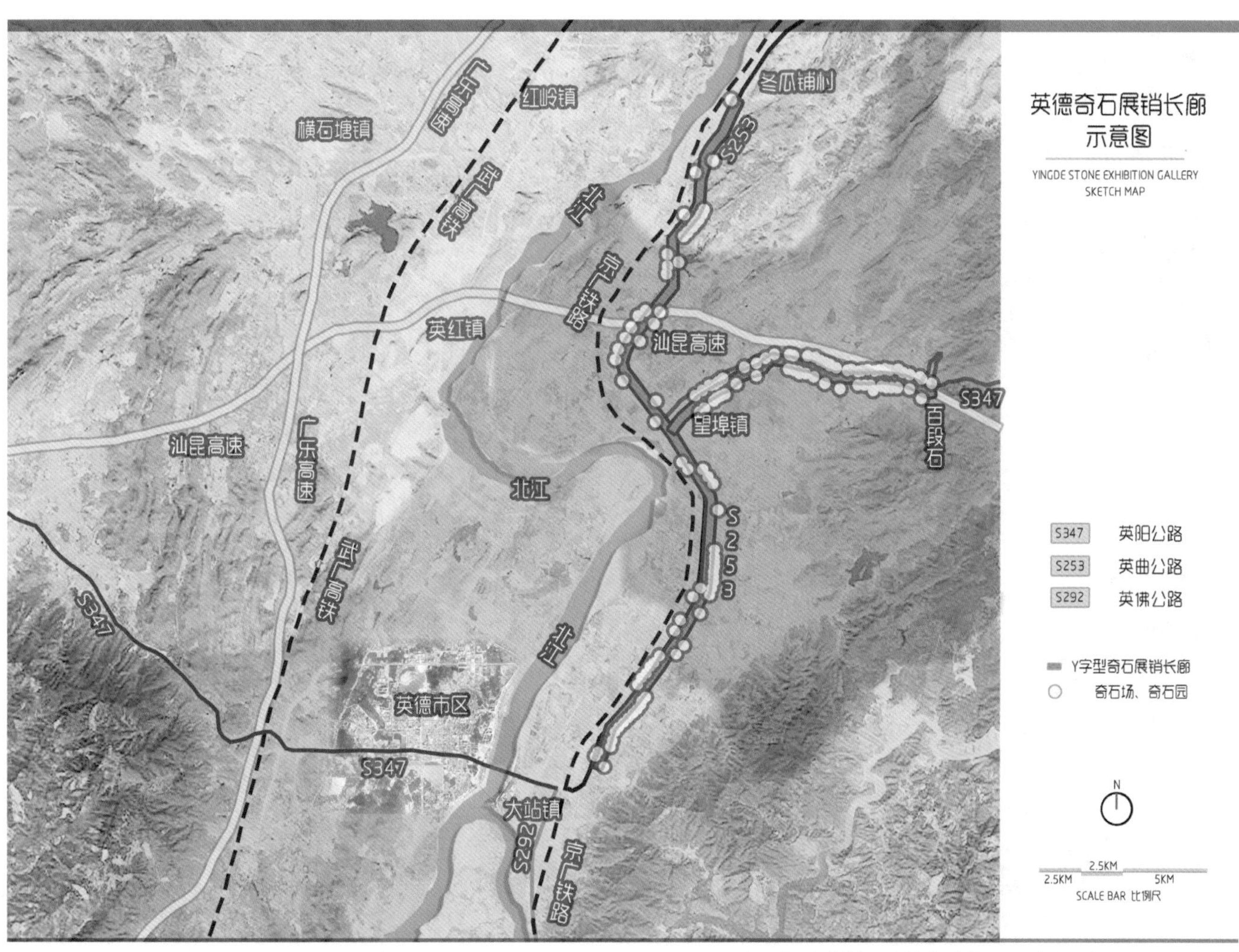

图 3-1 英德奇石展销长廊示意图 （2016 年统计数据 绘制者：巫知雄 ）

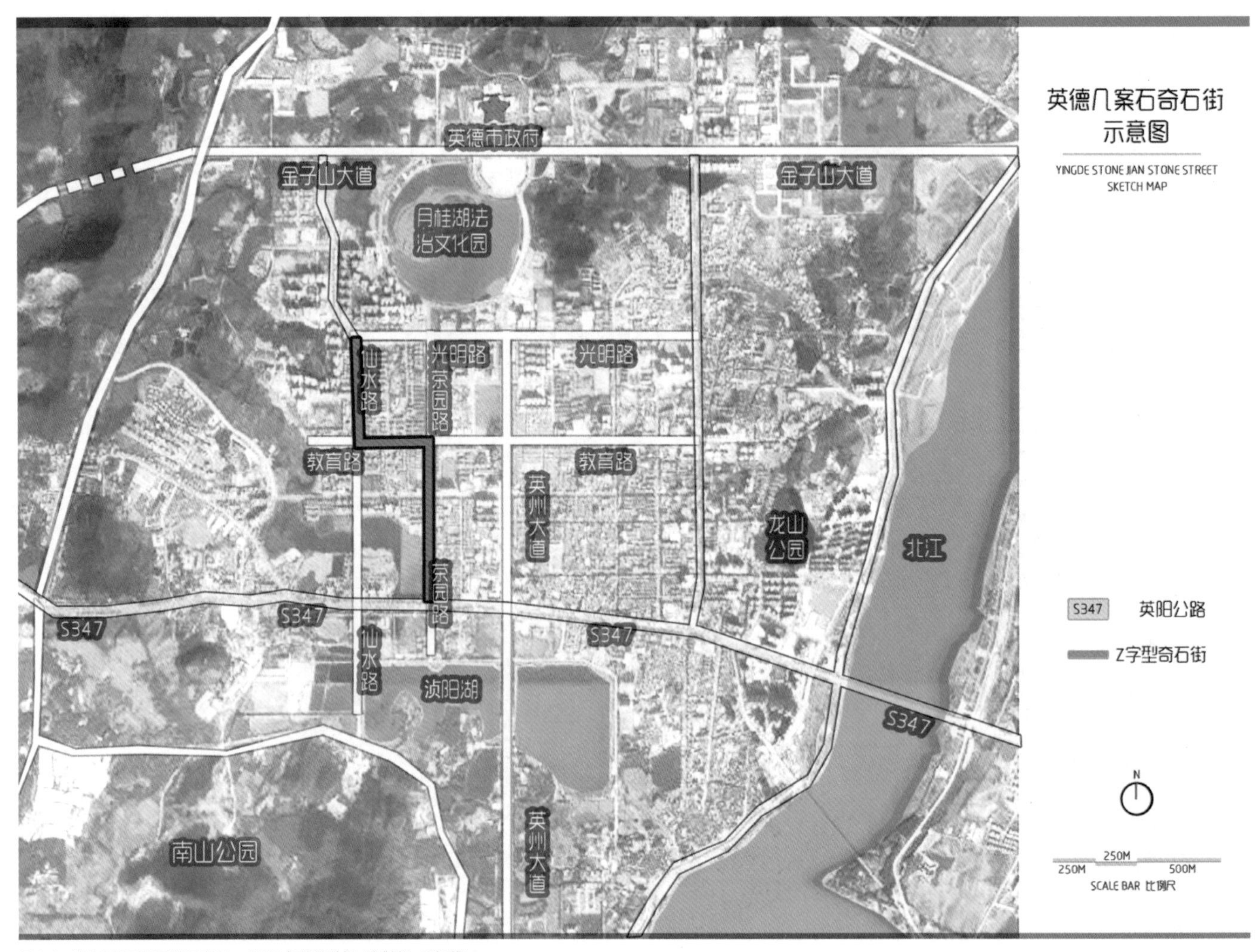

图 3-2 英德几案石奇石街示意图 （2016 年统计数据 绘制者：巫知雄）

3 英石产业体系和规模

英石产业如今基本形成了英石开采、英石销售、英石园林造景、英石文创等相对完善的产业链条。

在英石开采方面，主要形成了望埠镇英山、百段石、沙口镇冬瓜铺等主要开采基地，这些地区附近的农民几乎每家每户都有人参与英石开采。但是为了英石产业未来的可持续良性发展，避免出现类似太湖石的资源耗竭现象，2016年11月份以来，英德市有关部门开始有意识地限制私人私自开采英石，力图规范采石市场，完善采石管理条例。在此之后，英石开采供应量明显少于往年同期。

在英石销售方面，则大多是以工程景石为主，应用于园林工程施工方面，少部分为几案石及其他类型观赏石。无论是传统经营还是互联网销售，主要销往珠江三角洲一带，如广州、东莞、佛山等地；部分销往江浙一带，如上海、杭州、嘉兴等地；一小部分销往海外，如韩国、马来西亚、美国等地。

2007年，英石年销售额为8 000万元左右。至2013年，英石等奇石直接销售收入则达5亿多元。据统计，2013年英德从事英石等观赏石经营者3万多人，专业人员2 000多人，长期在英德市外从事园林建筑的公司及大小工程队700多个，以英石为主的园林工程创造的年产值达17亿元。[4]2015年，仅在望埠镇的英石相关从业人员就有2万多人，直接从事英石园林工艺的人员约5 000多人，占总人口的1/10。截至2016年10月，望埠镇英石直接销售收入4亿多元，以英石为主的园林工程年产值达25亿元。2016年，英德市与英石相关的产业总收入40多亿元。

2014年之前，英石销售主要以传统档铺销售经营为主，少量电商经营。大部分英石园林景石销售经营主要是开设石档,同时承接园林工程的设计和施工业务。几案观赏石则开设专卖店以及以酒店和宾馆为依托的展销点。2014年开始，电商销售成为行业发展新趋势，目前在英德成规模、经营得比较好的英石电商有10~15家，长三角地区的英石电商约有2~3家。2014年之前，传统经营销售额占很大比重，而2015年以来，互联网销售显示出强大的发展潜力。

英石园林造景方面，除了传统园林造景之外，随着经济繁荣与时代发展，英石市场需求也在发生转变，英石产业销售的观念也在发生变化，开始出现英石的创新发展方向。如英德市英西中学的相关课题组老师以学校教学为基础，带头研发了英石壁挂式盆景和英石浮雕画等新产品，这些产品还没有正式推向市场就受到公众与小部分顾客的追捧。而在江浙一带的客户挖掘出英石的新价值，他们从英德市收购小英石，用于制作鱼缸内的装饰摆件和水族山水石景，并获得很高的市场价值。这些创新尝试都显示了英石产业新的发展潜力。

4 英石产业现状优势分析

英德英石产业近20年的大发展依然保持着良好的发展态势，但总体趋势由迅猛发展到现在慢慢趋于平稳。

其一，英石储存量大、资源丰富，这是英石产业发展的基础。英石主产区为英德市望埠镇的英山，在山上、山沟及水中均有英石，这也是英石的宗源。此外，英德市东部的青塘、大镇、白沙镇，英德市中部的沙口、云岭、波罗、九龙、明迳、岩背、西牛镇等地均有出产英石。还有人把清远、阳山等地的此类玩赏石也划入英石的范畴。经探测，英德市有优质石灰石山5.33万公顷之多，可见英德英石资源相当丰富。这个资源条件让英石产业具有得天独厚的产业基础，相比太湖石的资源缺乏，英石已成为当今中国造园的首选景石。

其二，便利的交通是英石产业发展的命脉。英德地区公路、铁路及水路都非常通达。在公路方面，贯通南北的高速公路有京港澳高速公路和广乐高速公路；东西走向的高速公路有正在建设的昆汕高速公路，将横穿英德市区北部，穿过英石的主产地英山，连接京港澳高速公路和广乐高速公路。在铁路方面，京广铁路从市区东侧的大站镇经过，设英德站；武广高铁从市区西侧经过，设英德西站高铁站。在水运方面，北江航道和连江航道经三水市思贤滘与西江相通，流入珠江三角洲河网区，干流经江门市和中山市流入南海。如此便利的交通，使得英石的运输成本降低，辐射面加大，能运送到全国各地甚至世界各地，形成繁荣的商贸之路。

其三，社会经济极大发展，孕育英石市场潜力，是英石产业发展的推动器。国家经济发展迅速，国民经济日益繁荣。人们在解决了物质生活的基本问题后，渐渐地去追求精神生活。艺术品市场和收藏业得到了空前的发展，英石几案玩赏石由于蕴含着丰富的传统文化价值，成为高雅的艺术品进入千家万户。经济与文化生活水平的提高，别墅、类别墅等住宅产品的复归，让中国传统庭院有机会重新回归人们的生活。大量的私家宅院传统造园活动兴起，也将大大促进英石产业的发展。除了私家宅园英石园林造景、英石盆景、几案观赏石等传统市场之外，还出现了小英石制作的鱼缸观赏石景、文创英石壁挂式盆景作品等新型市场。

其四，传统文化的回归提高英石文化影响力，是英石文化传统复归的大好机遇。在2017年“两会”上，“传统文化”多次出现在政协委员的提案中。天人合一、自然山水观作为中国传统文化的核心思想，从崇拜名川大山到片石生情，山水文化一直以来都是国人自然审美里的重要内容，英石文化正是山水文化的重要体现之一。传统文化的回归，必然出现新一轮的古典造园活动与传统山水文化的昌盛，必然会带动英石产业的发展。

5 英石产业现状存在问题

在英石产业良性发展的态势之下，英石产业依然存在瓶颈与挑战。英石资源是非再生的，如对英石进行肆意开采势必造成英石资源蕴藏量的日益减少，从而带来产业枯竭。目前，英德英石产业主要存在着缺乏总体产业规划、产业结构相对单一、资源开采不规范、技艺传承存在危机等问题。

5.1 总体产业规划缺乏

英石产业的整体结构目前仍处在初级阶段，主要集中在对英石材料的销售和英石园林造景工程施工等。英石产业目前没有与其他产业相结合形成复合多元的综合产业结构，也不可能产生几何级的产业外延效益。这种单一的产业结构抗风险能力弱，受政策与市场环境影响大，不利于产业的健康发展。

近年来无论清远市政府还是英德市政府都相继采取了一些措施来大力推动英石文化产业发展。但总体来说，英石产业仍缺乏长远的总体规划，相关部门对英石产业的研究能力和研究深度不够，英石产业的发展路径、发展方式、支撑措施等仍缺乏系统的思路。没有专项产业发展规划，即使是在政府规划纲要里有关英石文化产业的内容，也主要是基于外地研究机构的研究成果，其专业性和可操作性值得商榷，并没有从总体上进行明确精准的定位及高远的愿景，在操作细节上不够具体，主要通过节庆活动、减轻税负、协会助力等常规性措施加以推动。英石产业若缺乏总体规划，则很难获得长远可持续的发展。

5.2 资源开采不规范

英德市域范围内除少部分开采规范的英石采石场外，大部分采石场开采混乱，拥有英石资源的村镇政府机构没有建立细致的资源管理办法，导致资源无序开采，具体表现为：一是各部门对开采资格的管理疏漏，村民极易获得开采资格，造成英石廉价开采；二是破坏性开采，开采现场混乱，形成疮疤式的山头景象，部分采石场植被受破坏，水土流失严重；三是开采技术落后，土法开发，对英石本身缺乏必要的保护措施，导致容易缺损而使英石价值大大降低。

自从国家关于生态文明建设的相应政策出来以后，政府主管部门针对这些开采现状，采取全面禁止英石开采的管理办法。这种一刀切的做法，并不利于产业良性、可持续发展。

5.3 市场销售不规范

目前，在英德市望埠和大站两镇之间有长达40公里的奇石长廊，分布着130多家石场，但基本上都是当地经营者自发形成，尚缺乏相关部门的统一规划。相当一部分经营者没有办理证照，土地违规使用。经营者几乎仍停留在单打独斗的个体经营状态，合作意识淡薄，市场无序竞争是突出现象，如定价不明、争相压价、恶性竞争等。同时，在产品鉴定、产品仓储、物流成本控制、专业人才培训等方面均有缺失。政府的主导作用发挥不足，事前、事中及事后监管不到位，政府统筹管理意识仍未完全建立起来。[5] 因此，零散混乱的市场状况很难形成经营上的良性发展。

5.4 技艺传承不成体系

目前英石盆景与叠山技艺传承模式以家庭传承、师徒传承模式为主。技艺传承方式以具有丰富经验的匠师在工程实践操作中现场教授为主，没有相应的教学体系和行业资格认证体系，导致技艺传承不系统，详细表现如下：首先，因匠师主观性与个体经验不同，存在技艺传承的差异性、不稳定性和不确定性；其次，关于英石盆景与叠山技艺的总结与归纳整理的资料十分欠缺，至今仍没有一套完整清晰的资料作为传承依据；再次，政府和行业协会对匠师的培训及评级体系相对缺乏，更是缺少对技艺传承者有力的扶持与激励机制。这些状况势必造成英石技艺传承不足，甚至导致技艺水平的下降，从而致使产业发展后劲不足。

6 对英石产业未来发展的综合考虑

根据上文对英德英石产业的现状分析，可见英德英石产业的未来发展要综合考虑以下几个方面：第一，加强政府主导，深度研究并制定英石产业总体规划，优化英石产业结构，促进产业升级，为下一阶段的长远发展提供依据和长足动力；第二，针对现有的产业状况进行梳理完善，出台有序的资源开发管理条例；第三，加强政府市场监督，完善市场流通体系，充分发挥行业协会的作用；第四，做好英石技艺的传承与保育工作，注重英石产业相关人才的培养。

英德英石产业作为具有深厚中国传统文化内涵与地域文化性格的特色产业，要保证产业良性健康地发展，必须秉持对生态资源与文化传统的尊重，给予更宏观的视野与理性的手段措施，以可持续发展的眼光重新审视英石产业的未来，才能真正实现对英石文化遗产的活态保护。

参考文献：

[1] 赖展将 . 中国英德石 [M]. 上海 : 上海科学技术出版社 , 2008.

[2] 赖展将，林超富，范桂典，等 . 英石志 [M]. 英德：政协英德市文史资料委员会，英德市奇石协会，2007.

[3] 赖展将 . 走进英石 [M]. 英德：中共英德市委宣传部，政协英德市文史资料委员会，2011.

[4] 朱章友 . 英德市奇石协会工作报告 [R]. 英德：英德市奇石协会，2013.

[5] 关于加快英石文化产业发展的建议 [R]. 清远：中共清远市委政策研究室，2015.

本文已发表在《广东园林》2017 年第 5 期 Vol.40，总第 180 期。

英石非遗传承教育的新探索
——英德英西中学《英石艺术作为乡土美术教材的研究》

彭伙强 谭贵飞 李晓雪 陈泓宇 刘音

2008年，英石假山盆景技艺被列入国家级非物质文化遗产名录，“英石园林造景技艺”也于2017年6月被评选为广东清远市级非物质文化遗产。作为英石之乡与英石非遗传统技艺的重要所在地的英德，在本土教育中融入非遗传承教育，让英石非遗技艺从基础教育阶段更好地传播与推广是非常重要的任务。

英西中学位于英石之乡英德市浛洸镇，是一所以艺术为特色的全日制公立完全高级中学，为广东省一级学校。英西中学美术组（以下简称为“课题组”）的《英石艺术作为乡土美术教材的研究》作为清远市教育局的市级重点课题，在英德市奇石协会的鼓励与支持下，针对英德独特的英石历史文化资源与特色，尝试在中学生中开展英石文化与艺术传统教育，以英石传统技艺传播为教学手段，以英石盆景创作为课程载体，在课题中让中学生动手参与设计与创作，基于传统研发出新型的英石壁挂类盆景，为英石文化的非遗传承教育与发展探索出新的路径（图3-3）。

1 课程目标与内容

课题组将当地特色资源英石与中学艺术教学相融合，让英德本土学校的中学生通过英石盆景技艺的学习，不仅能够理解中国传统文化与艺术，加强美感教育，更能通过传承课程认识自己的家乡，增强乡土认同感。课题组通过爱石、治石、赏石、悟石，激发学生热爱学习、热爱美、欣赏美的热情，通过课题的研究与探索，从基础教育开始培养中学生对本土代表性文化——英石文化的认知理解与实践，能为英石文化传承培养未来潜在的人才，对于英石非遗文化传承教育是一举多得的有益尝试。

课题组成员共有9位老师，授课内容主要包括英石的基础知识、美术知识、英石盆景实操三部分。英石的基础知识，从认识英石的重要特点、产地、分类等方面让学生全面了解英石。美术方面的知识，课题组的老师借助美术科班出身的优势，主要从画理、构图等方面对学生进行基础知识的指导。在实操之前，老师们经常选圆形构图的传统国画展示给学生，让学生建立基本的美感认识，并通过微信群随时发送相应的构图案例给学生参考学习，保持沟通与交流。

2 课程对象

参与课程的学生以高一、高二的中学生为主，有少部分初中生。学生自愿报名，从高一中段之后开始以“第二课堂”的形式上课，正式的课堂学习时间为每周一节、一学期约15节。作品制作多利用课外时间，每逢对外展览和参赛创作还需要投入更多的时间。

图 3-3 课题组授课课室 （拍摄者：李晓雪）

目前，课题组的高一学生有50多人，高二也有60多人。课题组要求学生一个学期至少要有1件作品，一般学生一个学期都有2～3件作品。英西中学每年5月举办全校艺术节，通过设立盆景比赛来激发同学们的创作热情；同时积极参加校外的展览活动，对外展示学生的作品，起到校内外同步宣传的作用。

3 课程盆景的研发历程

从2014年至今，课题组老师经过不断地思考，历经不同盆景类型的推敲与探索，逐渐摸索出更适合中学生课堂操作的英石盆景创作形式。

最初，课题组考虑以传统树木盆景创作为基本内容。在英西中学的支持下，课题组在学校建立了树木盆景园，用于课题组的授课和盆景制作实践（图3-4）。但由于树木盆景的维护相对复杂，需要学生拥有植物基础知识和比较丰富的实操经验，且寒暑假周期长加大了后续的维护难度，因此转向考虑充分利用英德本地盛产的资源——英石来进行盆景创作。

最初的英石盆景探索始于2014年，充分结合英石特色，创作可四面观赏的传统山石盆景，以一体大理石盆（后期使用黏合大理石盆）为底座，用水泥黏合堆叠英石块，配合细沙和真实的植物点缀，进行传统山石盆景营造（图3-5）。

初期的盆景创作基本仍属于传统山石盆景类型，重量大、不易移动，且大理石底座的成本较高，不利于授课和学生操作。次年，课题组确定以壁挂类盆景为主要研究方向后，开始了新阶段的创作。这一阶段的盆景介于传统山石盆景和壁挂类盆景之间，以白色瓷片衬底，尝试使用方盘和圆盘，底座为黏合大理石底座（后改进为黏合瓷片盆底座），植物材料从真实的植物过渡到尝试使用塑料植物，以减少养护的劳力和时间，降低了制作的经济成本。在选择英石方面，课题组开始使用相对薄一点的英石和背部较为平整的英石，便于黏合操作，虽然相较于初期英石盆景，其观赏面减少，但增强了整体画面感。在制作过程中，对英石与背景衬底的黏合方式曾尝试沿用早期的水泥黏合方法，但由于瓷片表面较为光滑，无法通过水泥将英石和瓷片紧密结合，经常发生英石脱落现象。之后，课题组尝试换成云石胶，或在背景瓷片上钻孔用铁丝固定英石，效果都不太理想（图3-6、3-7）。

为处理黏合问题，2016年课题组又探索出用AB胶①代替水泥与云石胶的方法。这一阶段的英石盆景基本奠定了课题组创作的主要基调，即用更加美观实惠的白色圆形瓷盘作为英石壁挂盆景的背景，圆盘附有木制底座。使用AB胶之后，英石与瓷盘的黏合问题彻底解决，缩小了盆景作品的体积，便于移动，并更具备观赏性。同时，在盆景的基础上增加了绘画背景元素，使得英石山水与绘画、立体与平面、虚与实巧妙结合，更增加了盆景的空间层次。

①环氧干挂结构胶，Part A和Part B按1∶1比例调和使用。

图 3-4 英西中学盆景园 （拍摄者：李晓雪）

图 3-5 早期的英石山水盆景（拍摄者：邹嘉铧）

之后的盆景作品都以此为基础，进一步探索不同材料的应用。如尝试以大理石板作为载体，在原景物的基础上用石粉制造雪景，表现不同的意境。个别作品附画框，以提高整体艺术性。或将背景载体换成木板，背景绘画使用胶与丙烯颜料混合着色，以颜料绘画为远景、英石为近景的构思模式，回应“无声的诗，立体的画”的文化内涵，充分将石与画作相结合，表现更为立体、多元的艺术形式（图 3-8）。

至 2017 年 8 月，课题组又尝试了用英石板作为载体，在石板上黏合石块，使用丙烯颜料在灰黑色英石板上创作白色背景和其他衬景，以达到英石与背景材料完美融合的效果（图 3-9）。未来更计划与灰塑等其他传统工艺合作，用更加立体、多样的方式展现英石的魅力。

历经多个阶段的盆景创作探索，英西中学的英石盆景课题组与全新的英石盆景越来越受到关注（表 3-1）。

图 3-6 壁挂盆景（带钻孔和铁丝，拍摄者：李晓雪）

图 3-7 半壁挂盆景 （拍摄者：邹嘉铧）

2015、2016 年，英石中学连续两年参加英德“红茶英石旅游文化节”展览；2016 年 1 月，英西中学被英德市奇石协会吸收为会员单位，同年 5 月清远市民间文艺家协会为英西中学颁发了“英石盆景艺术创作基地”牌匾；2016 年 5 月和 10 月，课题组成果代表清远市参加“中国文化遗产日”广东云浮分场、第七届中国（云浮）石文化节展览；2017 年 8 月代表清远市文学艺术界联合会和清远市民间文艺家学会，参加第十届中国（广东）民间工艺博览会，引起了社会公众的高度关注，对英石文化的宣传起到了极大的推广作用。

2017 年，课题组教师谭贵飞老师和彭伙强老师在英德市文广新局的推荐下，代表广东省参加了第六届中国成都国际非物质文化节，其山水壁挂盆景作品《轻舟已过万重山》（图 3-10）和《江村秋韵》（图 3-8）在“第六届中国成都国际非物质文化节中国传统工艺新生代传承人竞技”中荣获“最佳新人奖”。

表 3-1 课题组盆景创作阶段简表

盆景代别	盆景类型	底座材料	黏合材料	植物使用	配景特色	其他特点
第一代	山水盆景	一体大理石盆	水泥	真实植物种植	传统山水盆景配置	延续传统
第二代	介于山水盆景和壁挂类之间	黏合大理石盆 黏合瓷片盆	云石胶 铁丝辅助固定	从真实植物过渡到使用塑料植物	同第一代	使用底板 改良底座 稳固性为核心问题
第三代	壁挂类盆景形成	白色圆形瓷盘	AB 胶	塑料植物	前代基础上增加绘画背景元素	圆盘附有木制底座，作品体积变小
第四代	壁挂类盆景	大理石底板	AB 胶	延续前代	用石粉制造雪景	外加画框，意境多样丰富
第五代	壁挂类盆景	木板底板	AB 胶	塑料植物	背景绘画使用胶和丙烯颜料混合	“无声的画，立体的诗”，尝试画与石的结合
第六代	壁挂类盆景	使用以往尝试的材料	AB 胶	塑料植物	用不同颜色的石粉来表达，更加丰富	处于材料研究的阶段
第七代	壁挂类盆景	英石板（块）	AB 胶	塑料植物	在英石板上涂白色颜料制造白色背景	加强作品与英石的关联，强化与其他传统艺术的配合

4 课题组未来发展的设想

课题组经过两年多的探索，已经初步形成了英石盆景传承教育与发展的新模式。课题组在未来主要从以下三个方面进一步探索英石非遗传承教育。

从课程教学上，课题组正在将英石盆景的传承课程编写成通识读本教材，让教学探索与实践内容能为更多人所用，能让更多的学生受益，同时也将经验和成果及时总结与留存。在未来，希望在学校营造出固定的盆景场地，将所有阶段的创作过程作品集中展示出来，在校园内营造更好的传承教育氛围。

从英石盆景创作上，提升美学意境营造，从传统山水画的写意角度，深度推敲与提升现有作品的艺术价值。加大真实植物与流水的运用，结合其他工艺类型，探索作品更加丰富的层次与表达。

从课题可持续发展上，课程组由老师与学生完成的英石盆景作品，可以通过更好地改善包装设计

图 3-8 课题组彭伙强老师作品《江村秋韵》（拍摄者：刘音）

图 3-9 课题组彭伙强老师作品《仁者乐山 智者乐水》 （拍摄者：彭伙强）

从而推向市场，既可以对课题组在有限的资金下开展研究与教学给予可持续地资助与支持，同时市场价值的认可更是对课题组师生的肯定与鼓励。

5 小结

英西中学课题组老师们针对英石非遗传承教育，经过不断的探索与创新，从艺术基础理论入手，理论教学结合实践操作，让英石之乡英德的中学生们在自制英石盆景作品的同时，亲身体验英石文化及英石传统技艺，亲身参与到英石非遗文化新时代的传承表达与创作之中。《英石艺术作为乡土美术教材的研究》课题组的教育模式，为英石非遗传承教育乃至其他非遗的传承提供了新的教学思路，具有重要的参考意义。同时，课题组的英石盆景创作也为英石技艺的传承与创新提供了新的可能性，展现了非遗传承在新时代发展下通过钻研与探索之后的潜在价值。

本文已发表在《广东园林》2017 年第 5 期 Vol.40，总第 180 期。

图 3-10 课题组谭贵飞老师作品《轻舟已过万重山》 （拍摄者：刘音）

英石碟景创作与中学美术教学相融模式研究与实践

谭贵飞 刘音 李晓雪 陈绍涛

1 英石碟景教学探索的时代背景

山石盆景是中国盆景艺术的重要分支，其制作的媒介载体、尺度和审美要求都随着现代人们生活方式与居住形式的需求在发生变化，艺术表达形式也应随着时代的发展不断探索创新。因此，在山石盆景制作的技艺传承与人才培养过程中，在尊重传统山石盆景创作的美学标准和技艺经验基础上，需要充分关注社会发展与生活需求的变化，充分考虑山石盆景在艺术表现形式方面发展的可行性。

20 世纪 60 年代末上海等地出现的壁挂式盆景提供了一种新的发展思路。其多为壁挂式植物盆景，由植物与器皿组合的盆景在竹编、画框等支撑底板上，结合题名、题诗及落款构成平面与立体相结合的盆景画作。[1] 其后，兴起了以英石、砂积石等为材料，以大理石板、瓷板为底板的壁挂式山石盆景作品。[2] 这些壁挂式盆景的兴起，在传统盆景抽象与凝练特色的基础上，将平面与立体结合、写实与写意融合，创造出富有立体感、画意生动盎然的艺术效果。

2008 年，“英石假山盆景技艺”被列入国家级非物质文化遗产名录。作为英石主产地的广东英德，地方政府鼓励非遗进课堂，尝试将英石假山盆景作为美育和乡土教育的重要内容纳入中学教学体系之中。

在此背景下，2014 年，英德市英西中学美术组的老师们在清远市教育局市级重点课题《英石艺术作为乡土美术教材的研究》的支持下成立教研小组，将英石假山盆景的制作列入学校第二课堂，结合中学美育教学体系，探索出了适合当代英石山水盆景非物质文化遗产传承教学的新模式——“英石碟景制作”中学美术教学。

英石碟景是在壁挂式山水盆景艺术形式的基础上，利用天然形态丰富的细小英石，以石代墨，配合植物、陶瓷小品等在白色的圆形陶瓷碟或大理石片等硬质面材上制作而成的立体山水盆景画。英石碟景教学的特色在于：其一，在英石假山盆景制作技艺非遗教学之中，将传统山水画论知识融入中学教学美育培养体系之中；其二，教学选择的底材可类似于宣纸或画布，易于实现盆景与山水画的有机整合，提高作品的美学价值；其三，圆形瓷碟价格实惠，教学成本较低，体积小便于移动，便于在教学活动中演示和操作，解决了传统英石盆景在非遗传承教学时制作成本高、不易演示操作、成品体型较大、后期维护难度大等问题，同时课堂创作的碟景作品也可直接链接产业市场，提供传统盆景制作技艺实现现代文创转化新品种的路径。

2 英石碟景艺术创作与美术教学相融合模式的形成

碟景教学源于2015年，教研小组成员在“中国英德红茶英石旅游文化节”上发现部分英德石农摆卖的细小英石宽1 cm至5 cm、长3 cm至20 cm，大小不一，形态丰富，并具有“皱、瘦、漏、透”等艺术形态特征，经过拼合能展现类似山水画的效果。

以此为契机，英西中学美术组9位老师牵头的教研组考虑将细小的英石充分利用起来，将英西中学的美术教育课程与英石盆景制作相结合，研发与教学并进。让中学高一、高二的中学生参课，以“第二课堂”的形式、每周一节课时，师生相互配合共同完成盆景作品。将英石山水盆景创作挂置在白色瓷片、瓷碟或大理石板上，可制作成一种不同于几案石和园林石、成本低且易于操作的新型艺术作品，历经五代的实践探索逐渐形成颇具原创性的“英石碟景”。[3]

2017年6月，“英石园林造景技艺”被评为广东省清远市市级非物质文化遗产。在地方政府、英德奇石协会、学校和相关组织的多方支持下，英西中学教研组的传承教学工作越发受到关注，在场地、投入资金、交流与展览等方面得到各方大力支持，最终形成了地方政府—行业协会—学校协同推动的英石碟景新型艺术创作与美术教学相融合的新模式（图3-11）。

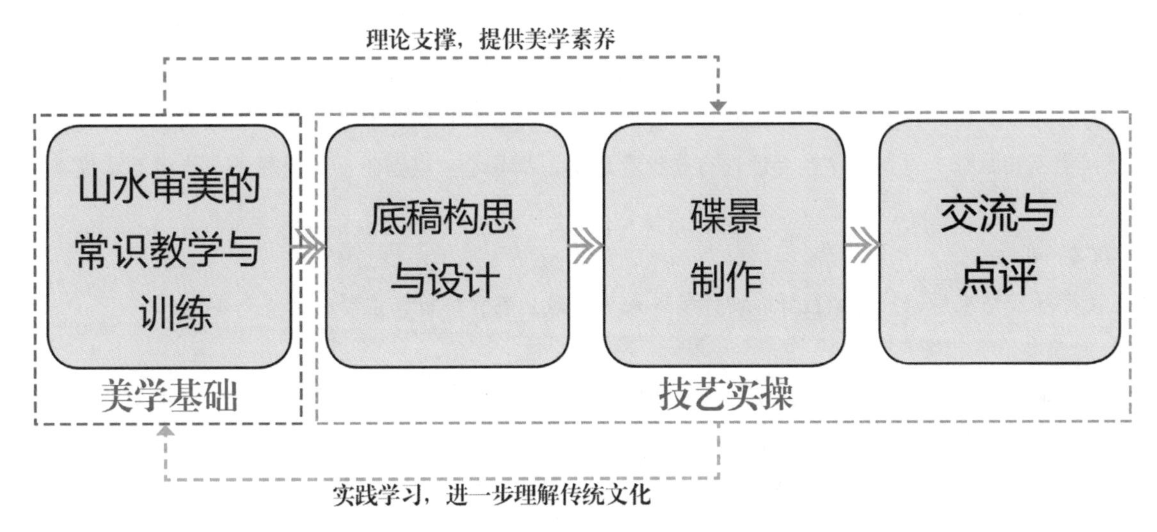

图3-11 英石碟景创作与美术教学相融合的新模式

3 英石碟景艺术创作与美术教学相融合模式教学实践

3.1 山水审美的常识教学与训练

区别于以往的传统盆景制作训练常常从实操开始，英西中学英石碟景创作则从对学生的山水审美常识教育与训练开始。山石盆景的美学原理与中国传统山水画论一脉相承，且因英石本身材料特性别具一格，对没有美学基础的中学生来说，参与制作较为困难。因此，教研组的老师们从中国传统美育教学入手，作为英石碟景教学的第一步，旨在培养和提高学生的美学修养，让学生能欣赏到不同类型的山水画作品和优秀碟景作品，引导学生分析作品的构成要素、搭配形式等，鼓励学生相互分享研究心得，更加深入理解传统山水审美的要义。这种对山水审美的基础教学，突破了传统盆景传承中只注重技艺操作实训、少注重传统审美美育教学的局限。

3.2 构思与设计

在充分的学习与领悟之后，便引导学生画出自己的碟景设计稿；在设计稿调整完善以后，学生才能开始动手制作英石碟景。

构思设计的第一步是确定主题。课程教学中选取的主题十分多样，可表现英德当地的名胜风景，如英德南山、浈阳峡、英西峰林等；也可以选择表现传统叙事的题材，如醉翁亭记、把酒问青天等；学生亦可根据已有山水画进行再创作。学生根据表现题材选择不同形状的碟子或大理石板作为基底材料，也可以根据英石的形状、碟子的颜色、大理石板或木板的纹路等材料的特点来确定主题。

确定主题以后进行布局设计。教师引导学生回想教学第一个阶段对山水画的构图分析，让学生基于山水画的创作原理进行布局设计。教学选取的基底材料颜色多为白色（碟子和大理石板）或棕黄色（木板），除了提供背景色以外，同时可在构图中表现云、水、雾等自然景色，便于让学生将碟景与山水画产生关联。

主题构思与布局设计将直接影响作品的最终效果，这是英石碟景制作教学的重点和难点之一。设计稿完成后，教师可组织同学互相点评，并基于学生互评进行分析和总结，指导学生根据指出的问题进一步调整、完善。

3.3 碟景制作

构思设计环节结束后，根据调整好的设计稿进入英石碟景制作环节，主要分为 4 个步骤：

（1）起稿和石头准备

根据设计稿，用油性笔或墨水在碟子上勾勒线稿（图 3-12）。要求线稿制作时，按照设计稿中石头的大小和数量准确绘制。挑选石块要求石头的外形与设计稿相接近，同一组石块的纹路需统一方向，石块之间搭配过渡自然便于保持作品的整体感（图 3-13）。挑选完毕，清洗石块。

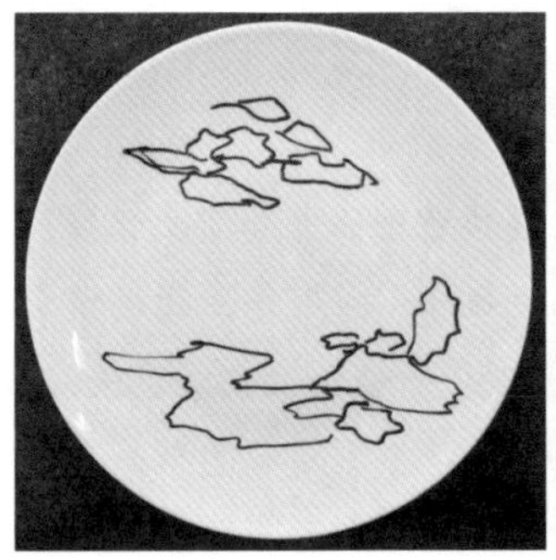

图 3-12 起稿 （拍摄者：谭贵飞）

图 3-13 挑选合适的石块 （拍摄者：谭贵飞）

图 3-18 题字点景 （拍摄者：谭贵飞）

（2）按构图粘贴石块

将预先清洗好的石块按照构图试摆无误后，便开始粘贴。教师指导学生亲手将胶水的A胶与B胶按1: 1的比例调和，并在调和后加入适量的墨汁，使其颜色与英石颜色相似。粘贴时，尽量隐藏胶水的痕迹。突出石块的胶水，需趁还没干透时用刮刀清除干净。

（3）搭配合适的植物、陶瓷小品

根据主题和设计布局将植物、陶瓷小品摆放在作品的相应位置。在整体布局时就已经提前预留一定的空白位置栽种植物，以增加自然气息。植物的大小有区分，摆放位置高低错落，有聚有散。亭、房、人等小品不能摆放在同一直线上，结合居、游、行、望的山水特点调整位置关系。植物、陶瓷小品的粘贴方法与石块黏合方法相同。

（4）题字点景

石块粘贴完成后，在底板合适的空白处题字落款。借鉴传统山水画的画面布局方法，需适当留白用于题字，使之真正成为“立体的画，无声的诗”。题字的内容应包含能表达作品意境的题目或诗词、创作时间、作者等。题字一般位于画面需要“堵气”的地方，让整体不要“跑气”，保持完整性。落款要与碟景画面风格统一，不能影响整体美感（图 3-14）。

3.4 交流与点评

老师的点评与学生之间的相互交流也是重要的教学环节。当学生完成碟景作品后，教师会集中所有作品进行点评，肯定作品优点并指出不足之处，提出优化方案。同时，学生之间相互交流制作感受和心得体会，在互相借鉴学习中共同进步。

4 英石碟景实践教学模式成果和思考

近年来，英石碟景盆景教研组的教学实践与师生作品通过参加对外展览与交流活动，越来越受到关注。2017 年 6 月，教研组谭贵飞、彭伙强两位老师代表广东省非物质文化遗产保护中心参加“第六届中国成都国际非物质文化遗产节 · 中国传统工艺新生代传承人竞技 · 盆景制作技艺”，并荣获“最佳新人奖”。2017 年 8 月，师生作品代表清远市文学艺术界联合会和清远市民间艺术家协会，参加第十届中国（广东）民间工艺博览会，引起了社会公众的高度关注。同年 11 月，师生作品参加云浮市人民政府、广东省文化厅联合举办的第八届“云浮石文化节——广东创意石艺精品展”，谭贵飞老师作品《瑞雪兆丰年》与彭伙强老师作品《峰林秋韵》均获得铜奖。2018 年 7 月，谭贵飞老师辅导的学生江志敏同学作品《千山暮雪》，在广东省教育厅举办的“2018 年广东省中小学生手工艺作品展示活动”中荣获高中组二等奖。

英石碟景制作与教学作为英石盆景制作技艺传承与发展的创新思路，在英西中学经过 5 年的不断改进和更新换代，不仅丰富了英石盆景技艺的美学内涵，也在英石盆景创新创作探索之中推动建立中学美育教学、非遗传承教学的新模式，让学生在教学过程中不仅学习知识、掌握技能、熏陶审美意识，更促进学生对家乡本土自然资源、传统文化的认知与理解，加强本土身份认同与家乡情怀教育（图 3-15）。随着社会广泛关注以及审美鉴赏能力的不断提升，人们对英石碟景艺术水平与艺术价值的要求也越来越高，英石碟景教研组成员也在进一步思考，英石碟景如何协调人工造型与传统山水意境的关系，如何在人为创作基础上保留住英石石质璞真、自然、灵动之美，如何进一步在教学之中提升教研组教师及学生的审美意识与创作水平，以推动英石盆景技艺的传承与发展。这些问题既是英石碟景发展的新机遇，也将是更大的挑战。

参考文献：

[1] 周武忠 . 活的国画：悬挂式盆景 [J]. 中国花卉盆景 ,1988(01):21-22.

[2] 周文广 . 壁挂式盆景的制作 [J]. 中国花卉盆景 , 1997(08): 30-31.

[3] 彭伙强 , 谭贵飞 . 英石非遗传承教育的新探索：英德英西中学《英石艺术作为乡土美术教材的研究》[J]. 广东园林 , 2017(05): 15-19.

本文已发表在《广东园林》2019 年第 2 期 Vol.41，总第 189 期。

图 3-15 教研组老师指导学生制作英石碟景 （拍摄者：谭贵飞）

“入境如匠”——以英石造园技艺为例的民艺传承教育模式探索

高伟 陈绍涛 陈燕明

1 探讨民艺传承教育的缘起与意义

民间工艺作为传统文化的重要载体，为当代人认知与感受非物质文化遗产提供了生动且鲜活的路径，我们可将其看作传统文化领域的活化石，其文化价值不言而喻。而民间工艺的传承与教育是其得以延续的生命力所在，对于该问题的探讨正如保护濒危动植物的栖息地一般重要。

在“匠人精神”被提升到国策层面的今天，社会对民间工艺的重视已经大大提升，但民艺与当代生活的断层依然没有被跨越：民艺由被遗忘转为被束之高阁，博物馆式的静态保护令传统民艺高高在上，依然无法融入当代生活；而民艺匠人以及传承机制在媒体宣传中呈现出较多的神秘气息，仿若武林一般，社会大众只敢远观，不敢参与，民艺传承与学习的道路从而被难化乃至被“神话”，在某种程度上变成了民艺发展的瓶颈。以上断层都是探讨民艺时脱离了传承教育层面所产生的问题。从传承教育的方面来探讨传统民艺保护与发展，可以带来动态连续的视角、全面整体的视野，从而避免以上问题。岭南民艺专栏在梳理岭南传统民艺历史与价值、描述传统民艺特征、介绍民艺传承人与行业发展、分析经典营造作品等内容之外，也专门设置探讨民艺传承与教育的主线，分享岭南民艺平台在该领域的教学成果与研究思考。

民艺传承教育通常分为两方面内容：一是面向民艺传承人群体的内部传承教育，这部分内容涉及传承人匠作体系、师徒机制、职业培训等方面，以培养正统传承人为目的；二是面向非专业出身社会群体的外部传承教育，主要包括民艺概述、传统审美分享、传统技艺入门等方面，以推广科普、扩大民艺的影响力为目的。第一方面的内容在岭南民艺专栏中将在以民艺匠作体系为主题的文章中详细讨论，在此不赘述，本文主要探讨第二方面的内容。华南农业大学岭南民艺平台自成立以来一直致力于在高校领域以在校本科生与研究生为对象，同时面向社会推广岭南民间工艺，让传统匠作体系进入高校专业体制教育，应用于高校风景园林专业实践教学之中。本文以在岭南民艺平台上进行的民艺传承教育经验为分析对象，旨在分享与探讨岭南民艺平台对参与式民艺传承教育模式的探索经验。

2 民艺传承教育的困境与误区

作为近年来的热点话题,大学课堂中不乏关于传统民艺的教学内容。但依然存在以下教学方式的误区,让学生受众无法深入理解民艺与体验民艺。

第一，仅从理论层面探讨实践。由于大学办学特点与条件的限制，大部分老师在大学课堂中教授传统民艺知识的方式主要是以PPT为主的课堂理论讲述，相关实践教学方式仅仅为对已建成的民艺案例进行参观考察。在上述教学方式中，传统民艺呈现在学生眼中的形态都是静止的完成态，脱离了营造过程，缺乏匠师传承人的参与，学生无法理解传统民艺的内在构成、审美精神与鲜活的生命力，从而无法真正感悟民艺、爱上民艺。

第二，缺乏整体性行业视角与动态发展意识。当前关于民艺传承的教育都是主要围绕着民艺历史、工艺成品、工艺特征等内容展开，这种教学内容凸显了民艺的“文物”特征，忽视了民艺仍然在动态发展中的特质，虽然对科普民艺知识有帮助，但对民艺的传承与发展很难起到积极推动作用。以上教学内容进一步忽视了传统民艺与所在相关行业的发展关系，片面的视角会导致整体性的缺失，不了解民艺行业的发展现状，民艺呈现的是像乌托邦一般的气质，是无法切实落地探讨传承问题的。正如保护历史建筑的最好方式就是使用历史建筑，保护传统民艺的最好方式就是让传统民艺融入当代生活，用生活的平常心来看待民艺，让民艺真正发挥生活作用。

第三，用西方现代设计理论来曲解中国传统营造艺术。百年来基于现代主义运动席卷全球的现代设计理论已伴随高校设计教育和社会科普深入国人人心，仿佛已成为探讨工艺领域的标准答案。[1] 在上世纪六七十年代开始重提地域性与民族性的后现代主义运动已改变了西方设计领域的价值观，但如今在国内非设计科班出身的受众面前仍显得“前卫”。国际设计理论对国内的影响尚未理顺道清，更何况西方

图 3-16 同学们现场参与营造 （拍摄者：李晓雪）

理论面对中国传统艺术的水土不服。千年沉淀的中国传统营造艺术以山水审美为母题、以诗情画意为内涵、以意境涵蕴为目的、以气韵生动为标准、以位置经营为手法、以传移模写为途径，[2] 其文化内涵和艺术要义远比西方现代设计理论要深刻精妙，用西方现代设计理论来解读中国传统营造艺术，恐怕不仅仅是有曲解的误区。当代中国设计教育过于重西方而轻东方的知识组成尚未扭转，科班出身的学生往往都是对西方名师如数家珍，而对中国传统一知半解。上述认知情况难免延伸到民艺传承教育领域，导致曲解、低估与误读。

3 以英石造园技艺传承为例的岭南民艺平台参与式民艺传承教育模式

基于对民艺传承教育的意义解读和误区分析，岭南民艺平台在英石造园技艺传承教育的教学计划安排中专门设计了以下三种创新模式，作为参与式民艺传承教育模式的探索。

3.1 匠师传承人现场营造教学

匠师传承人现场营造教学模式指邀请民艺传承人作为教学主角，任课老师做好辅助工作，让传承人本身直接讲授民艺知识和示范民艺实践，根据民艺传承人的特点来设置课程教学模式。

图 3-17 邓建才师傅现场叠山 （拍摄者：李晓雪）

岭南民艺平台在 2016 年举行的暑期学校活动中，就尝试邀请了英石造园技艺的匠师传承人现场营造教学。传承人现场教学并不代表着略过理论教学，而是理论教学积极配合传承人的实践教学。在暑期学校的教学中，先选取了已建成的粤剧艺术博物馆英石主假山作为营造案例，任课老师以 PPT 讲解和现场参观的方式对英石假山的历史渊源与审美范式、粤博假山的营造过程和营造技艺先进行了理论讲述。

在传承人现场营造教学环节，平台安排把已打碎的 1:15 的粤博假山模型搬到学校，请营造粤博假山的主要工匠、英石造园技艺传承人邓建才师傅现场重组英石假山模型。整个假山重塑过程耗时一整天，同学们直观经历了选石、布局、砂浆调制、叠石、勾缝、修形等叠山全过程。在整个现场营造教学过程中，传承人边做边说，更适合传承人手灵过口的特质，可以让传承人更加地放松，从而更自然和更多地传授实用知识。边说边做，具体情况具体解决的实践教学方式，也让同学们更能真切深入地了解民艺营造过程。

在教学过程中，同学们不仅仅是一名听众，同时还要作为助手协助传承人展开营造工作。真实触摸到英石的肌理，踏实感受到英石的重量，切实体会到叠石的步骤，参与式的体验让同学们可以真切深刻地理解和感悟英石造园技艺的精妙（图 3-16、3-17）。

图 3-18 口述访谈叠石匠人 （拍摄者：邹嘉铧）

图 3-19 口述访谈英石企业负责人 （拍摄者：李晓雪）

3.2 民艺口述史工作坊

民艺口述史工作坊教学模式指以整体性作为指导原则、以口述史作为研究方法、以民艺相关全行业代表性人员作为访谈对象组织的调研访谈工作坊。工作坊中任课教师作为组织者和引导者，同学作为访谈的具体实施者。

岭南民艺平台已于 2016 年夏和 2017 年夏共进行了两次英石造园技艺口述史工作坊，第一次工作坊以英石造园技艺传承人为主要访谈对象，第二次工作坊吸取第一次工作坊的经验，以整体性作为指导原则，以全行业覆盖作为选择标准，制订了全新的访谈计划。新工作坊计划中，访谈对象选择包含工匠、教育、企业、政府及社团四大组成，在此基础上进一步细分对象，例如工匠可细分为采石石农、叠山匠人、效果图制作者三类。针对不同的访谈对象，同学们要制订不同的访谈提纲，访谈提纲不仅要适应各访谈对象的特征，还要适当地交叉，以便未来进行比较分析。例如关于工匠的访谈提纲中不仅会出现工法技艺和传承体系的问题，同时会出现行业发展和英石遗产价值方面的问题，相关成果可与企业和政府的访谈对象成果进行横向比较，比较研究成果将会从全行业的层面反映出英石造园技艺所面临的现状、挑战与机遇。

图 3-20 口述访谈英石文化政府负责人（拍摄者：刘音）

新的工作坊对访谈工作的流程要求更加详实，例如同学们在访谈之前必须对该民艺历史文化发展脉络与价值特色、技艺发展与匠作传承现状等进行文献综述；查找阅读每一位访谈对象的简介；在大类型的访谈提纲基础上为每一位访谈对象制订专属的访谈提纲，在访谈中植入为访谈对象量身定制的话题；访谈过程中同学们被要求学习一系列的发问方法和社交礼仪，以便给访谈对象最为尊敬和舒适的访谈语境；访谈全程要求录音和录像，访谈后会向访谈对象提供访谈照片；访谈结束后学生团队尽快整理访谈成果，有不清楚的地方第一时间与访谈对象确认，同时根据访谈对象的工作岗位需求，主动筛查访谈内容的争议性，避免为访谈对象带来不必要的麻烦。在工作坊结束之后，团队成员尽快将访谈内容成果化，整理成相关研究报告。

在访谈工作中，学生一方面是被动的聆听者，另一方面又是话题的引导者和主持者，这种自主安排、自主执行访谈计划的方式可为同学们营造非常强的代入感，激发同学们的积极性，同时为同学们发挥自身创意优势，参与民艺行业发展与制订发展建议提供了很好的研究基础（图 3-18 至图 3-20）。

3.3 营境式设计教学

营境式设计教学模式指回归中国传统造园文化中以山水审美为母题、以诗情画意为内涵、以意境涵蕴为目的、以气韵生动为标准、以位置经营为手法、以传移模写为途径的营造范式，这与现行国内设计教育的主流——注重平立剖表现的布扎体系、基于模型探讨三维空间的包豪斯体系有着本质的区别。当西方艺评家赞美建筑艺术为静止的音乐时，东方艺术家们已在可居可游、时空一体的园林中以游观的形式畅神了千年，感悟人与天调的山水园居。[3] 营境式设计的教学模式就是为了让被西方设计教学模式彻底洗脑的中国学生能够打破西方模式的枷锁，重回东方文化语境，用合适的方式来理解自己的文化，避免产生“论画以形似，见与儿童邻”的尴尬。

在 2017 年暑期英石造园技艺研究工作坊中，教学团队与华南农业大学本科教学实习基地英石园合作，以园中的英石资源为对象，展开了一场基于中式传统山水审美母题，对传统山水画意进行传移模写的设计实践。中国传统造园尚石为风，文人将石视作云根，是天地交融的灵物，是艺术家师法万物造化的首选，故常作为山水画与中式传统造园的主角。在工作坊中，同学们被要求以中国传统山水画论为理论基础，放弃基于平立剖的西式设计方法，以重新理解气韵生动、位置经营与传移模写等东方艺术法则。每天清晨与傍晚，在光线最适合摄影的时机，同学需要把英石资源进行数码取样。取样时要求选择英石最如画的角度，因此需要每日多次观望。每日在英石之间流连两次，同学们对每一块山石形象会如背单词一般烂熟于心，这样英石的画意美会逐渐深入人心。同时，同学们被要求对中国传统山水名画进行画意主题挑选，山水名画按照长卷、立轴与册页的形制进行分类，与场地中适合的营造位置进行对应。母题选择的依据有三：一为与园中英石形似，多适用于册页；二为与园中场地与石材组合气韵相通，多适用于长卷与立轴；三为名画主题与英石园本土文脉相连，可用于长卷、立轴与册页。同学们在根据以上依据对山水名画进行挑选的同时也是对于中国山水画论的认知与学习过程，此时心中带着英石园中英石形象来选择对应名画，又完成了以画意来赏石的审美过程，任课教师只需在选择过程中通过讨论适当点拨，同学们就能理解传统造园范式的立意过程。带着具体问题来进行实践学习的方式为同学们搭建了体验中国传统造园艺术的捷径,避免了同学们在山水画论的高山前望而生畏。

完成了赏石与选画的体验之后，同学们再以名画气韵与布局作为根据，借助数字图像处理技术对现场英石进行数字模拟叠山置石。在这一步骤，同学们需要考虑现场叠山位置与场所条件、石材尺寸协调、石材肌理搭配等具体问题，把上一阶段的审美问题落实为具体的设计问题，完成由鉴赏者到营造者的角色转换，体验设计师的全职业角色。在经历上述设计过程之后，同学们会将图纸成果与匠师传承人交流，听取吸纳传承人意见，同时约好在合适时机选择英石园中样地，请传承人根据同学们的设计成果进行实际叠山置石，在此阶段，同学们可伴随传承人学习到假山结构、起重技巧、堆叠技术、勾缝方法等具体营造技艺，实现完整的营境式教学体验（图 3-21 至图 3-24）。

图 3-21 居廉　壬辰（1892 年）作花卉灵石六屏之一　（岭南画派纪念馆收藏）

图 3-22 基于居廉山水册页的画意营境　（画意营造课题组提供）

图 3-23(1) 原湖区景观

图 3-23(2) （宋）夏圭 溪山清远图

图 3-23(3) 基于山水长卷的画意营境 （画意营造课题组提供）

4 从远观到入境、从旁听到成匠

通过以英石文化传承为例的参与式实践教育，同学们在教学过程中不仅仅是一名听众，同时作为助手协助传承人展开营造工作。参与式的体验让同学们可以真切深刻地理解和感悟英石艺术，体会英石文化及传统技艺的精妙。在访谈工作过程中，学生一方面是被动的聆听者，另一方面又是话题的引导者和主持者，这种自主安排、自主执行访谈计划的方式可大力激发同学们的积极性。在营境式设计教学过程中，同学们可跟随传承人学习到实在的具体营造技艺，体验到完整的传统造园过程，通过对中国传统营造范式的学习进一步感悟传统文化意境。

参与式的民艺教学模式让同学深入理解了英石文化的生动价值，懂得了传统艺术之美，亲身体会了传统营造过程，从而避免了当前民艺传承教育仅从理论层面探讨实践、缺乏整体性行业视角与动态发展意识、用西方现代设计理论来曲解中国传统营造艺术等误区。最终使学生能够真正走进民艺，以匠人的立场、以学者的身份参与民艺的传承与保护。岭南民艺平台在英石造园技艺方面的参与式民艺传承教育模式的探索，还会在其他民艺领域进行进一步的尝试。

参考文献：

[1](美)罗伊•T. 马修斯，德维特•普拉特. 西方人文读本[M]. 北京：东方出版社，2007: 136.

[2] 邵宏. 衍义的“气韵”：中国画论的观念史研究[M]. 南京：江苏教育出版社，2005: 15.

[3](美)巫鸿. 时空中的美术：巫鸿中国美术史文编二集[M]. 北京：生活•读书•新知三联书店，2009: 66.

本文已发表在《广东园林》2017 年第 5 期 Vol.40，总第 180 期。

图 3-24 英石园前景的营境 （拍摄者：郑诗婷）

■朱章友：以心品石，以石圆梦
■朱伟坚：英石文化推广工作我们一步步在做
■邓艺清：做石头是很潇洒的
■邓毅宏：以石为财，点石成金
■邓达意：给浮躁的社会建造一座冥想的园林
■邓志和：面向全国，面向世界，才能做大
■温必奎：摸着石头过河
■吕保进：回乡创业，白手起家当老板
■骆宏周：朴实的生存之道，踏实的发展路途
■余永森：坚持城市民工的身份
英石 拍摄者：李明伟

第四章　英石匠作口述访谈

■ 邓浩巨：全是靠自己摸索
■ 邓建才：材料才是最好的师傅
■ 邓建党：哪怕给我一堆黄泥，我也能给你造景
■ 邓江裕：做山景要有动漫的那种感觉
■ 祸水平：艺术真的没有止境的
■ 邓帅虎：判断石头的价值就看形状好不好
■ 邓学文：对石头有点兴趣我就做了
■ 邓英贵：各个村都有出工匠
■ 丘家宝：工艺太粗糙就不成什么工艺了
■ 丘声爱：盆景等于一个大自然
■ 丘声考：做英石也是一种缘分
■ 丘声耀、丘声仕：峰峦心中坐，曲水谷涧行
■ 赖展将：英石文化要全面开花
■ 林超富：别人卖资源，我卖文化

全是靠自己摸索

英石假山匠师邓浩巨先生口述记录
访谈时间：2017 年 7 月 28 日
访谈地点：广东英德莲塘村邓浩巨先生家中

挑石叠山立门户

我真正接触英石是在(二十世纪)七十年代，国家以生产队的形式进行英石开采，生产队跟外来企业商家签了合同。那时候出去要写个证明，比如下广州，就要写证明你去广州。那时候台湾老板到望埠镇里面，就只有莲塘、同心两个村开采英石。

我们就是最老一辈的师傅，那时候我们是第一批卖石头的。那时不是由我们个人来做这英石的生意，是整个生产队做的。我们只是去山里用畚箕、木棍把英石挑出来，挑下来以后生产队来计分。以前全部人去挑，按多少钱一斤，那时不是拿钱的，是拿工分[①]的。以前计工分是这样的，一天三毛钱、四毛钱。我一天挑两担，早上挑一次，下午又去挑一次。当时整个生产队去（挑英石），挑出来就用箱子装好运去广州黄埔港，再从广州转运到台湾或者其他地方。那时候是国家来做（英石开采）这个事情，不准私人做的，生产队下达任务下来，大家都要去，我的老婆也去挑过英石。

八十年代，英德有人率先出去做叠山工程了，邓示民[②]回来（英德）带我去（做工程），刚去的时候我什么都不懂，就看他是怎么做的。第一个做的是峰型假山，要做一个桂林山水的样子。邓示民做了一半，那时我好学，我跟他说你下来指挥，我上去做。做了第二个（工程），我跟他说，你去接工程，我带人去做，他说你已经不是打工仔了，然后我们就合伙。1982 年到 1990 年都是我带徒弟去做项目，团队不大，大概十来个人。我们像打游击一样，在整个国家范围到处去堆假山。

一般有人要跟我合作，他知道我哪些项目会做，别的公司做不了的项目就叫我去做。到现在为止，我做的最大的（项目）是在广东揭西那边，做了差不多一百吨的假山，连下面喷水池、山上的喷雾都用上了。我还去山东一个宾馆里面做一座大假山，那时候在那里做塑山，那里人也是没有看过（这种做法），（惊叹）“哇！这么大的石头怎么拿进来的！”现在塑山可不一样了，现在（塑山）全部用铁网堆起来再塑型，假山里面是空的，整个假山全部通过钢筋焊起，连小的（假山盆景）都可以把内部空出来，材料节省了，质量也轻了。

那时候我是第一批做假山的，没有专业人来教，都是靠自己摸索。最早什么都不会做，也不会看那些山水画，技艺经验都是慢慢摸索出来的。九十年代，我跟着在广州园林设计院工作的陈守亚先生做工程，昆明园林博览会粤晖园就是他设计的。陈老师讲假山的知识，我就边干边学。那时候陈老师接了工程就让我们去干，我们慢慢就学了一些（假山工程知识），现在我们无论去哪里做假山，基本上都做得比较成功。

①农村承包田产责任制度产生之前，生产队用“工分”来累积分配劳动报酬。
②邓示民：英德叠山匠人。

——山没有做好就是一堆烂石，做好真的有灵性。

图 4-1 邓浩巨先生 （拍摄者：邹嘉铧）

邓浩巨

广东英德人，1945 年生，七十年代开始接触英石，1980—1992 年带领 8～10 位匠人到全国各地叠山，1992 年以后在广州做项目，1993 年在广州黄埔建立博绿园林公司，1999 年参加昆明世界园艺博览会，2000 年在英德建立苗圃，2001 年获得广州园林博览会铜奖，后连续 5 年获奖。2005 年回到英德管理苗圃。

代表作品：昆明博览会粤晖园假山、黄埔公园假山。

图 4-2 课题组成员采访邓浩巨先生 （拍摄者：邹嘉铧）

九十年代开始，我跟广州市黄埔区园林建筑工程有限公司合作园林工程，从深圳民族文化村一直做到东圃的世界大观。1993年自己在广州开公司——博绿园林，绿化跟假山一起做，像黄埔公园、黄埔区政府的景观都是我们做的。广州园林博览会我们去参加，连续5年都得了奖，有优胜奖也有铜奖。

我发现，现在的做工有时候不够严谨，有一些工匠不管安不安全，只要石头垒起来不掉下来就收钱走了。有一次我去考察我的小孩负责的一个七八百吨的大假山，他请了一个师傅去，500块钱一天。那师傅只是为了赚钱，叠石的时候他不管花纹怎么对接，也没考虑用钢筋。这样假山不稳固，石头会掉下来的。我们做事是不一样的，我们（做假山）是用钢筋捆起来固定石头，这样才能保证安全。

构图在心精工艺

相地

叠山首要看地形，看想做什么样子的假山。像有些是挂壁式的，有的是角落的小假山跌水。比如说在门口做一个假山，人家按照风水学讲究左青龙右白虎，你放得不对，别人肯定不答应。我们说的左青龙右白虎就是说假山的相对位置，比如门口，你放在左边就叫青龙面，右边就是白虎面，青龙位假山稍微前一点高一点，白虎稍微后一点，就是青龙要压住白虎，讲起风水学都要这样。老一辈叠山人认为这样整体山形才有灵性，没有说具体要垒多大，反正这个位置（左边）可能大过那个位置（右边）就行了，没有根据什么的，靠经验和心理。山没有做好就是一堆烂石，做好真的有灵性。以前深圳有一个假山是我们做的，很讲究青龙位，整得很好。有老人说这里要出事，搞得业主家里人心惶惶，他还请了风水先生，（风水先生）认为如果不是石头放在这里那早就出事了。这种（风水讲究）有些地方显不出来，有些比较显得出来。年轻人基本上都会考虑风水，也不是行业要求，就跟我学的时候，我都会跟他们讲的。有时业主不理解，你要跟他解释。我在黄埔做（假山）的时候，我们不懂风水，有个主任请来一位风水大师，风水大师教你怎么做，听多了，自己就会这样做的。我们也不是一下子就懂风水的。

根据地形确定叠什么山，比如庭院里挂壁式假山一般作为角落里的假山跌水，庭院不大而围墙高则不方便叠石，可在角落里做峰石，围墙不高庭院通透才适合做壁山。如果是公园里的假山，还要看地形以及场地有多大，公园的假山最大的一般一两百吨，高大概3米，现在大石头都是吊起来做的，以前两三百吨的假山都是把石头一块一块、一级一级扛上假山做的。像我刚才所说，你想好做什么样的假山以后，就把选好的石头放在一边，结顶了就从上面开始装修下来（镶石、补缝、勾缝）。假山不是一下子就能做好的，整个石头堆好了才完成80%，真正装修还要20%的功夫。

选石

上山采石你会发现，一座山一个位置是这种石，另一个位置可能是其他石，不是整座山都是一种纹路的石头。石头要露出地面有太阳晒的才会响，捡起来敲敲，有“铛铛铛”的清脆声。在阳光下曝晒的石头敲出的声音肯定很清脆。一座山放在那个地方时间长了，声音也不一样。有的人不懂，就说每个石头都是这样，其实不是。整个山一点草木都没有的，整天太阳晒的，随便打都响。阴凉地方的石头就没那么响。

现在我们做假山的石头一般是（从石场）买回去的，做一个假山的石头30%比较有用，剩下70%拿来埋、垫和衬托。叠一个假山，你要把整个假山构图记在脑子里，最好先做一个模型，也不用完全跟模型一样，基本上实际假山的80%可以按模型做，但是局部石头就不能抠，像有些石头是翘出来或者不正的。就按模型80%的程度做，最关键还是脑子里面有一个构图，做到心中有数。现在我们基本上做桂林山水状的假山不用模型就可以直接做出来了。

先想好构图，把石头挑好，放在一个地方。我们石头是分几类的，一类是直纹石，还有雨花石、大花石、斧劈石等。像我们垒假山，如果是挂石，我们就选大花石、雨花石这些乱纹的英石。叠假山，第一考虑的是垒在什么地方，家庭、公司，还是哪个单位。第二要考虑的就是左青龙右白虎的风水讲究。第三就是选做什么石，叠石还是峰石，桂林山水就是峰石，叠石就是叠叠层层的直纹石，还有挂壁一定要雨花石，大花石那种挂壁不好看。以前的石头是真的漂亮，现在得到一堆几十吨的精品很难。所谓精品就是每一个石头颜色、纹路80%一样，雨点纹就都是雨点纹，直纹就都是直纹。

堆叠

垒假山关键是选石，然后是绘制图纸，最关键还是头脑里面的构思。做整个假山的时候，不能领导说一下你做一下，只能你自己说，做到心中有数。在假山下面指挥的也只能一个人，只能有一个人的想法。

垒峰山，要按照水池大小，选好位置摆好几个点打钢筋，高度要结合水位确定。排水位如果是40公分（厘米），钢筋大概要打到30公分，比水位低一点，然后在水池三个点打呈三角形的基底，然后做假山的骨架。叠山的时候我们一般将上下两块石错开堆叠，中间留缝，显得瘦。因为以前叠山的石头不是太大，都是人搬上去的，连架子都没有，人就直接踩着石头一级一级地运上去，现在都用吊车了。

横叠式的假山，用直纹石上下错落堆叠，要用铁丝拉住石头来压尾，拉不到的就搞个钩子，再用钢筋打在伸出来的石头边上，石头就稳了，石头错开飘出来就漂亮了。现在很多工匠不这样做了，只是为了多赚点钱。慢慢地，很少有人会做得那么精细，基本上也不像我说的一样把石头挑好放一起。真正要做假山，按以前我们老师教的方法来叠山很辛苦，不是一天能完成的。以前我们做五吨的假山至少五六天，装修两天，慢慢想假山的纹路要怎样接，做平台要整块石头，假山要有雕纹的石头，像滴水一样自然。整块假山做好，看起来是很有灵性的，该滴水的滴水，该出水的出水。现在五六吨石头两天就做好，而且现在很少人用钢筋，直接把石头垒好，再用铁丝扎起来围着石头，中间水泥一塞就好了。一般情况下，飘出去的石头一定要用钢筋拉进来，像打混凝土一样。如果不用（钢筋）暂时也可以保持稳固，但是不够持久，十吨八吨的石头一定要用钢筋固定石头。

勾缝

叠山先整个骨架做起来，把石头接纹接好，颜色也要接好。现在很少有人这样做了，做到最后石纹也接不好了。我们是用黄糖加水泥去补缝，接好缝，有的缝太大的拿小块石头镶嵌进去，看上去基本不乱就可以。像叠石肯定要横

图 4-3 邓浩巨先生现场讲述叠山技艺 （拍摄者：邹嘉铧）

图 4-4 邓浩巨先生茶庄内的叠山作品 （拍摄者：刘音）

向顺着纹路做，纹路不能断。

种植

假山上种植需留地方覆土，如果搞很厚的水泥，假山肯定像碗一样没法排水。做假山要先在平台下面留小洞排水。选择植物方面，要看在假山的什么地方需要植物，比如麦冬本身耐阴，就种在假山底下。假山半山腰可以做一个雅一点的造型，像迎客松那样，叠石的时候要把位置留好、放好土，种好之后再把石头摆放（调整）一下。迎客松下面可以留一个飘台放一点阴生的东西，像蜘蛛兰、文殊兰等。龟背竹也可以种在假山底部，龟背竹有吉祥的寓意，我们南方叫万物归山，龟背嘛，（寓意）长寿。

后继有人仍不舍

那时我们真的是广东第一批开始做假山的人，但是没有专业人来教，都得自己摸索。1982 年到 1990 年，我带工人去全国各地做工程，团队不大，大概十来个人，都是英德本地人。所以说一开始我就是老板，做（带领工匠叠山）的老板而不是当老板。带的年轻徒弟有的是念不到大学就回来跟着我做，后来基本上徒弟学出来也不做了，有的去搞雕塑、图纸，搞这种园林艺术了，有的(徒弟)做着做着就回来种田了，还有的自己当了老板。

我们刚开始做假山的时候，只是想赚钱回家养孩子过生活，后来我们就不一样了，按规划要怎么做就怎么做。以前只要叠好假山有钱拿就行了，现在心态不一样了。主要是因为跟了陈守亚和邱福彪老师，学习怎么思考、怎么叠山才更好看。我之所以会得奖，是因为有他们指导，跟着他们干肯定不会错啦！我们那一辈（假山匠人）有的六年级还没毕业，五年级就升初中，那时候在学校是斗地主、斗走资派为主的，哪里可以像现在这样专心做功课，想起那段时间真不是滋味。

九十年代我在广州成家，现在孩子也是从事园林绿化工程，我女儿本来就是学园林设计的，在没开工之前用图纸就可以跟老板讲很多，我不懂就不会讲，也不敢讲，但到了实际做假山这方面，我就在行。我不是当老板请人做假山，最开始出去接工程一直到现在，都是自己做（假山），假山的整个构图都在我脑子里面，运上来的石头，我就想好了哪一块石头准备放在哪一个地方，不然到了工程尾声，可能就找不到那块石头了。

2000 年我开始在英德建起博绿园林，我现在回来这里，什么都不搞了，就管理这个苗圃。也不能说我是退回来，现在公司项目工地有时候我还是要亲自去指点，真正做还是靠自己指点才稳妥。以前做塑山或者假山我们包给别的工匠，只能把实际操作报给他，还是得在自己脑袋里面做好（假山构思），然后每天都要去那里指点，整个假山做完了还要装修，最后石头还要接缝接纹。这部分最辛苦的工作，是要天天在那里的，关键的时候还要研究收尾怎么做才好。所以我说我一次都离不开假山，虽然是说包给人家，真正指导还是自己。

访谈人员：陈燕明、赖洁怡、邱晓齐、刘音、钟绮林、陈泓宇

整理人：邱晓齐

材料才是最好的师傅

英石假山匠师邓建才先生口述记录

一期访谈时间：2016 年 6 月 25 日、26 日；　访谈地点：广东省清远英德市望埠镇英石园

二期访谈时间：2019 年 1 月 17 日；　访谈地点：广东省清远英德市望埠镇英石园

材料才是最好的师傅

发自本心（地说），我这个人到现在做事情是做得还可以，但是我做人挺失败的。在你们看来我手艺这么好，经济条件应该不会差，但其实我很穷。我做事情做了很多，按一般师傅、外人看来我该赚了钱，辛苦钱应该有，但是吃吃喝喝我都喜欢，很爱玩，人又不定性，思想上不沉稳，活跃，待不住。我思维是比较活跃的，但是如果讲到经营方面，这又不是我擅长的了。

其实怎么看我就是一个普通人，如果大家不了解我，没有看过我做的东西，大家这样一看我根本不像一个搞艺术的人。如果大家不认识，你们也不知道我是做这个的。你们谁也看不出来我是能做这样一个好产品的师傅，不像师傅，有点普普通通的，甚至像混混的感觉（笑）。

我自己浮躁了好几年，感觉是想做又不想做。真正做这件事情，我每一个作品，不管谁说怎么样，其实我自己也是有想法的。我不一定很满意，我每做一个东西，我知道它的缺陷在哪里，布局失误在哪里。别人说你画画画得怎么样，自己是作者，你永远都知道你的作品的缺陷在哪里。别人不知道，觉得都好，你自己心里知道。确确实实，我每一趟都是以这个理念去完成的。这是我自己的心得。比如说做某一个作品，不管别人怎么样去赞赏，去表扬，但是你自己会感觉某个方面有不足之处，你自己心里是清清楚楚。

对这个行业，我有比较，相对自己评价，可能有特殊敏感。我感觉这个石头该怎样，我表达是表达不出来，但是我真的很有灵感的，真的。要我表达，可能水平问题，我真的表达不出来。

我一直都是这样，其实从小到大，从我做这个假山开始，每一趟我都会说，一个东西一个作品，今天看它是挺好看的，挺完美的，然后第二天去看，总会看出它的不足之处。然后我们下次就不要犯这种错误了，我一直都是这种心态去做事。今天我做一个东西大家感觉可以，其实我明天再看，我不管别人的看法，我自己去看，我自己慢慢去想它的毛病在哪里，缺陷在哪里，以后我要避免它。但是这种心思不一定说一般人都能知道，我们也不会去跟人家讲。我的性格是这样。碰到这问题，首先我这人会比较率性而为，我感觉这个房主客户他是吝啬还是大方，或者他懂得欣赏还是不懂得欣赏，我会这样去衡量他，如果他不懂得欣赏又不豪气，我怎么做都没用的，我不会去跟他做。这个房主我感觉起码是比较义气的，性格也比较直爽的，那行，我在我不亏的情况下，我稍稍赚一点，我可以去做。我除非不做，一做我就要根据材料尽自己能力去发挥，我心态就是这样，因为材料才是最终的师傅，我们没材料，什么师傅都是没用的。

——盆景是微观的，你在一个小小的空间内能做得层次丰富，山体跌跌宕宕，那么把它放大做成假山，肯定是可以的。

图 4-5 邓建才师傅 （拍摄者：张翀）

邓建才

广东英德人。1999 年开始在厦门承接假山工程，主要为私人叠造假山，班组成员多数为英德本地人。

广州粤剧艺术博物馆假山现场匠师，英石园林造景技艺市级传承人。

盆景做不好，假山绝对做不好

现在我出去做工地，甲方或者公司有给出图纸的，我也不一定会按照他们的图纸去做，（因为）绝大部分设计图纸的人没有实际操作经验。我们要根据遇到的材料，根据石头，把它的特质、把它最好的一面表现出来。如果根据图纸做，我没办法体现我们运来的石头最好的一面。我经常就是不要图纸，脑子里面想，这个石头什么特质，怎么摆放，到了这个境界，实际上是一通百通的。你一看这个石头，它是什么颜色、什么形状、什么特征、石质怎么样，要怎么做才能把它那个特质显示出来，到了某个程度，你就会懂得；你没达到，一块石头就是一块石头。真正达到一个境界，它没难度的，真的。我读书少，但是我能体会得到。

盆景这方面和假山比起来，利润是很低的。现在这几年盆景是式微了，有淘汰落后的感觉，市场很难接受。有这个市场，没师傅去做，因为利润薄，不愿意做。举个例子，做一个假山，比如说四五十吨的，我需要三四天时间去做，或者五天时间去做，我可以做好，然后我有两万块钱人工费。这个人工费我五天时间就能够拿到。但如果说做盆景，一个盆子 2 米长，我也要花个两三天时间，或者说最少三天时间才能做得好，那利润可能就是几百块钱。其实那些书本教材上说的“假山影响盆景”，是错误的，应该反过来，是盆景影响假山才对。我作为一个师傅，可以负责任地讲这个话，如果一个师傅连盆景都做不好，他假山绝对做不好。反过来，再好的假山师傅，他也不一定做得好盆景。盆景是微观的，你在一个小小的空间内能做得层次丰富，山体跌跌宕宕，那么把它放大做成假山，肯定是可以的。

图 4-6 邓建才师傅手绘假山 （拍摄者：李晓雪、李彦昱）

这个行业是苦行业

现在没有（徒弟一直跟着我做），现在这个年代人家有机会赚钱就去赚钱啦。而且当时也不是说单干，反正自己教会了能赶他们出去就赶他们出去。徒弟在我身边没用，我太强势了，徒弟发挥不出来。我自己的徒弟一直干了十几年的都有。但是说真的，我是土师傅，我们这一代人，文化不高，水平不高，相对比较不懂培养人，发现、发掘、培养这些方面是有点硬伤。相对来说，我们（教徒弟）还是亲戚优先，做企业的话这个是很忌讳的。但是没办法，他们不读书啦，没事做，又不（愿意）去工厂打工，你总得给他们饭吃吧，所以自然而然造成这样，这是绝大部分的现象。

整个广东，造英德石假山的人都是这个镇子（望埠镇）上的人，别的镇基本没有，有也是相对比较差的。传统的师傅都是这个镇上出来的。从明清开始，采英德石就是在我这个镇上，然后一直到改革开放时候。（余永森老师）他们是最早一批到我们这边采英石的。早期就是那一拨人，但早期没机械，（英石的）体量各方面都偏小。技术更新，时代更新，工艺这个东西不好衡量。早期，那些师傅不是说他工艺达不到，比如说，早期水泥的凝固力就远没有我们现在的好。为什么我们的英石假山可以在中国每一个省份、每一个城市都有镇上的人在做，别的省份没办法进入广东。自古以来，我们广东园林在全国其实是处于比较领先的地位，大家应该要承认这一点。因为整个镇上的人，我们都可以（集合起来）形成一个团体，大把人。邓姓的也是一个比较（大的团体），在这个镇上。我不敢自傲，起码跟我水平差不多的师傅，在我这个镇上还有好多个，他们也是值得我尊重的人，每位师傅都有自己的特色。但很多东西都要靠个人灵性，有些师傅他一辈子做出来的东西都是同一个款式，他定型了。

（带徒弟要）看他对这方面有没有兴趣，没兴趣就不让他做这个，这个行业是苦行业。起码你要接触这个行业，先系统地接触（这方面的）知识。比如说我儿子，他以后长大了，他能够读书，就不像我们只有初中水平。当初我做这个行业也是为了生存。如果我小孩也像你们有系统知识，加上我传给他手艺，应该会比较好。当时的人做这个都是为了生活，为了生存，赚钱养家。

做这个行业的，有些年轻人他来这个行业就是抱着一种过渡的心态，他们不要求说质量做得怎么样，效果要做成什么样，他们不是这样，他们只要做得能验收，甲方满意，能拿到钱，（就是）最高标准，他们是以这种理念去做事的。这点我是很不赞成的，如果你以这个理念去操作，你没办法说这个东西做得不理想，下个东西你要超越自己，你没有这个想法。这个体系，基本就是处于一个被遗忘的角落，真的，就是一个被人遗忘的角落。

其实是为了生活，也是为了生存去做事

我现在还是做大的假山（比较多）。其实也是为了生活，也是为了生存去做事。我只是做些（其他）师傅懒得去做的活，其实也就是糊个口，这个行业其实也赚不到啥大钱。

今年（2018年），我主要在厦门那边做项目，也有青岛的（项目），去宁夏、海南岛和北京做住宅的（工程）也比较多。因为像我们这样，偶尔有比较大的市政项目，总包方那边就分包出来，基本上就是这样来项目并去做的。这两年房地产行情不太好，但是私人的（工程）还是比较多的。像庭院这种活，都是私人找（上我）的。目前据我所知，全国做这个园林假山、石头贸易这一块的人，就我们这个镇上最多，基本上（跟英石相关的）每个层次都有。

同心村出了很多师傅。比较早期（的时候），那时一整个村子都是（做英石相关产业的），现在也还是这样。（有的人是）做石头贸易多，我是做工程多。像在广州芳村花鸟市场，有很多做小假山的人，也是我们望埠（镇）的。（芳村花鸟市场）那边参与英石贸易的人基本上都是同一个村子里面的，都是在赖屋，是同心村里面赖姓的。

现在园林公司压力很大，奇石类的行业这两三年都萎缩得很厉害。以前英石园这边刚开始搞奇石的时候，很多收藏家前来（交易），现在都少很多了，（奇石类）生意淡很多。我们做这个行业的是能感觉得到的。只有私家园林这一块，因为现在的人比较追求环境，（喜欢）人跟自然的结合，所以行情稍微好些。

我现在啥石都做

我现在啥石都做。现在比较热门的石头除了英石，还有广西太湖石，就是类似太湖石那样的石头，我们这边也叫“英石类的太湖石”，在地下挖起来的、有孔洞的那一类，是喀斯特地貌形成的石头，都是石灰石。我黄石（假山）做得不多，实际上黄石用的范围也就在浙江、江苏一带，因为（黄石）产地就在那边。广东这边的假山除非特意设计进去，不然很少用黄石，私人家庭不要这种石头，因为（黄石）没表皮、没孔洞，加上我们这边有黄蜡石可以代替它。

广西大部分都是喀斯特地貌，好多地方产（广西太湖石），（具体）产地有来宾、合山，都是靠柳州那边。现在石头资源的话，到处都开始禁止开采，广西那边目前还没有禁得那么厉害。我们（英德）这边禁得很厉害。现在都宣传环保，环保政策比较严格，政府也想控制一下资源的开发，所以特意要量大的石头或者要什么样的石头的时候，要提前去找，价格的话也相对于以前高了一点。现在全国同种的石头价格差距不大。我们这边也就是石头（英石）这个价格很离谱，有些好的（英石）跟不好的（英石）差距很大。如果统货（指批量按斤算的英石）的话也就是三四百块钱，好的就贵了。我现在无论是广西那边的石头还是我们英德这边的石头都有在做。因为有些人喜欢有孔洞，有些人不喜欢有孔洞，有些人喜欢这种条纹，有些人喜欢那种纹理，差别也很大。现在溪石的话，就是奇石这一块，这一两年受欢迎程度还比以前降低了。我们这边英石类太湖石、大块的英德石，是这一两年流行起来的。以前，很多房地产，它的中庭基本上用溪石做流溪，现在慢慢地，很多房地产都喜欢用那种大的、黑的石头，还要有孔洞褶皱，那样效果更好。溪石看多了很容易出现视觉疲劳。溪石也是黄蜡石类的，是溪里面由水冲的类似黄蜡石那样的石头。

做假山工程的时候，我偶尔会画一画草图。大部分时候比较少画，主要靠经验。因为我之前没有学过美学，美学这块是我的短板，读书的时候没去学。业主一般是让我们看一下现场然后出个方案给他，有时候，他相信（我）的话，我就直接画手稿给他；不相信我的，我就直接找电脑调一张、修一下图。有些业主他反而更相信（师傅）自己手绘的。有功底的人画出的效果图确实是挺好的，但我没什么功底。

图 4-7 邓建才师傅现场手绘假山庭院营造 （拍摄者：刘音）

日式园林的假山有规矩讲究：线条、轮廓、体量

有了院子，有条件的总会去弄个假山放着，摆几块石头，种点好树。现在（有新技术的）融合，日式园林的风格也比较受欢迎，就是枯山水那块。我也有在做枯山水这一块，因为现在很多风格都混合在一起了。传统类型的假山体型比较大，需要用到机械。但是有时机械到不了，就会有纯人工制作的假山，像一些楼盘比较小的那一类小假山。现在像粤剧艺术博物馆那种大型的（假山）也多，但是没有做到（像粤博的假山一样）那么复杂，要相对简单一点。因为早期很多这种（大型假山）用水泥做假石头，现在比较少再（用水泥）做了，基本上都用大块的英石，像我们这边山上之前开采那种大块的（英石）。因为大块的石头配上植物，不管怎么样它也相对自然一点，没有那种人工化的感觉。

日式园林的话，它用的石头种类很多。其实（什么石头）都可以用，只要是颜色沉重沉稳、比较敦厚那一类（石头），它都可以用，就像泰山石类。不过用我们英德石也行，包括一些色泽比较深的溪石都可以。日式园林主要是置石，不叠，只是石头大小配合点缀而已。日式园林的假山有规矩讲究：线条、轮廓、体量，一般会在小庭院做。日式园林的石头配黑松、罗汉松都可以，但黑松会更好。种了树之后，就放形状奇特的石头。先种树或是先放石头都行，如果说要效果好，可能要先放石头（比较好）。因为有些好的造景树，它的枝丫伸得很开，放下去之后，这块石头就不好靠近它了。有时候就是该靠近树的（石头）先放，然后树再放下去，之后再放离树远一点的石头，也可以同时（放离树远的石头），这个放的顺序还是看经验。这种树石配就可以判断为日式风格的。我画的这种主要放在庭院比较窄的地方，像墙边、边缘边界这些地方。除了假山，庭院里还要做一些汀步。一般来说先看现场环境，看到环境之后，我凭着经验和直觉会有个底，开始考虑需要多少块石头，用什么样的石头、什么形状的树去给它组装、融合，来适应它（庭院）的环境，这样做出来比较准确。风格则比较随机，因为看到的石头不一定说就是要的那种感觉。

做这些假山也会遇到讲究风水忌讳的业主。如果有讲（风水），这个业主都会在做之前找风水先生去看。所以哪里该摆，哪里不摆，业主都会告诉我。但是一般业主不会讲究（风水），基本上也没啥讲究的。我们只要配合好环境，业主看起来舒服就 OK 了。像这种置石，只要不刻意对着什么，看上去不要顶心、不要尖锐的，我们从这条路走过去，不要有个尖锐的棱角对着我们就行，建筑物前面的小路可以向前延伸蜿蜒。现在很多业主都喜欢这一类（日式的）风格的。庭院别墅，这类环境也特别适合做成这样。做工程的时候，构图基本上自己会去想一下，甚至有时候想着到现场临时改一下、微调一下，看哪个角度比较合适、比较舒服。以前叠假山，就没有现在那么简洁，简洁的效果看起来舒服。汀步之间会用砂，假山旁边或者小路旁边会种一些青苔、草坪。

现在这种（日式园林）特别多，这种（园林的）做法也很多，它施工也简单，维护养护成本又比较低。

期望能够再出一个好的作品

现在已经是清远市级传承人，是英石园林造景技艺（的传承人）。粤剧艺术博物馆之后，还有别的工程，这几年做了几个说实话还是有一点影响力的作品，（才能评上传承人，）期望能够再出一个好的作品。

辛苦倒是无所谓，去哪里做都是一样。前年在杭州，杭州最热的时候，连续好几天四十度、四十一度，都在干活，最热的那两三个月在那边都熬过来了。我现在到处都去，这一年四季，居无定所。主要是我没有在某个城市去租一块或者买一块地做自己的店面，所以相对地比较漂浮，作为一个叠山师傅，就跟着工程走。现在我基本上就是去到那些业主要求比较高的，或者人家业主价格出得比较高的（地方）去做假山。

一期访谈人员：李晓雪、李彦昱、马煜、苏虹、张翀、蔡婉琼

一期整理人：苏虹、蔡婉琼、李彦昱、邱晓齐、李明伟

二期访谈人员：李晓雪、刘音、邱晓齐、钟绮林、黄冰怡、刘嘉怡、黄楚仪

二期整理人：刘嘉怡

图 4-8 山间的邓建才师傅 （拍摄者：李晓雪）

哪怕给我一堆黄泥，我也能给你造景

英石假山匠师、英石盆景匠师邓建党先生口述记录

访谈时间：2017 年 8 月 1 日

访谈地点：广东省清远英德市望埠镇英石园

如果我没有把握这个机会，那有可能永远都出不了师

我的叠山技艺“出师”是在 1999 年，在邓艺清董事长的介绍下，我在广州独立操作完成了第一个假山盆景作品。刚“出师”的时候心里也是忐忑不安非常紧张，担心做不好，但也想着当初是怎么学的基本功，用心选好石头，用心做。第一次不可避免还是会出现一些问题，做得不好就拆了重做，按照原计划的预算和工期做下来我还亏了几千块钱，当作交了学费。很感谢邓董，认可了我的能力就大胆放手让我去干，在我刚开始叠山生涯的时候给了我这个机会去展示自己，还好自身技术也还算过关。我们村出去外面做工程的叠山师傅基本都是从盆景开始做起，我们相信，能做大假山的不一定能做小的；但是能做得好小的，做大的绝对没问题。入行之初我也跟随着老一辈的脚步，以基本功为重，才能厚积薄发。但邓董也说，如果一开始我没有把握住这个机会，那有可能永远都出不了师。

在不断实践的过程中，我们一群师傅一有空自己也玩玩石头，探索新的形态和组合方式，渐渐地总结出很多效果良好的处理手法。到后来，我希望我的技艺能够有一个质的提升，能够经得起园林行内人的推敲考验，我开始更多地研究前人总结出来的东西，加以学习补充融汇到自己的手法中。了解当下需求，然后加以创新，这才是假山盆景的出路。

实践才是硬道理

2007 年我受到英德市奇石协会的推荐，成为英石假山盆景的传承人，协会的英石文化交流活动我义不容辞，再忙也要参加，而且很珍惜能够为英石文化传播作出贡献的机会。那次活动的时候，我收拾准备一下，背起石头就出门去交流展示了。活动的现场有全国各地的叠山师傅，每次活动都会抽签选师傅上去现场叠山展示。凭借做了那么多年的经验和充分的前期构思，我也非常从容地完成了现场展示，达到了宣传协会和英石假山的目的。

2015 年的时候，英西中学正在做英石盆景盘的课题研究和创作教学，几位老师找到了当时的奇石协会会长林超富，然后辗转找到了我，想请我去他们学校教学生叠山。当时现场指导，学生在我周围围了一大圈，水泄不通。我认为做假山这个事，光靠理论是没用的，实践才是硬道理。同样的，我也是给学生强调基本功的练习，告诉他们作为初学者不要想着艺术创作天马行空，以后如果打算要靠这门技术来养活自己的话，就必须有扎实的基本功，实践多了、经验丰富了，自然会有自己的一套理念手法，哪怕给我一堆黄泥，我也能给你造景，这才是过硬的能力。

——机缘是非常宝贵的，但这也需要自身具有足够的能力才能遇上。

邓建党

1976年生，广东省英德市望埠镇人。与英西中学教师彭伙强、谭贵飞共同参与第六届中国成都国际非物质文化遗产节，在“中国传统工艺传承新生代艺人竞技和作品展”的“盆景制作”竞技项目中获“新生代传承之星”荣誉。

图 4-9 邓建党先生 （拍摄者：邹嘉铧）

后来我和英西中学的师生一起去成都参加盆景比赛，我在现场做的作品也是有幸被博览会收藏了。在那里做的时候，很多观众就想找我给他们做盆景，能够得到大家肯定我也是非常欣慰。当时一直等待着能有一个了解这个作品价值所在的行家来交流，但非常遗憾啊，来找我聊天的人只关注价钱，我就感觉英石文化的宣传力度还不够，大众对于英石的价值还没有很清晰的认识，这是我在那次博览会的最大感触。

移天缩地考精工

小盆景制作

创作盆景的第一步就是选盆。常做的盆景尺寸从边长50厘米到150厘米不等，使用的盆的形状多为矩形、圆形还有正方形。其中圆盆适宜深远飘逸的假山流水，方盆适宜形态高耸的对立峰形。盆景制作中，重中之重是定下主峰的形态和位置，选好了主峰以及用石，剩下副峰、坡、脚等呼应主峰部分的构思就可以较为顺利地推进。在我的创作实践过程中总结出来的峰形有十余种，加上后来结合乔红根[①]老师以及其他前人出版书籍，峰形变化更加丰富。

小盆景是自然的缩景，有限空间里面做出层次深远变化需要花很多心思。在山石变化之外，也需要讲究植物搭配，常用我国台湾的针柏以及日本的珍珠柏，以及搭配我们英德当地的一些乡土植物。

室外假山制作

在做园林以及庭园工程的时候，相地是基本。首先观察场地的土质，决定基础拉底的钢筋数量以及厚度，疏松的土质如果处理马虎了就会造成后期开裂，维护困难。

私家宅院的假山建造需要看建筑。宅院假山多靠墙堆叠，墙高度低于三米的适宜做峰山，场地较大的还能够做一组峰林；高于三米的适宜做叠石加鱼池流水，层次变化更加丰富，当然最后也是要看业主的个人喜好。量好尺寸，就要快速预算石头用量，水池的过滤池做法、比例布局等方面也要尽早与业主沟通，把方案大致定下来。鱼池的底部防水也有讲究，北方因为冬季低温，需要在传统水泥防水的基础上增加双层防水膜的保护，防止结冰开裂。防水膜的贴合需要长时间的等待，操之过急将会出现气泡，工程质量大打折扣，这一较为保险的做法也慢慢扩展到南方的假山鱼池工程。

①乔红根：中国盆景艺术大师，海派山水盆景的领军人之一。

现在大型的园林工程常常都用机械来操作，这对于施工现场的交通条件也是一个考验，设备能够进场将会大大提高效率。

无论是做假山还是做假山盆景，一定要凭良心。我做的假山鱼池，这么多年从来没有出现过开裂损坏之类的情况；但如果后期出现了损坏，我是一定会及时跟进的。我曾经卖过一个盆景给一位北京的客户，在物流运输的途中，一个角出现了损坏，客户一反馈给我，我马上就选点石头，背起来就坐飞机去北京给他修补。有时是因为业主的用料问题，池壁上的瓷砖开裂了，跟我说一声我也会马上赶过去给他修补，这是我们这行基本的职业操守。做英石这一行，一定要清楚自己擅长的是什么，比如我对于其他地方的植物不熟悉，不论业主怎么热切地希望我把植物配置一起做完，我都不能应承。做假山切忌“充大头”到处揽活，效果做不好最后砸的是自己的招牌。

机缘是非常宝贵的

对于工程，由于现在的客户来自全国各地，我比较倾向于跟别人一起合伙，更加高效而且操作起来轻松，可以轮流管理工作以及接下各地业主的工程。英德的石场开在长三角一带比较多，上海赏石盆景协会的巫会长，给了我两亩地，我现在在上海浦东也开了个石场，里面放上两个我做的盆景作为效果实例，喜欢的业主和园林工程的人就会来找我帮忙做，慢慢的我也把市场扩大了，一年下来能做两百来万的生意。

机缘也是非常宝贵的，但这也需要自身具有足够的能力才能遇上。我在成都比赛的时候，有一个六十多岁的老先生过来跟我讲，你做的假山盆景那么漂亮，为什么你不到我们四川这里来呢？我们四川的园林假山还是一片空白。他还说要给我找块地开个石场，这也是很难得的机会，我也正打算在那边一起看看场地，合适的时候也可以发展。现在的工作太忙了，到处都要做，没有想太多的目标了，六十岁我就一定会收山回老家啦。

访谈人员：李晓雪、刘音、钟绮林、邹嘉铧、林志浩、巫知雄、陈鸿宇

整理人：邹嘉铧

做山景要有动漫的那种感觉

英石假山匠师邓江裕先生口述记录
访谈时间：2019 年 1 月 18 日
访谈地点：广东省清远英德市望埠镇邓江裕先生石铺

我是爱好，没有去谈金钱的问题

我来自同心村的自然村邓屋村。我做这个（英石）有二十多年了，做英石其实是我们这一代才开始做，包括我的哥哥、弟弟都在做盆景。现在只留下我的作品了，他们的作品全部都已经销售出去了，作品大多去了广州、深圳、珠海。

我 18 岁开始一边读书，一边在山上挑石头。其实说真的，挑石头只是补贴家里的经济而已，然后就这样爱上了。我一边挑石头，然后一边选材、看书，有空就往城里面的书店钻，看有没有哪家出版社出的盆景书。当初对我帮助较多的是上海一个出版社出的书，比较接近自然，里面有英石、太湖石、黄石，还依据日本、韩国、朝鲜那些石头和地理环境来模仿制作。

当初没有师傅带我，我的师傅都是在书本上，有岭南园林、广西园林，还有上海的、苏杭的，我都去参考还有模仿。其实这也是靠个人的头脑去想象。跟动漫一样靠自己去想象，去形容。比如说我要形容一个很雄伟的，或者是很自然的、很平坦的（假山），都是靠个人的脑子去想的。每一块石头都是宝贝，主要是你会不会用、会不会欣赏。

因为我是爱好，我没有去谈到金钱的问题。我就是一直看着这块石头去琢磨，根本没有时间去琢磨石头的销售问题，就这样凭着自己的喜好做。其实我做到现在一直跟钱没有搭上任何关系，只要你有这个石头（我们就能交流）。看到我们这个石头大家都是爱好的，大家互相交流。所以比起其他师傅来说，他们都有豪车豪宅啊，我也不会去妒忌他们，我也不会去羡慕他们。

盆景工艺的发展在我们这个镇来说也是挺辉煌的

盆景工艺的发展在我们这个镇来说也是挺辉煌的。原来是有三家大公司、大工艺厂在我们这里的。我 1996 年到 1998 年在三星工艺厂。除了三星还有中昌工艺，还有一个叫龙山电子（盆景），做雾化器，也做这个盆景。它们三大公司都是主产盆景销往外国的。中昌早在 80 年代就开始了，之后出现了三星工艺厂，三星工艺厂后又出现了龙山电子。就这三大公司原来在英德是赫赫有名的。后来不知道他们经营方式怎么样了，就自己结业了，不做了，都是 2001、2002 那几年结业的。

——叠山跟动漫一样靠自己去想象，去形容。比如说我要形容一个很雄伟的，或者是很自然的、很平坦的（假山），都是靠个人的脑子去想的。

图 4-10 邓江裕先生 （拍摄者：钟绮林）

邓江裕

广东省英德人。20 世纪 80 年代末至 90 年代初接触英石，1996 年至 1998 年在广州市花都区三星工艺厂从事外贸出口盆景制作。2000 年至今，成立个人工作室，并受邀在各地开展盆景制作教学。

图 4-11 邓江裕先生介绍经营情况 （拍摄者：钟绮林）

1999年，我就撤出来自己做英石盆景。在盆景厂的时候，（盆景）主要是销往德国、澳洲等。那时候一个月要出口五千到一万盆，我们晚上都要加班的。主要是30 cm×50 cm，小体量的。一般西方国家的人们喜欢方便（携带）的礼物。每当圣诞节的时候，把这个当做圣诞礼物送给别人。

我们做的（假山盆景）千奇百态。工厂里面的负责人说要一批高度不准超过50公分，或者不准超过20公分的，规定出来限制高度是一致，宽度也是一致，但是形状就千奇百态了。盆架是石头的小圆盆，它有一种包装，比如说石头（和）石盆另外（分别）包装，去到那边有人组装。（销售点那边）一般都是在外贸局那边对接的，那边有一个总批发市场，批发市场就当地人销售，按照我们国内就是这样的销售市场，国外的我没去过，就不了解。

我当时在三星工艺厂是比较早入行。咱们只是采用交流的方式，比如说，你这块石头没有放到满意的那个点，大家一起交流去整好、弄好、做出来，感觉是挺好的。自己又好玩，也就是说是收集人家的技术，拿人之长补自己之短，跟大家共享和交流（经验）。那时候，我们带的人学会之后，他就不会再跟着你了，他自己琢磨、走自己的路。其实自己也没有教他什么，只是教他怎样去构造，怎么去选材料，怎么去走山体曲线、山脉这一类的，就是这样教他，制作方面也是看他自己有没有这种爱好，有没有这种灵感，去创造这个艺术。它（三星工艺厂）那些师傅差不多都是我们同心村的，跟我同辈的。老板也是我们望埠的崩岗村人，他做到2000年左右。

材料都是本地的，然后根据造型想象

我们这个材料都是本地的，然后根据造型想象。它的正面是在这边，可以看到它的高度搭配，山与山之间的呼应搭配。比如说，它的高低各有不同，以前古代的人不是说过吗，“横看成岭侧成峰，远近高低各不同”，就是这样的意思。然后有山间的流水，这些都是基于它的河流、山野、乡道来做的。制作盆景如果没有别的影响，心情也比较舒畅时，一天半就可以做出来。

现在国家因为保护生态，不给开挖（英石）了，（有些匠人）可以去山上靠人力去挑，（但是）挑不了多少啊。如果你要用大动作，比如说开挖机器、吊车之类去，国家就不允许。为了找石头，有时候我们要跑到广西去，有时候还要跑到江西去，湖南也有一部分。（所以我们）有广西的（石头），还有江西的（石头）。江西一般都是在赣南、赣东地区，有专门的石场，比如上饶、鹰潭。广西一般都是在贵港、梧州那些地方。

湖南的张家界也有卖石头，现在做得挺厉害的。目前来说湖南石头的开采做得比较大。（英德的材料来源）还有一个是山东的斧劈石，也是园林建材的一部分。现在还有说是河南河北一带的那种红石，如果时间长了，它就会变成木化石。（江西）有那种（石灰岩）石头，但石材没那么好，力度没那么大，观赏能力、吸引能力也没那么强。

无论怎么利用，石头都有好的一面

做一个盆景之前，你脑子里要想象出做什么样的形态，什么样的景观才能够吸引自己，才能够吸引观众。你就在脑子里面去想，然后就开始选材，比如这块这么好的，我就要显示它的特点出来，每一块石头都有特点。还有这些小石块也很奇特，做一些小型的山水盆景也挺好的，就是看你怎样去利用。其实怎样利用都好，它都有好的一面。

选石的时候，就要看拿来怎么用。如果是拿来做观赏的，就选一种本身造型独特的；如果说选来做盆景的呢，我们不会选这种，主要是看怎样做它才能自然，是不是已经形成了山形、山峰、山脉，还有河流。我们考虑（布水）这个事情就是水环绕在山间，来到这里好像一个天然的山湖，这山湖还有雾，就是用雾化器，形成像大自然一样，感觉它很雄伟，很大、很阔的样子。（河流）也可以从山坳里面出来，就是半山腰都有泉水。比如在山后，是各种各样的险峻的（石头），这样看好像大海边冲过来的水浪一样，那样看呢又形成一个山脉的山体，如果你再这样看呢它又像那种悬崖峭壁的感觉，都是靠自己去想象；然后就在选材、放材料的时候跟它搭配。

我们做的盆景每一座都不同，没有相同的，因为石材都是来自自然。你做出这一个来，你下一个就不一定做出这样的了，它就有很大的变化了。比如说英石的石头，九几年我们也有给在江西的一个叫天马集团的建筑公司做过1500多吨的工程，墙体外就是全部用石头装饰，整栋房子都盖满了，中间是空的，进入山洞、岩洞里面就是他们公司的展厅。

我现在主要做盆景制作销售和培训

我们主要是做盆景，假山工程也接。目前没研发（新的创作），我也不想研发了，因为现在国家保护生态，自己也要跟上，所以说都没有做开发研究了。平时一年四季我和徒弟禤水平两个人都是在内蒙古、呼和浩特、赤峰。英石在内蒙古那边很受欢迎，他们那边爱好（石头）的人比我们这里还要厉害呢，他们看到一块石头就会把它当成宝贝。（北方）现在来说作品是室外的多，因为喜欢那种原生态的，保护环境嘛。但是现在空气污染特别大，找不到那种自然的感觉了，只能在家里做。内蒙古我们是三年前（2016年）就已经（去到那边了），因为那边的爱好者来过这边，看到我们的英石、盆景产品这么好，他就要我们过去那边推广。他们那边的（爱好者）看到我们的英石就好像（看到）宝贝一样。他宁愿放弃手上那块玛瑙，也要拿起我们的这块英石。

我们在内蒙古那边设有一个分校，是当地的人主办的，学做盆景和观赏英石两方面都有。现在我们回来只是提取材料，然后把材料运过去，就地培训学员，并和那些爱好石头的人做交流。那边对接的有公司，也有企业单位，都是和园林相关的。

我们的销售有几种渠道。以前的老客户不用上网，直接打电话找我们。新客户就是通过互联网，比如说我在这个单位做了，他看到这个单位这么好的作品，就会想办法把它的信息拿到手，然后找到我们。（还有）比如说朋友介绍啊，有些是通过微信朋友圈找到的，还有就是大家互聊的群体介绍、聊到的，另外还有一些是来这边采风啊、选石材之类这样认识的。

访谈人员：李晓雪、刘音、邱晓齐、钟绮林、黄冰怡、刘嘉怡、黄楚仪

整理人：黄楚仪

图 4-12 邓江裕先生带课题组成员实地考察英山 （拍摄者：刘音）

艺术真的没有止境的

英石假山匠师禤水平先生口述记录
访谈时间：2019 年 1 月 18 日
访谈地点：广东省清远英德市望埠镇邓江裕先生石铺

一开始很讨厌，后来慢慢就喜欢英石这一行了

我老家以前是在佛冈那边，后来爷爷辈迁过来英德，然后一直住在这边。我这个姓氏比较特别，也比较少，很多人也不知道。

我是 1982 年出生的，年少时喜欢玩，那时候调皮不读书，然后我爸就把我赶到这一行了。其实一开始是特别讨厌这一行的，后来慢慢接触就觉得很舒服很自然，慢慢就接受它了，然后 1997 年开始（跟着邓江裕师傅）。中间也是分隔开了，有各自的生活嘛，所以跑了不同的地方，这几年就又聚到一起，一直有（石头方面的）交流。我也跟邓江裕师傅一样研究了很多东西，学习书本上的知识，我爸也是做这个的，不懂的我也问他。遇到技术瓶颈，就拜访一些名师，请名家指点一二，跟他们交流。艺术真的没有止境的，我想应该是我退步了，所以一直还是达不到想要的那种感觉，自己的脑子里有很多奇思异想，但还是没法（实现）啊。

我就喜欢到处跑，风吹日晒也没事

收集石材的时候，我经常会（扛石头）。就像你们这样背个包，爬山去。翻过那些山，在山背后收集一整块的奇石，好看的就（拿回来）。石头是松动了，像表皮石那样，就是这样翻开一块就收起来。比如说，我挑选做盆景的石料，想好做哪个类型的，要做什么样的（，我就挑哪块）。我一般会看形状，挑几斤到十几斤（的石头）。背个背包，像是寻宝一样，看见了大的，今天整不回去，我就明天再来整。

我现在跑外省比较多，我跟邓江裕师傅的地点（不同），他在内蒙古，我在辽宁。但我不单单是待在辽宁，还喜欢到处跑。比如说前几天我才去了海南，朋友邀请去做一个大的假山盆景制作。除非说特别大型一点的就要配合其他师傅一起吊石头（，否则不找他们帮忙），而且怎么制作的那个方式也要一起研究出来。

因为爱好嘛，觉得风吹日晒的也没事，接受得了的。其实我觉得不累，因为我没去过那个地方我也想去玩玩。别人觉得累啊，但是我觉得是种乐趣，因为思想上不一样，所以（觉得没什么所谓）。像东北那边，我接触了辽宁那个老板之后，我说你为什么对这个感兴趣、投资一百多万下去呢？他就跟我说因为他也喜欢这个，第二个（原因），他看上了这个市场。他说南方和北方是很不同的，怎么不同呢？因为北方冬天很干燥，盆景有水，家家户户都需要，它可以调节湿度。所以他说一个是爱好，一个是商机，看准了市场有需求。东北用的话也都是放家里，如果房子大，又喜欢大的盆景，做些五六米长、两米多宽、一米多高的盆景的都有。

——因为爱好这个，觉得风吹日晒的也没事，接受得了的。其实我觉得不累，因为我没去过那个地方我也想去玩玩，别人觉得累，但是我觉得是种乐趣。

图 4-13 禤水平先生 （拍摄者：邱晓齐）

禤水平

广东英德人，英石盆景制作手艺人。20 世纪 90 年代开始接触英石盆景，1997 年作为徒弟跟随邓江裕学习盆景制作。现与邓江裕共同成立工作室，并受邀在各地开展盆景制作教学。

图 4-14 课题组成员采访邓江裕师傅和禤水平师傅 （拍摄者：钟绮林）

如果太保守，技艺就会失传

像我们以前这些师傅做那些盆景，都是出口到外国，比如韩国、美国，因为八九十年代这行很兴盛。之后很多人退休不做（假山盆景）了，然后就轮到我们后一辈了。现在基本上很少（出口盆景），因为没有人去开通市场，而且各自以赚钱养家为主，也都没有时间做盆景了。有些很厉害的师傅也都是这样，他顾不上。做一盆盆景如果要做很精致的话，得三四天。如果做外面大的假山堆叠费用高很多，因为有些要上万吨，那些都是要吊车的，一般都是要做几个月或半年。所以很多人哪有这个时间呢。

因为我们没有做很大的商业的想法，如果做商业，想法那就不一样了，我要做很多作品，然后建网站，收徒弟，推广它。我们做的假山也很讲究。我们也去研究过苏式园林，跟我们这边的差别是构造特点，就是制作工艺不同。比如说苏式园林它是以太湖石为主，它不做山体，只做造型，之后去做点缀，那些类型比较雅致。然后我们这边的就（不一样），注重石头的倒挂，讲究飘逸、秀气、通透，所以构造不一样的。但是我们这边没推广，比不上人家（苏州园林）的推广力度，也没什么专业人士直接把这个描述出来，更是不一样。

这两年我对盆景比较重视，出外之余或者在家偶尔有时间就教教那些爱好盆景的人，所以慢慢发展起来。如果全部都那么保守去教的话，那慢慢就失传了。没有这个技术沉淀，实际上是做不出来的。像我们那些学徒也是，没有基础，没有根基，看起来简单的东西，要耐心地教他们怎么打基础，还有培养构造意识。现在我收了三四个（徒弟），都在各自不同的行业，他们有时间就来，或者下雨天，或者不忙的时候，就去我那里（学习盆景假山制作）。

访谈人员：李晓雪、刘音、邱晓齐、钟绮林、黄冰怡、刘嘉怡、黄楚仪

整理人：黄楚仪

判断石头的价值就看形状好不好

英石挖石石农邓帅虎先生口述记录

访谈时间：2017 年 7 月 29 日

访谈地点：广东省清远英德市望埠镇（冬瓜铺）桥新村山中

以采石为生

我们这边是沙口镇冬瓜铺，周边的山是英山山脉的一部分。我们这边山的名字就看它在哪条村的后面，就叫什么山。以前附近的南华水泥厂会把采出来的英石做成水泥，后来倒闭了，就改为做硫酸的化工厂。化工厂的污染，再加上发电厂的影响，河道的水位上升了，很多田地都没有办法耕种，所以农户没有那么多田种，加上工厂现在自动化了，厂矿也少了，不用那么多工人，剩下的人就只能以采石为生。

每条村都有自己的山头，这个是以前老一辈按照村的人口划分好的，本村的只可以在本村的山头挖石头。其实就是名义上每个人都有一块位置，你开采的就交钱，不开采的就有分红，类似分田。我们要开采，村里就让我们自己划一块位置，然后村里的村委干部就评估一下这个位置要多少钱，交了钱，这一年内任我们开采，无论挖了多少都是一年限期。挖的人多，挖出的石头多，分红也会更多。

我们村挖的石头一般以英石为主，我们村这边的山有阳石也有阴石，一般开采是以阴石为主，大大小小都有的。望埠那边的话是以水石和黄蜡石为主。我们附近的很多村都是挖石头的，例如对面云岭镇那边的村子，很多都是以河边的卵石为主。但是冬瓜铺这边挖石头的村子就比较集中，算是英德这里挖石的发源地，大概我爸那个年代（六十年代左右）就开始开采英石了。早期全面开采英石是在八十年代左右，以前人工开采出来的石头都会比较完整，没什么损伤，主要是开采小块的阳石，形状好的我们就拉去广州卖，慢慢就形成了比较大的市场，越开采就越大。

我们这山里还有些阳石是客户开采下来放在这边中转的，很多老板的石头都销往国外，比如日本、捷克、新加坡等和非洲、欧洲国家。英石出口到国外一般不用于园林工程，都是做单独摆放的观赏石。

我们卖石头一般都是围绕着这个大“Y”字形的路口，我们这（冬瓜铺）往上（北）还有几家，往北最远是去到沙口镇，然后下到（南面）望埠镇这边，往西南到黎溪（镇），黎溪到大站镇之间还有几间，大站镇杨屋村那里是路上的第一家，主要是集中在从大站镇一直往望埠这边。

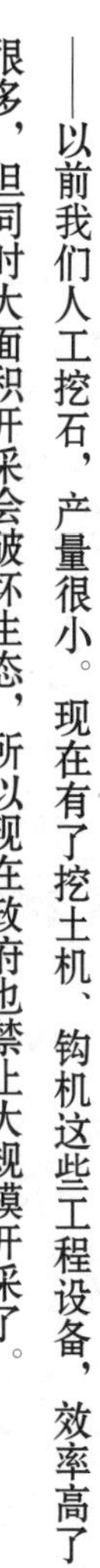

——以前我们人工挖石，产量很小。现在有了挖土机、钩机这些工程设备，效率高了很多，但同时大面积开采会破坏生态，所以现在政府也禁止大规模开采了。

图 4-15 邓帅虎先生 （拍摄者：李晓雪）

邓帅虎

广东英德人，冬瓜铺采石匠师。现于由邓艺清先生牵头的英石合作社中负责石头的采集和摆设方面的工作。

图 4-16 采石场现场 （拍摄者：李晓雪）

我们家里做这个做了二十年左右

我们家里做这个（采石）做了二十年左右。我从高中毕业就采石头，到现在也差不多十五年了。以前就是开采小块的，现在就有大的。英石园老板（邓艺清）以前是做一些市政工程，对大块英石的需求量大，英石供应不上了，所以去开采英石的人就多了，开采量也逐渐增大，就慢慢形成了现在这个市场。

我们整个村里都是以采石为生，我们没田种，只能以这个（石头开采）为生。虽然利润不算高，但是总算能维持生活，还能顾家，比出去打工要好。留在村里的一般都是上了四十岁的，年轻人挺多都出去外面闯了，不过也有些年轻人回来村里加入这个行业。

英德石头行业前三四年（2013年左右）是生意最好的时候，那时主要是园林工程石的销售，大块的景观石就相对少一些，运这种（景观石）的成本也相对高一些。这几年因为政府政策的原因，很多工人都不怎么弄大块的景观石了。

我是有几个工人跟着的，活多的时候就请多一些师傅跟着我一起做。开采时就请开采的师傅，做假山就请做假山的师傅，价格是不一样的。挖石头的师傅一般一天是两百五十（元）左右，要看师傅的技术，技术好一点的就高一点。打风炮的、打孔的这些讲技术活的大工工资就高一点，大概五百元一天，打这些孔粉尘很多，所以技术很重要；挖泥土的就不讲技术，就等于做泥水一样的小工。

我们一车石头能赚多少主要看石头质量的好坏，工程石的话一般市场有标准。如果是差的石头，因为这些石头开采成本低，一捏就会碎，会运去做水泥建房子；次一点的石头200多元一吨，好的石头也有500、600元一吨的。

这边的（采石）师傅一般是过了七月份开工，那个时候天气没有那么热。我们的采石也会看天气，如果天气太热了，早上到中午十一、十二点就收工，下午四、五点开工，晚上七点多天还亮着就晚点收工（夏天）。不过也有例外，如果干完一趟有成果了，就立刻收工，不管时间早还是晚。

要按顺序一步步采石

采石细节

露出地面的就叫阳石，埋在地底下的就叫阴石。阳石是经过风化的，雨水冲刷得多，表面尖尖的，没有光滑面，只有贴着土地一面的会有（光滑面）。阳石的底下都是连着整座石山的，因为长年累月，泥土慢慢积在上面，石山的海拔越来越高，石头就越来越大。还有一种上面露在表面、下部分在地下，叫阴阳石。

阴石的开采，要先把它周边的泥土挖出来，石头太大了就拿线锯锯开一部分。如果石头有一半在地下，我们就拿挖机把周边的泥挖开，这个时候有些石头会被机械抓伤，要小心。机械挖完了再人工削（土），挖出来再把泥土清理好。石头的大小没有办法估计，只能一边挖一边看，按照石头的好坏取最好的部分。如果石头太大，就拿线锯切小一点，这样起重机就可以吊起来，不然太大太重起重机也吊不起来。石头有些位置周围没有办法摆放线锯，就用人工打孔的方式炸开。孔的量取决于石头的厚度，一般打孔都是直线一排打过去，在石头比较薄弱的位置密密麻麻地打孔，相当于是用孔切断它，一般孔与孔之间的间距是 30 公分。打孔之后拿膨胀剂（无声破碎剂）去炸开，这样石头会沿着打的孔形成的裂缝裂开。放膨胀剂的量跟天气有关系，天气热的时候不要放太多，因为天气热的时候膨胀剂更容易膨胀开。如果有些位置怕膨胀剂把石头炸坏了，就用风炮去打断，一般打一米左右石头就可以断开了。

如果是阳石就不用这么多工序来开采，直接就在路面（切割开之后）拿吊车或者铁架弄出来，货车沿路开过去，吊起来运走就可以了。用钢丝在石头有钩的位置绑起来，一般底小头大的石头都可以绑好，不会滑出来的，绑好就可以运走了。我们要估算一块石头的质量，可以看它的孔洞多不多，再看它的占地面积，一般一立方米的石头大概是两至三吨。铁架一般能吊 30 多吨的石头，一般的吊车也能吊 30 多吨的石头，如果一台吊车吊不动就开两台吊车，一边吊一个位置。一台吊车一般由三四个师傅操作。

以前最原始人工吊就拿木架、辘辘（电动辘辘）来吊，后来（木架）形状不变，改用铁架来吊，会比木架吊得要重一些。一般一个二三十吨的石头，从完全在土里到完全挖出来，不用机械、两三个人挖的话大概要半个月；但是如果用机器挖半个小时就可以把周围的泥挖开，再人工清理，加起来大概也就一天的时间，清理好就把线锯摆下去，三天左右的时间就开采好了，开采出来之后吊回去大概是一天时间。快的话一周都不用就可以把这一块（二三十吨的石头）拉出去了，如果是以前大半个月都拉不出去。

石头挖出来会做标记，表示这块石头是哪家挖出来的，然后再由石场去收购拉走。现在车辆运输限制超宽和超重，所以开采石头的时候也会按照这个标准来切割，根据货车分开顶车和不开顶的车两种上限规格，不开顶的货柜车一般宽度不超过 2.3 米，高度不超过 3.3 米，重量大概不能超过 22 吨，一般是出口、海运才用这种货柜车。运输石头的时候我们会拿一些废料包起来，一般是不要的塑料，来垫着石头不让石头晃动。

图 4-17 邓帅虎师傅在石头上讲解 （拍摄者：李晓雪）

判断石头石质

我们判断石头好坏就看它的石质，石质硬一点的就比较好。硬度高的石头密度会高一点，不像密度小的石头石质比较差、比较脆弱。一般不大的石头，可以用另一块石头敲击判断好坏，密度高敲出来的声音比较沉，密度小的敲出来就比较响亮，我们也能大致判断得出这个石头有多大块多重。一些很大的埋在地下的石头，我们就通过石头露出地面的那一部分来判断。如果是一块连体的，就不用敲了，因为如果有一块是连体的，那么这附近一大片都是连体的，很少会有小块的，也不好开挖。

有泥土包着也会影响到石头的质量，我们这个山的泥土含水比较高，石质会比较硬一点。英石也是属于会生长的，它会随着年限慢慢变大，像钟乳石岩洞里面水慢慢滴，钟乳石也会变高；本来是泥土包着，泥土混合物慢慢结合，就变大了。

判断石头价值

判断石头的价值就看形状好不好，而不一定是石头越重就价钱越高。我们在开采的时候，无论形状好坏都会开采出去，在开价的时候，好一点的石头自然价格就高一些，不怎么好的（石头）价格就没那么高。造型好的石头都需要人工拿铲子把石头周边的泥土挖开，花很多人力，挖出来以后还要小心拉出去，维护的成本比较高，时间也要长一点。如果是工程石（相对造型没那么好），一般是比较便宜的，我们直接拿挖土机挖，挖出来就直接装上车拉出去。我们挖出来的石头会做划分，比较好一点的石头材料就拿去做景观石；拿去做绿化的、做假山的石头，被钩机弄坏一点是没关系的。

十年前我们开采石头都是挑好的石头开采，像工程石这种我们是不开采出去的，因为到处都是这样的石头。现在不是了，做假山工程的人多了，都拿工程石，如果拿这个（好的石头）成本就高很多，划不来。这些好的石头我们拉出去、洗好，一块可能都要几万块钱；如果是工程石那些，三十多吨的一万块钱左右就可以拉出去了，区别还是很大的。

对石头的处理

有的英石拉出来之后会切割成英石板做成瓷砖，从上往下切，大块的英石不会切到底，会切到大概还有五公分石头还连接着的时候，然后人工用手摱（掰）下来。如果是小块的就直接用小的切割机切成片，再按照客户要求切割成适当的尺寸。

大块的英石板就拿来贴地面，小的就拿来贴墙面，厚度看客户要求；不用的碎料做成碎石渣用来填路面、做沥青。

有人接我的位置，我就退休了

以前我们人工挖石，产量很小。现在有了挖土机、钩机这些工程设备，效率高了很多，但同时大面积开采会破坏生态，所以现在政府也禁止大规模开采了。以前开采英石是作为村里的集体利益，是不用开采证的，去年（2016年）年底开始，政策规定矿产开采需要开采证，所以我们已经停产半年多了，现在市场上已经没有新的货源进去，销量也受了很大的影响。现在没有机械进来开采新的石头，我们都是开吊车进来把以前挖出来的石头吊走。做大型假山、公园景观都要大批量的相似的原料，现在市场的石头都是越卖越少。这边山头停止开采之后，也种上了绿化，种了绿化的这一片就不能再挖了。我们这边都是依靠这个为生的，暂时也不会转行，但还是希望有一个调整和平衡。

访谈人员：陈燕明、李晓雪、刘音、邱晓齐、赖洁怡、钟绮林、邹嘉铧、林志浩、巫知雄、陈鸿宇

整理人：钟绮林

对石头有点兴趣我就做了

英石石场负责人邓学文先生口述记录
访谈时间：2019 年 1 月 20 日
访谈地点：广东省清远英德市望埠镇冬瓜铺

家里采英石只有我一个人在做

在我家里，采英石只有我一个人在做，我父亲他没有做，我哥也没有做，只有我自己做，就是对它有点感兴趣就做了嘛。也不是说没有人带，就是主要还是靠自己。

一般我都是以卖石头为主，工程也有。我们的客户来自全国各个地方，做得最远的（地方）就是去马来西亚，那边主要是做园林这方面。韩国以及我国台湾也有，但是就比较少。

我们冬瓜铺的人是靠山吃山的

我们冬瓜铺主要是采石头卖石头，其实我们这里是属于望埠镇的，其他地方很少采英石，没有我们这边的专业，我们这边集中一点。他们望埠（镇南部）就是做盆景多一点，将石头精加工，做成一座山。

我们冬瓜铺的人在改革初期，1980 年代开始做石场，主要是从事大的英石加工，望埠（镇南部）一般是做小作坊。就采英石来说，（主要）还是在我们这里。我们这边都是大型的（采石场），（分布在）东边的、西边的；我们以前采石都是说，几个人组团这样，（一次要）几个小时。主要形式就是跟刚刚改革开放那时候差不多，承包农民地，按生产队，一个队一个山头。地方是分出来的，石头就不分，你去采也行，他去采也行。就是这几年因为环保（政策），逐步控制采石，要有度。

这附近有两三个比较大的采石场，一个在龙头山，羊城铁路的也有一个。龙头山的那个是叫南华水泥有限公司。（第二个采石场）是鸡嘴山，这个地方地属羊城铁路总公司。还有一个是韶关矿铁厂的石矿场，就是这三个。它（羊城铁路总公司的采石场）很厉害，每天发的石头都是按照专列来算的，就是一个专列一个专列的，每天差不多有半个专列。

我们村里面的经济来源主要还是靠山上的景石。我们这里的人到五十多岁一般都不出去干活了，就是在家里面弄一点（石头）。原来那些石农不能开采了，就做石头有关的。我们开采石头出来又要去帮别人安装，接那个假山（工程），所以就是说（英石）带动了差不多有一千人。这两年生意也不是说好不好做，都是差不多的，就是人力成本增加了。

这几年政府为了提倡环保，禁止机械开采了。现在是政府限制，我们没有办法。国家现在禁止开采肯定有影响，

——反正你除了石头，还能做什么呢？当地资源就是石头。

图 4-18 邓学文先生 （拍摄者：邱晓齐）

邓学文

广东英德人，冬瓜铺文凯奇石场主要负责人。现主要业务为开采英石和承接园林相关工程。

图 4-19 邓学文师傅向课题组成员展示冬瓜铺情况 （拍摄者：黄楚仪）

我们也是边开采边做山的绿化。（树）一般就是哪一种生长比较快就种哪一种，以前种的是桉树，后来因为它吸水很厉害就很少种了。开采完（英石）就要种树。再加上政府限制开采，我们（采英石的）数量就没有那么大，利润就没有那么多。反正你除了石头，还能做什么呢？当地资源就是石头。

我们是实践出真理

我们开采石头是有技巧的，这个石头就是立在地上，怎么样开采这石头呢？要先拿个铁锹，当我敲打石头这边的时候，你感觉到（石头另一边）动不动？（如果）石头震动的就可以开采，不震动的，就证明这个石头就是一座大山，很大很大的，开采不了。除非你用锯或者用风炮才打得出来。如果自然的（一块石头），一动，它就震动了。我们是实践出真理嘛，所以我从1995年做石头到现在，好像这个石头，有多重，大概我也知道七八成，这个一立方米，一般一立方就按一至两吨算。

访谈人员：李晓雪、刘音、邱晓齐、钟绮林、黄冰怡、刘嘉怡、黄楚仪

整理人：黄楚仪

各个村都有出工匠

英德望埠镇莲塘村邓英贵主任口述记录
访谈时间：2019 年 1 月 20 日
访谈地点：广东省清远英德市望埠镇莲塘村

工程是我一家一户跑下来的

以前我也是出去做工程的，2012 年才回来村委会。1996 年过去东莞那边，也是做园林工程类的东西，没有（在东莞）开（石）场，就是租了房子住，那时候住在东莞大朗镇。

以前就有很多工程可以去接，现在没石场都不行。租了房子就在外面到处跑啦，各个乡镇去跑啦，去看人家建了个新房子，就去问人家做不做工程啊？做不做假山啊？还有（新建的）厂房，就问一下老板做不做这个事（假山鱼池等园林工程）。要自己去问啊，跟老板谈好了我们再请人去做（后面的工程）。我是去拉生意、去接工程的，（跟老板谈）定了再找人去做。那（工程）都是一家一户跑下来的。（当时）很多人啊，（可能有）一百多人，全部是我们莲塘的（师傅）。大家都是住在东莞的很多乡镇。我们都是一起走到（外地），找一个房子住下来。以前没开过工作室，那时买部小车到处走。他（客户）说做了，我们就给他画个图纸，给人家布好（景），之后谈好价钱，就（开始正式）照着图纸做了。那时候的图纸，很多都是手绘，后来才有电脑设计。

我们莲塘在东莞人最多，珠三角里面东莞是最时兴鱼池假山的。那个（时候）很多香港台湾的人过来开发（东莞），他们喜欢养锦鲤，还喜欢种罗汉松，锦鲤和罗汉松经常要配合做假山鱼池。所以，以前做了很多鱼池假山，（这个）比较时兴。那时候赚了钱，（我）就回来（莲塘村）建了一栋（自己的）房子。后来在外面生意也不是很好做，我就回来了。现在（东莞）没这么多人了，都说现在东莞生意比较难做，那些厂房很多都撤走了，（现在石头大部分）销往浙江那一带，很多人就去浙江、江苏，包括赣州那边做了。

各个村都有出工匠

莲塘里面有 25 个村民小组。整个莲塘（共有）3330 人，七百多户（人家）。我们这个（数据）是户实（指实际在册户口）的，很多（原住户）都迁外面去了。

莲塘村最早是姓邓的为主，还有就是姓张的、姓穆的、姓丘的、姓李的。莲塘村里面现在都没什么人住，同心村住的人也比较少。很多（村民）都搬到富裕的地方了。

各个村子里面现在出工匠比较集中的是大门村，还有松风下，还有果树头，基本上各个村都有。这几个村有多少位工匠，或多少家、多少个人在从事英石这方面的工作的数据就没人统计过。（村里）从外面（接单）做（英石）的工匠也有四五百人；玩这些稀罕石（指作为观赏石的英石）的也有一大部分。但还是做园林工程的比较多，做工匠的

——以前工程都是我一家一户跑下来的。

邓英贵

曾是英石匠人，1996 年开始在东莞接工程，于 2012 年回到英德望埠镇莲塘村村委会担任主任一职。

图 4-20 邓英贵主任 （拍摄者：刘音）

人多。还有大家看到的假山，有做灰塑的，塑假山啊、塑木啊，也有一部分人（在做）。

有的村里有灰塑这一块，主要是做塑石，还有做成塑木的。一般村里没有做塑石和塑木，都是在外面做。这个（从事塑石、塑木的人）可能有一百人不止。（这些师傅在）在果树头和大门那边比较多。像果树头的邓志福，他是专门帮人家做灰塑的，整一座山这样塑，有些塑山有几栋楼高。他全国各地跑，真石头、假石头都做，反正就是园林相关的东西都做。

访谈人员：李晓雪、刘音、邱晓齐、钟绮林、黄楚仪、黄冰怡、刘嘉怡

整理人：黄冰怡

工艺太粗糙就不成什么工艺了

英石假山匠师、英德同心村丘屋村村长丘家宝先生口述记录
访谈时间：2019 年 1 月 19 日
访谈地点：广东省清远英德市望埠镇家宝景石园艺场

当年在三星工艺厂和我一起学习的有好多人

我之前也是做这个（山石盆景），很多师傅之前都是同一个厂出来的，就是花都三星工艺厂。我是 1994 到 1996 年在那边，2003 年自己搞这个石场之后就没有去（三星工艺厂）做了。

我是 1968 年的，我十二三岁就上山挑石头了。进三星厂之前，就一直是挑石头的。到了 1994 年进厂，（在厂里）确实是很辛苦，不过三星厂确实也带出了好多人。去那里学习出来（的人），我就可以带他们打工了。后来他们一帮人也成师傅了，就这样一代带一代。

三星厂老板姓张，也是我们望埠人，叫张信福，是西塘崩岗村那边的。一开始，我们村有一个真正带头做假山的叫丘声爱。以前卖石头就很多人卖，就是没有师傅（做假山）。大概 1979、1980 年的时候，我们也还很少人在做假山。以前是做学校的（假山），很少做小区、政府的（假山）。那时候丘声爱出来了，在三星厂也是他（负责）教，他在那里做大师傅，教出一大帮学员来，然后再一代一代往下带。像我也带出很多啊，我一次可以带 3 个，是做工地的，不是做盆景的。工地里面做什么都有的。（做假山、盆景的人）现在多了，算起来都是声爱的徒弟、徒孙了。

三星厂以前是很大的厂，最后都没做下去了。它主要靠接外国人的单，外国没有单来就没得做了，所以做着做着就没了。那时很多国家的单子都有，比如欧洲的，韩国、日本的也有，美国、加拿大的也有。以前开交易会，我们做好了盆景就有人来下订单。以前做的盆景有大的也有小的，大的是销往国内的，小的就国外。听当时来我们厂的外国人的翻译说，他们要这些小盆景回去，主要是圣诞节的时候，西方国家的人拿（小盆景）回去（摆），过了圣诞节就不要了，等于我们这边的年橘。三星工艺厂和我一起学习的人有好多。整个望埠镇，1994 到 1996 年间估计有六十多个跟丘声爱学的。他（丘声爱）是做一个样品出来，然后学员就慢慢学，学会拼，等于是先模仿，会模仿了就相当于会造型了。连模仿都不会肯定就学不会了。丘声爱我也没有听说他和谁学过，这个应该是他的天赋。

我和邓建才他们都是同一个厂出来的，等于是师兄弟。望埠那么大，英德那么大，也有很多不认识的（师傅），比如邓建才带出来的徒弟我们就都不认识了。同心村出来的（师傅）我基本都认识，有八十人吧，小的才二十几岁，有时候年纪小的师傅会做了，我有工地就会叫他去做。我现在加入邓艺清他们团队就较少出去（做工程）了。他们招商厉害，哪里有好项目就会召集我们这班人去投资入股，大家一起玩，有钱一起赚。

——山石盆景拼接勾水泥，要看不出哪块是接缝，这个就是工艺嘛。工艺就是这样，太粗糙就不成什么工艺了。

丘家宝

1968 年生，英德望埠镇同心村丘屋村村长。十二岁开始上山采石，1994—1996 年进入花都三星工艺厂学习制作山石盆景。2003 年开始经营家宝景石园艺场，现已基本退休，园艺场由儿子接管。

图 4-21 丘家宝先生 （拍摄者：钟绮林）

同心村这一片好多师傅做这些（英石相关的）工作。丘屋村的话，真正做师傅的有好几十个吧，应该是不超过100人。如果按照原来登记在册的，整个丘屋村有300多不到400人，反正村里男的如果是在英德本地就都是学（英石）这行。如果搬去外地了就没办法学这行，比如有的去汕头当兵的，人家的子孙肯定就不会做我们这行，但是他家里人留在望埠这边的还是会做这行。

现在的年轻人厉害，带着自家的资源就闯

清朝就有人在采英石了，有人说慈禧太后也有玩这个英石。以前英石要听响声来选，现在就直接把英石搬下来，不一样了。所以现在和以前不一样，以前真的要石头漂亮还得要声音（好听），来确认那个漂亮的程度，但现在就没有。

我们小时候就在沙坪村后面山上面（挑石头）的。现在年轻人很少做这个了。现在年轻人最起码可以不用上山去，可以做工地。我有工地，就（叫）几个（年轻）人帮我去搞。所以他们现在就不上山去采石头了。现在的路算好走啦，以前很多松的小石头，现在小石头都搬走了，所以就没有那么危险。现在（采石的）都是老一辈的，年轻的很少了。所以石头越来越贵。但是他们（年轻人）确实是不用那么辛苦，现在都是机械代替人工了，以前不可能用人工开条路到山上，现在想开去哪里都可以。

现在（开采）机械不准上，人工采还是可以采，本来我们这里就是靠这些石头吃饭的。大的（石头）就搞不来，只能是人工抬搬（小石头）。搞这些石头不要说贵，上次带一个教授去山上看石头，他就说不要说贵，人家开价多少钱都接受，你现在连怎么把它弄出来都搞不明白，把它弄出来有多辛苦啊。他说真的不容易，也觉得我们这里的人太厉害了。吊（石头）也需要技巧的，（要知道）怎么安装、怎么绑（石头）才不会掉。

年轻的不愿意背（石头），现在我们看到都是五六十岁的老人家在背（石头），所以现在（石头的）成本高了。这边加高了（价钱）也是加到人家（采石那一个部分），也不是加到自己这里的。比如成本高了，肯定不能以以前那个价格卖给他了，我的成本高了，肯定（售价）就跟上了，这是市场的问题。

其实我们这个石头，带动还是很大，很多人都是因为石头有工作的，因为这个可以养家糊口，在家里没事的可以去山上挖石头挑石头。这边也没什么田，从小就上山，做这个（挖石头挑石头）也（让我）觉得有点后悔，因为这个石头我才读了三年书，以前家里穷，（只好去）挑担石头赚个三块两块的。

现在的年轻人除了做网络也有做工程、工地的。但网络（开网店）毕竟要学过，做工地不用，有师傅教，跟着学就行了。师傅说要做什么在现场就指导了。你做网络的就不可能嘛，肯定要学过（网络）这些方面的知识才行。比如去读大学，肯定要很专心钻研网络这一块的。工地就不用，有师傅现场指点。我们（做

工地）没有说固定带多少个年轻人，要看工地安排，多少人在一个工地。比如现在广西那边4个，汕头那边3个，（人数安排）不一定，都还有个师傅在那里跟着指点的。我的工程一般都是我的侄孙辈（参加），差不多都是这边同心村、望埠镇的年轻人，都是英德本地的，带外地的比较少，都是带本地的。

现在从望埠出去的（人），在华东五市都有开石档的。一个小小的海南岛都有很多，最少都有20家（石档）。现在的年轻人厉害，带着自家的资源就跑，跑到哪里就在哪里立户，真的是很厉害。年轻人就是年轻人！我们以前年轻就是搬石头，现在年轻的就是搞大的，往大都市去（发展）。以前莲塘（望埠镇莲塘村）有好多人收集小英石，现在都没人在那里收了。

原来华东五市很少人做这个的。我们这里的人上去开石场，开了就把石场卖给别人，然后会带他（买石场的人）做这行，带着带着就带出来了。现在上面（华东五市）也很多人做这行了。我们在上海都卖掉好多个石场了，卖给本地的，都是从我们这里卖出去的。他（去到外省开石场的人）把石场运作起来，再卖给人家（外省当地人）。人家（外省当地人）买到了，又请我们这边的师傅去，做了（假山工程等），他们肯定就慢慢学会了，之后还是到我们这边拿石头去卖。一般我卖掉（外地的石场以后），会回来望埠这边开石场，毕竟是在外面，还是回家好。

不过好多人也不回来，在外面买了房子了，小孩都在外面读小学，但是因为户籍的问题读不了高中，小孩长大了，还要回来（清远）读书，老婆也要跟着回来照顾，所以就干脆把（外地的）石场处理掉，一家子回来这边（清远）再开，就不用一家人分开了。

现在的盆景可以买回去之后再拼

这种迎客松盆景是人家定下的，要运去东北的辽宁。这种盆景就是要有山有水，它是一件一件散的，运过去再一块一块把它拼起来的，不然很难运输，可以（按照客户意愿）把它拆装。现在的盆景都是这样（做的）了，以前（的盆景）就太重了，拿不走；现在就可以买回去之后再拼，那就很方便，我们也不用去到那边给他们拼装。拆装的位置在（盆景）背面有一些胶的位置可以看到。山石盆景拼接勾水泥，要看不出哪块是接缝，这个就是工艺嘛。工艺就是这样，太粗糙就不成什么工艺了。

这些盆景要到了人家家里才种植物，没有植物就觉得石头没有生气，也要抽水上来的。如果盆景种点植物有点水，就会显得假山比较有生机、生动。

做这样一个盆景大概要半个月，要找这些石头（材料）拼接。盆景的这个底座也是自己做的，造型也是自己想怎么做就怎么做。这种盆景一般是放阳台。如果是直接别墅有庭院的，就不是在这里做（盆景），要到现场去做（假山），就不用在这里花那么多时间拼，拼好还要安装；直接运石头去（现场做）就好。

现在石头市场大了，不只是我们英德的

我这几年已经退出了（石头生意），现在都是我的儿子丘声泉在做这个（石场）。我这个石场不大，应该有十几亩。石头的进货（来源）除了本地以外，就是江西、广西，还有河南。河南（的石头）是一种泰山石，陕西的（石头）也拉到这边，差不多也是泰山石之类的。我们这里的石头没有那种颜色，他们的石头（泰山石）是像雪浪石一样有纹路的。

这个店主要是我儿子在打理。石场这两年的生意都还可以。和盆景相比，我们现在做大的园林工程假山比较多，工程的面比较广。盆景一般是放在阳台、办公室，也有人放在酒店的大厅。如果是工程就比较普遍，比如说房地产、公园、学校，都会需要我们的石头，去搞这些园林配套。也有外国人的生意，但是现在外国人不要这种（迎客松盆景），就要我们这边的石头，直接就拉过（外国）那边，要我们这边的师傅过去帮他拼。（英德的师傅过去）帮他做的也有，他们自己摆的也有。比如我儿子一个月大概能发十个柜（货柜）左右（的石头）到韩国。

我们这边卖石头，你买不买都好，起码进来喝杯茶。市场的话，广西有，广东英德有，安徽有，河南有，各地都有好多大的市场。其实我们英德市场也算大，我们这边的石头有很多也是（广西）那边运过来的，全国各地都有运过来的。现在石头市场大了，不只是我们英德的了。

现在差不多每家石场都做网站

我们现在的石头卖往全国各地，客户很多是经过网站（找到我们）。我们的网站是我儿子在弄，（网站）大小石头都有卖的，有些景观石刻字的，还有做工程的散石，还有高端的私人别墅要的精品黄蜡石。现在网络销售占了应该有六七成吧，我上半年在这里（石场）看了，那些找石头的人（买家）都有看网站的。比如有人来做价钱调查，都是在网上先了解，再去到哪一个石场，看看价格相差多少，差不多的就直接和网站挂钩的人（石场卖家）去买了。

现在网站厉害，所以我也经常和那些年轻人说，一定不要搞乱这个市场，不要搞黑这个市场，一定要精心去做，不要骗人，该多少钱一吨就多少钱给人家。（后辈）都还算听话，所以暂时没有出现什么（问题），也没有人投诉。（市场）搞乱了就真的没得搞了，那么多年积累的声誉都在这了，声誉不好了就没人来了。广东省内就算英德（石头市场）大，但是从全国来说英德就不算大了，能争取一个客户过来就是一个。我也经常和跟我儿子一个辈分的、做网站的（后辈）说（不要搞乱市场）。我们这些人（这一辈）就很少（做网站）。

现在差不多每家石场都做网站，起码有八成。做石场的基本都有挂一个网站。还有两三家（有网站的）没有做石场的，他们的网站做得比较大。还有一些贸易公司做出口。这几年我接触的（外贸生意），比如福建厦门、广东深圳、山东烟台那边，都是他们（那边的贸易公司）接的外国人的单。按我这几年接触过的外贸生意，都是这几个地方带过来的大客多。比如，现在韩国那边的销量一年都有一两万吨了。韩国有几个客户专门来我们（英德）这里，也不去广西、河南、安徽，就直接来这里，他们有进英石、黄石、千层石。（他们买回去）也是做工程类的多，（年销量）应该超过两万吨。

访谈人员：李晓雪、刘音、邱晓齐、钟绮林、黄楚仪、黄冰怡、刘嘉怡

整理人：钟绮林

图 4-22　丘家宝先生介绍迎客松山水盆景　（拍摄者：钟绮林）

盆景等于一个大自然

英石假山匠师丘声爱先生口述记录

一期访谈时间：2019 年 1 月 19 日；访谈地点：广东省清远英德市望埠镇同心丘屋村

二期访谈时间：2019 年 8 月 28 日；访谈地点：广东省清远英德市望埠镇同心丘屋村

光望埠我都有一百多个徒弟

（我们整个家族）和英石打交道啊，五几年就有的了，上一代就有采英石的。英德英石出名，全国、世界都有名的。最早就是我们做这些东西（英石盆景）的，同心村以前都没有做这个（盆景）的，就是我们这一代（才开始做）。（整个）英德就不敢说啊，但望埠原先都是我们最先搞这些东西的，我六几年就开始搞了。

事实上我们很简单，以前就想着赚钱。我们以前什么都做过，什么辛苦（的活）都做过，烧炭啊，去上山拖石，拖英石、抬英石。做着做着就觉得太辛苦了，在家里做好（盆景）就拿去广州卖，然后就在顺德杏坛那里，有老板请我们下去做盆景。

我（现在）六十几岁了。我 1968、1969 年就开始做假山了，做到九几年就没做了。我以前在花都开了两三间厂，也是做盆景、假山、园林的。三星工艺厂就是我们英德人下去那里（广州）开的厂，（我）在那里做盆景。以前九几年的时候那些盆景多数都是拿来出口的，（出口到）好多国家，我都不记得这么多了。

你们有没有听说过张信福啊？就是我们的老板，我们做盆景的老板。他是老总，我以前就是当个厂长而已，管那些做盆景的工人。后来有些事情，就不做了。英德以前做假山的师傅都是在那间厂里（干活），这条村（同心丘屋村）很多人都去三星工艺厂那里做。我九六年从花都辞职不做了。现在老板也还在花都，（退休）在花都广塘。

以前，光望埠我都有一百多个徒弟，多数做这些（和英石产业相关的）。现在从英德一路上来，路边都是石头，开石场的老板很多都是英德望埠的。那些（望埠）开石场的，都是我的徒弟。我们和邓艺清他们也是认识的，我们都是老同事。丘声考、丘声耀那些都是我的徒弟，我和他们是同辈啊，都是这条村（丘屋）的兄弟。以前他们还小，我刚刚结婚的时候，我就叫他们去厂里做，也做了好几年。

（当时）没有师傅带，自己想怎么（做）才好看，怎么才（看起来）舒服，就是要自己想。园林就是这样，没有什么标准的。总之用石头做那些盆景，就是说要瘦、透、漏、皱，就是说看上去又要好看，又要顺眼，看上去很舒服的感觉，等于一个大自然。

以前就是为了赚点钱。以前很穷的，现在（条件）好了，说（干这个活）不好听，就很少人去了。除了出去做工程赚大钱（外），如果是小小的（盆景），就很少人做了。师傅都是我们望埠的，就只我们同心就有很多（师傅）的，有上百人。外来的师傅也有，比如沙口村……也不记得这么多了，有好多（英石）工人。

——用石头做盆景，就是要瘦、透、漏、皱，看上去又要好看，又要顺眼，看上去很舒服的感觉，等于一个大自然。

丘声爱

英德望埠镇丘屋村人，出生于1950年代，是英德望埠最早一批从事英石盆景的师傅之一。1960年代开始从事英石盆景工作，曾在三星工艺厂作为厂长负责采购、盆景制作等，带出许多徒弟，九十年代工艺厂关闭后退休在家。他的儿子和众多亲友也从事英石事业。

图4-23 丘声爱先生 （拍摄者：刘音）

图 4-24 三星工艺厂盆景产品 （丘声爱师傅提供）

现在年轻的，都是出去搞园林的

现在你看，村里看不到什么年轻的，（年轻人）全部都出去做园林假山了。他们（以前）不会，就出去慢慢学，慢慢做，学会了就自己做师傅。我的小孩也是在梅州做（园林）。我的儿子叫丘金练，他现在就是在梅州，做那些（园林工程），和（给）私人（老板）做，做花园仔（小花园）；还有给一些单位、公司（做假山）。不是做那些什么公园的大工程，（是做）假山、水池、绿化，什么都做，做凉亭、雕塑那些东西，还有种树。我们没钱，哪里有钱开铺头，开铺头要请工人，要发工资。本身我就十几二十年没去赚过钱了，现在家里全靠我儿子了。

（以前）接回工地的单要请工人，就回来家里，家里有年轻人就叫上一起去（工作）。我（因为之前）中了风，就没这样的头脑了，就很少出去搞这些东西（接工程）。村里好多出去做园林的，就英德来说，望埠做这些的人最多了。我家族的倒不是很多，有七八个吧，大家族就很多。（村里人）基本都出去做（英石）了，现在广州、梅州，到处都有，去大西北的都有。

好多地方都做过，哪里记得住这么多

以前做了好多盆景；以前三星工艺厂做很大的。我们当时都是用木箱装，所以有一个车间是专门搞木箱的，（我们做了）什么规格（的盆景）、有多少盆，他们就做多少个木箱来装，里面再放一些泡沫，算是专门搞包装的。还有搞电器做雾化的（车间），加上我们做盆景的（车间），一共有三个车间。我们还有一个展厅，用来展（示产品），外国人来了要订购，都要到展厅去订。这些（展厅里的产品和宣传单上的盆景）基本都是我做的。

这图中的（盆景）就是我们以前做的。我们以前做的盆景好好看的，我们做雾化山水盆景，韩国、美国，到处都出口。我们自己会做一些样品，（然后）他们（外国客户）需要什么产品就帮他做。最多的时候有几百盆哦，都是用集装箱运的。当时的尺寸有六十公分、八十公分、一米、一米二、一米半（长）这样的，还有一些大的有两三米（长）。我们的产品名字中都有写大小的，全部编成号。做一个一米四的盆景，可能要一天半到两天左右。这个东西呢，做得慢就好一点，结构也不容易烂掉，做得快效果就没那么好，差的是很容易烂掉的。因为要装箱（运出去），一般都是八十公分、一米长的比较好卖，比较轻便，没那么重。以前盆景也不怎么贵的，很便宜，可能一公分计一块多，好像六十块钱就是六十公分（长的盆景）。以前盆比较贵，要两百多三百多；一盆完整的盆景算上盆加上人工、材料费，也是按公分来算多少钱的，那时出口的话一个要卖一千多，有些是两千多。

时间久了，我本来身体不太好，我 2012 年左右中过风，就没有出去做了，回来家里了。别人年轻就出去干，我们到 50 岁以上就不干了。年轻的都不喜欢老人家出去干活，年纪大也就不出去干活了，（因为）没力了。好多人请我去（做工程），我都说算了。他们说不用你干的，你就是指下、画下、点下这样；我说不行的，领别人工资，不干活不行的，干活自己又没力气，干不动了。

一期访谈人员：钟绮林、黄楚仪、黄冰怡

一期整理人：黄冰怡

二期访谈人员：李晓雪、刘音、邱晓齐、黄冰怡、罗欣妮、凌楚岚

二期整理人：凌楚岚、刘音

做英石也是一种缘分

英石假山匠师丘声考先生口述记录

访谈时间：2017 年 7 月 30 日

访谈地点：广东省清远英德市望埠镇巧石园石场

山水盆景其实是大的假山缩影

我十几岁就开始接触英石。我们做英石也是一个缘分，靠山吃山，十六七岁的时候，一放学就去我们老家（百段石）背后的山上背石头，把石头从山里背出来卖。背石头背了一两年，后来十九岁就跟着家里大堂哥出来做盆景了，所以我们丘屋村啊，很早出了一批做盆景的。我们去了九十年代花都那个专门做出口盆景、负离子山水盆景[①]的三星工艺厂工作，做出来的盆景出口到德国、美国，还有韩国。

那个时候（山水盆景）出口量很大，我们经常加班，快的两三天做一个，慢的有时要四五天。盆景大小按照盆景大理石盆的长度来分，有六十厘米的、八十厘米的、一米多的，最大的（石盆）有两米长。按材料分，我们做的盆景有英石、太湖石、黄蜡石以及湖北斧劈石等等。在我们岭南这边还是英石的山水盆景最受欢迎，我自己也比较喜欢英石的峰型盆景，在创作上可以有比较大的变化，造型也更有创意。如果是用黄蜡石做盆景，造型变化就没那么大。

做了六年盆景之后，1995 年我就在顺德开始自己独立做，后来花卉世界[②]出现了，我就出来在佛山、顺德那边做。一开始出来做是帮一个朋友做，再后来才自己独立出来，接一些小工程、小的假山。以前只有小的山水盆景有师傅教，其实（假山和盆景制作）是一样的。山水盆景其实是大的假山缩影，除了结构承受上的一些问题，两者是没有什么差别的。

1996 年我就在碧桂园开始做一些比较大的私人庭院（的假山工程）。1998 年我回到英德，开始一个人承包我们家这边的山头（百段石），自己用拖拉机开山路上去，请工人从山上背石头下来，再用车子拉（到石场）。那时候全部都是人工的，不像现在可以用机器。

我做的工程多半是江西、河北秦皇岛那边的。找我做工程的客户，个别是自己找上来的，大部分是朋友介绍的。一般我接私人庭院（的工程）多，私人庭院还有地产的那些（项目），一般是中小型的规模。有时候我们是去帮人家做，有时是自己考虑怎么做，所以规模大小说不准，我自己还是喜欢做大的（工程）。一个好的师傅，也要能碰得到一个舍得给钱的老板，才能自己发挥；就算自己能力再怎么样（厉害），如果碰不到一个大方肯出钱的老板，是做不出一个好的作品的，但是真的很难碰得到（舍得出钱的老板）。

①负离子山水盆景：又称雾化盆景，是在原山水盆景的水下安装一套超声波雾化装置，只要盆中注入清水接通电源就会产生淡淡的雾气，使山峰周围被云雾缭绕，清水产生的云雾散布在空气中，还能增加环境湿度，起到调湿的作用，而且云雾中还含有负氧离子，适量的负氧离子有净化空气的功效。

②花卉世界：指顺德花卉世界，是集花卉生产、销售、观光旅游、科研、信息五大功能于一体的花卉交易中心。

——山水盆景其实是大的假山缩影，除了结构承受上的一些问题，两者是没有什么差别的。

图 4-25 丘声考先生 （拍摄者：林志浩）

丘声考

1973 年生，英德丘屋村人。十六七岁开始接触英石，十九岁跟着堂哥出来做盆景，1995 年后开始自己做假山。现有巧石园石场，工作以假山工程为主。

图 4-26 巧石园石场 （拍摄者：林志浩）

我们有时一天可以挖两三百吨

英石的运费都是按照吨来算的，我们自己用挖机挖的话，运费就不是很贵。我们有时一天可以挖两三百吨，就是运输困难，要开山路（把石头从山里）拉出来。现在政策有所限制，这段时间不能挖石头……现在放在这里的石头（图中）都是上个月挖出来的，还有几千吨在（山）里面，现在政府限制，只能把已经开采的英石运输出来，不能再继续挖新的了。英德毕竟是英石之乡，如果完全禁止了石头的开采，不能再搞英石（阳石）、太湖石①（的买卖），会影响到很多人的生计问题，相信政府也会考虑这些（问题）。

山上挖下来的（英石）以露在外面的阳石居多，阳石主要拿来做叠石的峰石。石头运下来要进行分类，大的比如好几吨重的石头，就拿去做大的假山；一百斤、几十斤比较小的石头就拿去做小的假山。除了英石，我们这边（丘屋村）的黄蜡石比望埠那边要多一些。以前英德的黄蜡石很漂亮，但现在都没有了。现在英德的黄蜡石是从全国其他地方运来的，集中在这（售卖）。一般加工过的大的黄蜡石都拿去刻字。有些好的石头我都不舍得卖，留着自己做工程、做假山用，拿来做假山的主峰。我很少做小块奇石的生意，（小块的奇石）大都放在自己的办公室里，很多时候是送给别人，别人从我这拿走的多。

石头拉下来之后如果还有植物在上面，就看客户的要求要不要清洗掉。一般英石都不用洗的，如果是小块的出口英石，就要清洗得很干净。没洗过的地方就比较黄，还有土在上面；洗过之后石头的纹路就出来了。

①英石中的阴石形态类似太湖石，英德人即称之为“（假）太湖石”。

叠山流程

要先看实地，才能开始设计

你首先要看实地，才能开始做设计。正式做假山之前，都会用手绘表现一下（效果）给业主看。通过观察地形以及建筑方位后，开始设计草图。确认风格和造型没什么问题以后，才开始施工。

如果是山水池，应先考虑好鱼池和水系（的关系）。有些业主讲究风水，会先找风水大师把风水位置定好，我们再从那里开始做。

根据位置，在设计阶段就要考虑叠水的布局，过滤、跌水口这些都要考虑到，并在施工的时候预留好位置。做的时候，一般先在石头缝之间布置好水管的管线，再对假山进行灌浆等操作。我们做很多山水假山都会考虑到让人怎么在里面走。一般做假山流水的跌级取决于地形，地形高级数就多一点。考虑到风水的问题，一般不会做四级跌水。做岸边石头的时候会在石头上留有洞，这样人就可以看到底下的水了。

做一座假山要先立好最主要的主峰，所以从最高的一座峰开始设计。主峰的形要选好，然后再立配峰以及山脚的一些配石。假山的主峰和侧峰的高度比例，一个看整个山的高度，一个看场地的地形，主要还是靠经验的累积。如果房子地形左边高一点，那我假山肯定右边高，要比主峰的左边高一点（平衡地形高低），如果侧峰在左边就打破了（比例）。主峰，假如我用太湖石做大的（假山），我原本就有两三块定好的来做主峰，如果假山比较大，主峰要做大一点的，就要拿小一点的峰石来拼成大的主峰；如果是做小的假山这些基本上都是不用考虑，主峰直接用类似的大石头就可以了。做小假山这些，如果这块主峰已经确定怎么做了，就主要是看底下的石头要怎么做，其他部位就是根据经验，看地形顺着搭配过去，主要保证这个主峰整体的效果。

我在做假山的时候很少参考其他假山，其实实际上也参照不了，有时客户会要求我这个位置做什么、那个位置做什么。如果说按哪个山照着做，你是怎么样也做不好的，原因一个是地形不一样，二是你的石头也不可能找到一模一样的。

选石方面，做假山前要先询问甲方用什么原材料，第二个就是看场地的实际情况。基本上人家都是定了用什么石头，比如说定了黄蜡石，还是英石（阳石）或者太湖石。

做一个景，肯定是要尽量选最好的（石头）来搭配。有时候材料不一定是我们来提供，有些是甲方提供的，就只能从甲方的材料方面去想（方案）；假如材料也是我提供的，我肯定就要自己到石场里面去选的。

如果是山水池，我看完现场之后一般先把水池做好，再回来自己选石头。一般梅州那边喜欢黄蜡石，喜欢黄色（吉利），他们就不喜欢英石，说黑黑的不要，也是不同地方的喜好。

放一块石头就要考虑下一块

我们做假山的时候是从下往上做。我们做一座七八十吨的假山，不用吊车的话需要一个月的时间，反正就是慢慢将一块块石头拼在一起。

石头之间的交接主要是看石头的形状，按照设计的草图选好主峰，先从主峰做下来，放了这块主峰之后，就要考虑第二块要怎么搭配，放一块就考虑下一块石头怎么摆放。有的时候遇到有些弯位的地方，是放块英石还是用什么其他石头比较合适，这都要去考虑的。

石头之间都要拼接，这块（石头）飘出去，下面那块怎么样都要压住这个点（指末端）。如果这块石头不拿别的石头压住的话，肯定会掉，压住就稍微平衡一点了。压的位置就看它这块石头这边能飘出多少，假如就飘个三分之二出去，就算压一点点，（这块石头）也不会掉的。不需要用很大的石头来压，毕竟主峰这边还有（石头）。等于上面一块压住，下面一块也压住，几块组合，再加上水泥砂浆的粘连，石头就稳定了。拼接石头的时候不会单单只看一块石头，也要看它周围的石头，整个假山相当于是一个相互组合的系统，比如这一块石头不仅是旁边抹了水泥，四周也是要有水泥的。如果是做吊岩洞那些，就要先弄好钢筋，把吊岩洞的位置确定好、调好，再打桩、打膨胀螺丝，等于是将石头挂上去的，在上面再灌水泥浆。

黄蜡石基本上是没有什么花纹的。大的花纹形状是要保持一致。黄蜡石的横截口比较大，做的时候就要尽量（把截口）拼到最小，找一块比较平面的去拼，这样会比较好。英石的搭配上石头的花纹要接近，如果这块石头是横纹的，那就肯定要找接近这块石头的横纹石；如果是竖起来的峰石，也会尽量找好一点的；有些英石花纹很大，有些花纹很小，如果小的花纹和大的花纹放在一起，搭配出来肯定不好看。

实际操作的时候，小的黄蜡石不用拉钢筋，有些大的做了十来米高的如果太飘太险，就拉一下（钢筋），但一般都不用。一般做那些比较大的峰石以及有些英石做的峰石就要（拉钢筋），毕竟有些一二十米，太高，有些是险飘出几米来的，那些就要（拉钢筋），但一般是不用的。

图 4-27 巧石园 （拍摄者：李晓雪）

基座硬块结构一定要搭建好

以珠海恒荣城市溪谷的一个山水池项目为例。（做山水池）场地的放线拿石灰，然后周围池侧用红砖堆砌好，池底下是有一个垫层，然后上面才横竖交错地扎钢筋到边上。

水池基座部分主要交给工程队操作，我自己就做上面的假山。主峰的基础位置会算一下那个位置石头的总重量，这一部分的基座硬块结构一定要搭建好，不然这个位置太重就会把水池压破。水池底最下面有垫层，然后才到钢筋，一层钢筋大约十来公分，两层钢筋就二十公分了，最上面才再灌水泥。水池底结构常用直径为 14 毫米、16 毫米、18 毫米、20 毫米的钢筋，一般用 14 毫米和 16 毫米就可以了，细一点的密度就大一点。水池越深钢筋密度也越大，有些两米深的（水池）就会用到两层钢筋，不同深度的水池做法是不同的。以前水池是用红砖砌的，没有用到钢筋，三五年就裂了；现在的水池两侧都是钢筋，就不会裂了。

黄蜡石的密度比英石的密度要大很多，同样一个立方米的体积，黄蜡石会比英石重至少 600 斤。所以在做黄蜡石山水池的时候，水池基底要弄厚一点，钢筋的直径也要更大，底下也会放一些大块的石头，增加承受力。我们做这个（假山工程）还真的不是什么大学问，很靠经验，做多了，技术越来越成熟，可以做的（假山）自然就越来越多，做得越来越好。

假山的植物是边做边种的

假山的植物是边做边种的。一般甲方都会先把树木买好了，然后让我安排搭配在哪里就行了。

英石可以搭配的植物比较多，特别是太湖石类（阴石）比较好搭配，搭配松树罗汉松都很好看的；英石（阳石），特别是峰石搭配松树不好看，一般会搭配竹子；黄蜡石一般搭配罗汉松、黑松那些松树。做假山，一般都很少种榕树，榕树会长很多根，根可能会长到水泥缝里，石头就会被撑裂。

石头原本会有一些小的坑，上面就只能栽小的植物；在砌假山的时候，也会在两块石头拼起来之间的缝留植物的种植位。砌石头的时候会提前考虑好哪里应该有棵树，比如在石头飘出来的地方种棵飘逸点的树，在流水的水口旁边可以种一棵飘出来的树，效果都会不一样的。底下的位置一般种松树，或者是形状比较好的树，这个说不定的。如果是流水的地方就种点水生植物，比如水草之类的。

水泥浆要灌满空隙

假山的外表叠完、形状定好之后，用木条支撑着下面的石头，峰石部分要用铁线箍起来，再往里面灌水泥浆。水泥浆要灌满空隙，如果水泥口太大，就再补嵌一些小的石头，之后再处理那些水泥。

假如不处理好水泥口，一弄好看上去就会有很多水泥。如果在灌水泥浆过程中孔洞里面有（水泥）溢出的话，就要用清水洗干净。我们会将水泥浆的颜色调得和石头的颜色接近，比如蜡石假山的灌浆会用到红水泥、黄水泥，英石假山的灌浆直接用水泥，所以水泥浆的痕迹不明显。

传承与展望

我们村（丘屋村）人算是很早出来做这行的，八十年代就出来一批，现在村里很多师傅都是那时就出来做这行（叠山）的。冬瓜铺那边的话做假山的人比较少，主要是卖石头为主，就算做假山也都是后期才出去的。这边比较多师傅都是声字辈的，都是我的堂哥，例如丘声武、丘声耀，我比他们小一点。

现在我出来做工程，工地大的话要请师傅配合我，其他村的（师傅）都有。我自己带了三四个丘屋村的徒弟出来，一直跟着我做了很久的（工程）。有时我没那么多工作做，他们现在也已经可以出去自己独立做（假山工程）了。

虽然自己做这行，但其实不希望我的小孩以后做这行。我小孩在林校读书出来，去公司里，工资不高，现在跟着我，帮我看着江西那边的工程，但我还是希望他能够去公司，锻炼一下。

访谈人员：李晓雪、刘音、钟绮林、巫知雄、林志浩、邹嘉铧、陈泓宇

整理人：钟绮林

图 4-28 丘声考先生演示叠山要点 （拍摄者：邹嘉铧）

英石假山匠师丘声耀先生、丘声仕先生口述记录

访谈时间：2017年7月30日
访谈地点：广东省清远英德市望埠镇艺缘奇石场

做叠山好的师傅肯定是我们望埠的

我们两兄弟小学二三年级就出来背石头了，以前很辛苦的，背石头很重，经常肩膀后背痛，大家慢慢都意识到山被“吃”完了之后就没出路了。1989年的时候我们开始跟着我们堂哥丘声爱、丘家昌学做假山，刚开始的时候做一下、看一下，做多了知道什么样的石头放在一起漂亮就可以了。慢慢地我们开始跑到外地到处做叠山工程，现在主要都在沿海，上海、杭州一带的发达地区做假山，私人庭园假山大多还是需要很多钱才能做起来的。

你们要是去问一下英德哪里的师傅做叠山比较好，那肯定都是说我们望埠同心村了，所以我们要的工价比较高，别人都说我们这里是“小香港”。大工程超过一千、几百吨的我们就按照重量来计算，一两吨的小工程我们就按照人工量来计算总共的价钱。以前我们八几年刚开始做的时候，当学工才五块钱一天，做着做着就上五十了，然后就一两百、两三百的，现在我们水平够了就上千了。现在也是到处跑，接工程；村里的叠山师傅出去做了很多年，到处跑。你们跟我第一次联系的时候我就在上海那里，第二次的时候我就到了湖北做了。前年我们一起回来给村里做了个祠堂，四百多万吧，算是回馈啦。

2010年的时候，邓艺清董事他们几个老板跟我们合作，一起在英石园做了一个水庭，这几年又打算在望埠这边做一个“假山村”，家家户户都做一个假山，做一个展示。其实吧我们还是觉得，做英石也好，做其他工作也好，我们都要有好拍档一起做才能做出东西。

图 4-29 丘声耀先生（左）和丘声仕先生（右） （拍摄者：林志浩）

——耐心也是假山盆景制作的学问。

丘声耀，1969 年生；**丘声仕**，1970 年生。

兄弟二人均为广东省英德市望埠镇同心村人。1989 年兄弟二人开拓市场，开始自己的叠山生涯。英石园水庭营造是近年来兄弟二人参与的较为大型的工程代表作之一。

图 4-30 中华英石园英石水景 （拍摄者：邱晓齐）

水景要好看也要听声音

英石园水庭假山与水池工程是在邓艺清董事等酒店负责人的带领下，工匠们一起推敲水庭整体的布局，敲定大体的山势形象以及流水形式。完成水景构思后选点布置水泵、过滤池等设施，并对机械部分加以遮挡，这些部分在确定好位置布局之后可以在地面上以观景平台的形式相结合。水池的构思中最重要的是四个角的处理，从酒店大门处远看，视线能够看到山，几处的山石不宜做高。水景要好看也要听声音，要追求自然山水的效果。水要蜿蜒曲折像小溪一样，出水口也应保证高度。

水池连假山的工程我们大概用了两个月，分开几组师傅做水池和几个假山，请了几部大吊车进来一起做。英石园的工程量很大，一开始想好了大概要做成什么形状，我们就一边搭，一边在英石园里找石头，英石园的石头找完了就跑到黄田、冬瓜铺找石头，看到合适的就带着吊车把石头运回英石园继续做。水池里面我们做了几个动物造型，有个很像鳄鱼的石头，后面高起来的；鳄鱼是凶猛的动物，看起来像是随时捕猎的威猛姿势才有灵气和气势。邓董也专门请人来做植物的种植配置，跟我们这群师傅一起商量种植位置跟石头摆法。你看现在这些树都长那么大了，已经过了七八年啦。

英石假山形态上要讲“云头雨脚”

基地与整体布局

基地的土质对假山特别是大型假山的影响很大。假山选址之后要先看土质的软硬，决定（假山）基部嵌入地面的深度。如果假山底部石头直接接触场地的话，土比较结实的时候假山整体至少要比地面压下40厘米；如果土质比较疏松，深度就要大于60厘米，假山整体打下地面是为了不让假山由于基础硬度不均匀而出现局部下沉带来结构断裂的隐患。跟私人业主做假山的时候，方位选址通常会受到风水先生的指导，放在门户正中间或靠墙堆叠。一个假山盆景不仅仅是要做石头，还要考虑流水的走向以及植物的搭配。

广东人以水为财，假山盆景常常跟流水一起搭配，风水上忌讳一面大瀑布直接打到水面，这像一面镜子，照着门户，意头是不好的；我们讲究曲折，至少要有三折，最后一级跌水走向要指向主人家的屋子，代表财运指向。做住宅区的时候，我们也要考虑到水的声音对人的影响，因而每一级的跌水都不能太高，否则在休息时间会造成很大的干扰。

假山和周围构筑物的位置关系以及观赏面的不同，会影响假山的布局。背靠围墙的条带形场地需要组织形成一系列的观景单元序列，序列的体量要有大小进出的变化，最大的空间即作为主景部分来重点处理，末端山脚收尾拉长显得更加自然。

如假山序列正面对着建筑门户的话，主峰通常为正面门户稍微靠左，主峰在构图中要占据最高点，并稍向内凹进，显现出内聚的趋势，主峰侧后方搭配低矮的山峰能够提升层次感。

庭园角落的叠山排布根据院落的走向确定，主峰要放在主要沿路观赏点视线的正中位置，副峰向两侧展开，两侧走势也向前聚拢，顺园路转弯角呈弧形，突出主峰视线焦点地位。

四面可看的假山先确定主观赏面，将主峰定于最高控制点，大致呈现“品”字形排布；其次处理背面；最后再对两侧进行填补完善。英石假山形态上要讲“云头雨脚”，山峰大山脚小，同时忌讳走势位于一条竖直线上，一定要有倾斜，尤其是主峰前左右的石头，一定要侧着放，才有动势，但也要注意两侧比例大体要均衡，保证稳固。

图 4-31 丘声耀先生讲解峰型假山制作要点 （拍摄者：林志浩）

图 4-32 课题组成员与丘声耀先生、丘声仕先生合影 （拍摄者：尹春来 ）

盆景、假山的评判与营造过程

盆景、假山优劣评判标准跟赏石一样为“瘦、皱、漏、透”。瘦就是高宽比例要大，看起来要高，同时为了确保整体的效果，假山的山脚从最初立基的时候就一定不能做太大，后期来修补的时候叠多了就会影响“瘦”的效果；皱，指的是选石和拼接时选用纹路比较明显且比较深的石头，为保证整体纹路的统一，石头黏接过程中纹路注意尽量对齐；漏，假山的形态变化要有孔洞，洞和沟都顺着山势的走向来制作；透，山的形态各部分要通透，结构要能够被观察到，小范围的层次感要能体现出来。

一般给客户做假山的时候，我们先了解下客户的需求和场地的情况，然后带客户看石头、选料，客户喜欢什么样的石头，我们就都拿那种石头给他们做。我们会在动工前给客户看我们过往做过的一些工程效果，让客户决定好想要做的样式之后，就可以动工了。

制作盆景、假山的时候，需要依靠石块之间的相互挤压咬合来固定石块，每块石头都需要确保有三分之一的长度会被压紧才能保证假山整体的稳固和安全。我们（制作盆景、假山）用的工具都很简单，比如峰山在堆叠的过程中用来固定捆绑的钢丝，这些钢丝在废弃自行车轮子上就能够取得；叠石则使用竹竿在石头下方支撑固定；我们还用西餐的餐刀来搅拌水泥，以及往石块上抹水泥。

小盆景常用少量水搅拌水泥和墨汁形成的黏稠物来黏合固定；大假山则需要在小盆景用料的基础上添加砂子混合，配比为一包水泥混两斗车砂。确定好石头要怎样组合以及铺设管道位置之后，就可以抹上水泥对假山进行加固。水泥黏合石块以后需要保养，在盆景、假山全部完工之前，每天至少浇水两次，早晚各浇水一次，炎热天气浇水的次数将增多，降温以避免水泥的形变，破坏假山的形态和稳定。

堆叠的过程中除了考虑假山的形态，也要思考植物的搭配使用，提早预留和制作种植槽。一个用心制作的假山盆景，至少需要一个星期才能完工，每一块石头都需要等到上一块黏接的水泥干结之后才能贴上，所以这个过程不能操之过急，否则将会出现许多意外状况。耐心也是假山盆景制作的学问。

访谈人员：陈燕明、刘音、钟绮林、巫知雄、林志浩、邹嘉铧、陈泓宇

整理人：邹嘉铧

英石文化要全面开花

原英德市文化广电新闻出版局局长，英德市奇石协会会长；现广东省观赏石协会文化艺术顾问赖展将先生口述记录
访谈时间：2017 年 7 月 26 日
访谈地点：广东清远市英德市文化馆

我的一个重要任务就是推动英石文化发展

我是英德东华镇人，1972年10月，我在韶关地区师范学校读文科，高考恢复之后第二年才参加高考，虽然分数入线，但专业志愿过高未被录取。后来我去读函授拿了一个大专文凭，一直到退休（都没有再继续考）。

我 1974 年参加工作，在英德市西牛中学任教 16 年后，（1990 年）调县（后改市）府办工作。1996 年 3 月，我被调去担任英德市文化局局长，兼任英德市奇石协会副会长，推动英石的发展。历任中教一级、校长、调研科长、市府办副主任、文化局局长等职务。

我去（文化局）的一个重要任务，就是要推动英石文化发展。我去文化局之前，英德市委已经进行调研并形成了调查报告，说英石是当地重要的文化遗产，英德市委的口号是要“点石成金”。关键就是要选个什么人去当这个局长，去把这个英石文化推动起来。在这种情况下，我去到文化局（开始工作），分好工之后，我经常开着局里唯一的一辆破车跑到英德望埠镇“玩”英石。

那个时候，英德市委市政府调查报告中说到要保护英石文化遗产。20 世纪 90 年代初，英德政府人员的工资都要去省财政那里借的，很困难。文化局（的相应事务）基本上更是等靠要；你要干事，你就要等靠要，你自己没有办法搞的。上任文化局局长不到一年的时间，1996 年英德市奇石协会就挂牌成立了，协会挂牌挂到望埠镇，由望埠镇党委书记兼任会长，我当副会长，来组织具体工作。

英石文化产业更上层次的发展

在推动英石文化工作方面，我将自己所做的工作总结起来说就是 4 个方面：第一个是开英石展销会；第二是收集英石资料，出书、出画册；第三是鼓励石农走出去；第四就是让英石产业上层次。

策划组织英石展销会

1996 年 3 月，我刚任文化局局长的时候，就说要把英石商品化、市场化。当时要把英石“点石成金”，要把英石变成财富。我去了（英德市当局长）之后，就开始搞英石展销会。当年（1996 年）12 月份（在英德）开了第一届（英石）展销会（图 3）。开展销会要评奖，让大家看到英石的价值；还有，要请外面的客人来到英德，知道这些石头（英石）的好，就在望埠镇政府治所搞了第一届广东英石展销会。当时的领导指示要在望埠镇政府几公里外黄田的一块空

——要把英石商品化、市场化。

赖展将

英德东华镇人。原英德市文化广电新闻出版局局长，英德市奇石协会会长，广东省赏石文化专业委员会原副会长；现为广东省观赏石协会文化艺术顾问，珠海市观赏石协会高级顾问，英德市奇石协会名誉会长。

赖展将从事和促进英石文化的研究、宣传、产业推动工作二十多年，在当地素有“石头局长”之称。已出版英石专著三部，与他人合作编写两部。收藏英石上千件，赠送英石给石友二百多件。

图 4-33 赖展将先生 （拍摄者：刘音）

图 4-34 1996 年 8 月 28 日，英德市奇石协会在英德望埠成立，举行挂牌仪式 （英德市奇石协会提供）

图 4-35 1996 年 12 月 28 日举办首届广东英石展销会 （英德市奇石协会提供）

地举办第一届英石展销会，但是我没有同意。我做事是有我的原则的，我认为在那里办不符合当时的市场状况。我说，要推一块那么大的场地搞展销会涉及各种费用。老百姓的石头拉到那里（展销会）去，那些石头，谁出钱拉到场地来？谁又出钱帮他运回去？展销会过后（顾客）不会马上蜂拥而至，它有一个（市场酝酿的）过程。我处理事情是不急的，我不去搞有后遗症的，（我推崇）要顺其自然，按照市场规律去发展。三年过后，随着市场逐渐成熟，展销会开始在黄田的艺青奇石园林有限公司所在地开展，也由此扶持了邓艺清（英德当地英石企业领头人，现任英德奇石协会会长）等当地的英石企业家。

收集相关资料出版专著

我在英石文化推广方面做的第二件事，就是亲自去收集英石资料并出书。1997年，英石展销会过后，我与朱章友两人主编了一本文化局自己印刷的小册子，叫做《英石》，借助同行以及民间石友力量亲自搜集资料，由中山大学陈永正题书名，是英德旅游文化丛书之一。

再有就是，(我觉得）英石文化要全面开花，不单单是卖石头。英石的价值要全面挖掘、全面开发，不单单是搞一样。比如，要把大的景石独立成景做园林；小的、玲珑剔透的石头做观赏石，放置在居室、案座独立观赏；英石构件就用来做旱山盆景。我写书帮当地产业进行总结，告诉他们英石的使用要分类，提供给石农及外地商人做参考。我有责任、有任务，用智慧去总结，总结出来写成书，他们就可以照着来办了。

2003年之后，英石产业就成熟了，更成规模了。新的领导来到之后提出（英石文化）要上层次，我们就开始出书、出画册，多跟名人交流。我（的英石工作）也开始转向了，更加注重文化层次的提升。因为（石农）那边都不用我再去指导了，他们已经顺风顺水搞起来了。当时请贾平凹（作家）写《说英石》，请瞿琮（诗人、词作家、解放军文职将军）到访英德参观英石，商量请全国十大青年画家之一刘人岛任主编、出版大型精装画册《中国英石传世收藏名录》。

鼓励与指导石农创业

我做的第三件事，是鼓励那些石农走出去。他们在英德本地还不错，到了外面，他们的市场影响力还不够，要他们走出英德，发展英石市场，提高英石影响力。如今，英石在整个珠江三角洲遍地开花，每个地方都有英德人特别是望埠人从事英石贸易与园林设计施工。另一方面，我经常下乡，深入公司和石场，指导他们（经营者）把自己的经营场地园林化，并以英德市奇石协会发文的形式，要求有一定规模的公司或石场都要园林化。1998年，当地企业家温果良筹办英德市园艺实业有限公司，我与他共同策划在占地30亩的场地建起一座玲珑别致的英石园林。当时的领导参观了温果良公司的园林十分满意，认为这种可观可游的经营模式值得推广。榜样树立起来后，运江、艺青等公司接连效仿温果良的做法，把自己的经营场地园林化。

对英石进行法律层面和文化层面的保护

除了开展销会、出书、出画册，我开始推动对英石进行法律层面和文化层面的保护。我开始推动原产地保护，通过国家工商总局从法律层面对英石进行原产地保护，界定英德是英石的主要产地，其他地方的英石也都归为这一类，同时借助民间组织推动英德成为英石之乡。

经过一系列的努力，1997 年 12 月，广东省文化厅授予英德望埠镇“广东省民族民间艺术（英石艺术）之乡”的称号。2005 年 11 月 8 日，中国收藏家协会授予英德“中国英石之乡”称号。同年，经国家邮政总局批准印制《中国名石谱（英石）》明信片；广东省民政厅还授予英德市奇石协会“全省先进民间组织”的荣誉称号。2006 年 5 月，英石正式获国家地理标志产品保护资格。2008 年，英石假山盆景技艺被选入第二批国家级非物质文化遗产名录。

呼唤英石文化未来的艺术人才

在今后英石的发展规划里面，恐怕有一点很重要的，就是英石文化方面的人才培养。因为什么东西，都是在普及的基础上去提高，前面做一些普及的工作，现在就要提高，就要把这些玩石头的人进行培训。把英石的文化遗产，从观赏石怎样观赏，怎样建造园林，怎样搞盆景工艺，都要进行学习、培训，有层次、分阶段地传授给奇石爱好者，让他们对这方面的知识由浅入深，将来成为英石方面的人才。恐怕协会今后，在人才培养这项工作方面是少不了的。

本文部分已发表在《广东园林》2017 年第 5 期 Vol.40，总第 180 期。

采访人员：陈燕明、李晓雪、刘音、钟绮林、邹嘉铧、林志浩、巫知雄、陈鸿宇

整理人：巫知雄、刘音

图 4-36 课题组成员访谈赖展将先生 （拍摄者：刘音）

别人卖资源，我卖文化

英德市政协副主席林超富先生口述记录
一期访谈时间：2017 年 7 月 30 日；访谈地点：广东省清远英德市政府大楼
二期访谈时间：2019 年 1 月 18 日；访谈地点：广东省清远英德市政府大楼

——把资源上升到文化的层次，进行文化包装。你卖资源，我卖文化，我可以点石为金，我可以指石为名，这就是本事，也是根本。

林超富

英德市政协副主席，英德文史专家。

1997 年 9 月，当选民盟英德市基层委员会副主委。1998 年 3 月，担任政协英德市八届委员会委员并兼任文史资料委员会副主任。2001 年 8 月至 2005 年 5 月，在英德市文化局工作，任副局长兼任南山风景管理处主任、博物馆馆长。2005 年 5 月至 2010 年 12 月，在英德市文广局工作，任副局长兼任南山风景管理处主任。2010 年 12 月起，林超富在英德市政协工作，任文史委员会主任兼民盟英德市基层委员会副主委。2003 年 3 月至今，他曾担任政协英德市第九届、第十届委员会常委，兼任文史资料委员会常务副主任、文史组组长。2016 年 11 月起担任政协英德市第十二届委员会副主席。

林超富主编《英德非物质文化遗产》《北江女神曹主娘娘》《英德历史文化普及读本》《英德历史文化简明读本》等英德地方文史著作，累计主编或参与编写 35 本英德文史相关书籍，同时在英德市电台连续 5 年开设专门讲述英德地方文化历史的广播栏目“富哥讲古”（粤语“讲古”即“讲故事”），截至 2019 年 9 月已播出 150 多讲。

图 4-37 林超富先生 （拍摄者：邹嘉铧）

英石是原生态的艺术品

英石的颜色比灵璧石、太湖石要丰富，以黑色为主，也有白的、红的、大小花的，各种颜色、花纹，而且每块英石基本都有条石脉。太湖石就是灰白色，不好的就是哑色；灵璧石就是黑色，没什么其他颜色的。我们（英石）的变化很多，所以从艺术的范围分析是不同的。

英石很讲究平衡，平衡就是原生态。英石跟其他奇石有所不同的就是，目前很多奇石，包括和田玉，都是（经过）雕刻、人工去打磨（而形成的），包括现在部分太湖石和灵璧石，在挖出来以后需要人工弄洞眼、进行打磨。英德这个地方的石头是原生态的，每块英石捡到以后，是这样就是这样，你觉得它这儿太突出了，（成为）一个缺点，把它敲烂是不行的；你觉得它缺了一个山峰，你搞一个（山峰）上去，也是不行的。（如果觉得英石）太脏了，（一开始）可以用一些淡的草酸去一下淤泥，但后期我们都不用草酸了，改用高压水枪、刷子来刷，尽量保留那些青苔，保留原生态，体现英石就是一件原生态的艺术品。

历史上，在清代的时候，（英德）这里就大量开采英石了，因为这里的山峰石头很特别。像你们说的，山上的石头（像）叠石一样，是松散的，下面挖了两块出来又松散出来了，可以（继续）挖出来，这样是一种整体结构。我估计可能是当时岩浆喷发，（我）虽然学历史学文科，但我懂一点地质。岩浆喷发的时候，地震的时候不是上下震动，而是横向的，横纹的，是横断面。这一搞，整个山的石头横纹就很多，石层就跟着（变成）横纹了。岩浆喷不动了以后，那石头就凝固了，是一点横面都没有的。喷出来的时候还在震动，这（石头）就有横纹了。岩浆流到最后快流不动的地方，就会起泡，这就是为什么我们这里的石头（有很多）的洞眼。桂林的石头有一点（洞眼），贵州的石头（洞眼）就少了。云南除了石林那里有一些这种（有洞眼的）石头，但是石林是有很多石头成林，你要找很多玲珑剔透的还找不到，就英德才有。玲珑剔透的很多（用来）叠山，叠着叠着就是假山。（岩浆）流到英西峰林那边，就是到了最后停止的位置，山水就是最美的了。（岩浆）还在往前流的时候，那山全都是斜峰，不是竖直的。在英州中西部、中部，再延伸到望埠、北江河这里，为什么这么大块的石头有洞眼呢？是因为有一条地下河的溶洞，在火山爆发（的时候）形成的。（火山）不是喷了一次就行了，等于还有火山爆发一样继续喷，喷了两三次以后（岩浆）又往前走，（火山）再喷，喷到（岩浆走到）北江河边，那儿已经有地下的河水了，然后就引起很多（反应），水再冷却（岩浆），然后就有了洞。我们在冬瓜铺有一个地方，同样是英石，但那一堆英石很明显就是火山石，由火山喷发形成的，就与我们这种（英石），又有一点不同。那就不是阳光晒（成）的，所以冬瓜铺只有一个地方挖出地上的石头才有很多洞眼，在（英德）火车站那一块地方。所以你别看园林石很贵，卖一块少一块啦！

明清时候，江浙一带需要大量的园林石；我们的英石，不要说明清（时期），到现在都还有大量（英石开采和英石供应）。但是呢，灵璧石与太湖石，可开采的资源基本没有了。当时技术不比现在，没有办法吊很大、很厉害的石头去加工，没电加什么工？这是人工雕琢的一部分嘛！而且明清时候呢，江浙一带航运也比较发达。反正我这个是多年的学习（结果）啦，不一定有史料查证的。当时明代的航运是全世界最先进的，郑和下西洋（阵势）多浩大。所以，很自然有些好的石头（就会）往江浙一带送，就会往皇宫里面送。所以现在，故宫里面，御花园里现存有大小27件英石，实际上（可能）不止，你们也可以做个调研。而且我看有的史料讲到，颐和园里面的假山在建造的时候，就有英德人在那里做工程，在那里做（假山）师傅。这个信息来源于民间，不是我想象的，我听好几个人讲过。但这些怎么去考证，就要靠你们去展开研究了。因为（我在）颐和园那里看到的园林假山，很多风格有点像南方的假山。我一看这个假山我就想起我们英德人。

我们广东四大名园都有英石，少了英石就少了很多点缀，一个园林就少了灵气。太湖石把苏州园林点缀得很美，包括上海的豫园，我们也发现有一些（石头）就是我们英石。为什么（会这么说）啊？我们英石与太湖石，很多人把它们搞混了。其实，一点你就明白，我们（英石）有石脉①，（而且有）很多种石脉和花纹，而太湖石就是净一色的，灰白色的，基本上是这样。灵璧石就是纯黑色的。我们（英石）就什么颜色都有，而且它（的造型）很乱的。关键是它有一条石脉，特别大块的园林石，石脉就好像那个天空中飘着的白云一样，会动的。所以你看纯净的石头，中间有一条石脉，像飘动的云，就像你站在英山那条栈道一样，哎呀，云在飘，好舒服！

富哥审美十个字

传统的英石审美，就是“瘦、透、漏、皱、怪”五个字，这几年玩石头在实际运作的时候，我们发现，老是用这五个字，没有变化，也是没办法讲（清楚）的。所以根据这一点，我的创新，网上查得到的，富哥英石审美十个字。我在“瘦、透、漏、皱、怪”的基础上再倡议了五个字，这五个字不是我专门发明的，是我总结出来的。

第一个是“势”。一块石头摆得没有气势，就不好看；有气势，下面小上面大，一摆放，就有气势，有动感。第二个是“形”。这个石头，（有没有）歪、对不对称、协不协调，山峰走势顺不顺，就像人一样，人讲人貌，石讲石像嘛。这个情况下，找到有气势有形状的石头，你再去给它（描述）像不像一座山、像不像风景。这就是第三点，“景”，景色和风景。你看这个就是山峰，那不就是“景”啦，但是“景”之外，如果这个石头不像景，像一个动物，物就是天地灵物，有灵气，你看有些英石的摆法就像一个动物，你去想象，它临空飞翔像鹰一样。所以呢，“景”要成“物”。如果一块石头，前面都满足了一定的基础，又形成栩栩如生的动物，那这块石头就是比较好的。我们有很多人就喜欢找一些像猪、像狗的石头，但其他什么瘦皱漏透都没有的时候，这个石头也不是那么好。

还差一个什么字呢？“质”，石质。如果这块石头一摸就断了，石头颜色是哑色的，或者石纹多但是多到乱的，心情很乱的时候看这块石头条纹比你还乱，或者（石纹）像鸡屎堆的，是很难看的，就属于石质不好的，（石头）怎么像猪啊像猫啊像老虎啊都不行的。这个石头一敲它，叮叮叮，有清脆的铁质声的回音，（满足）我们说的“扣之有声”，这就是石质。所以（我们）就用这十个字，皱、瘦、漏、透、怪、势、形、景、物、质来审美英石，你就明了了。园林的英石假山也是可以用这十个字来进行审美（判断）的。

①石脉，本地人也称为“石筋”。

图 4-38 林超富先生品石 （拍摄者：邹嘉铧）

我本身不单单是搞英石文化，（英德的）各种文化都要搞。推动英石文化发展，要懂得怎么样去审美。那你（指普通人）都有这样的（审美）基础的时候，推动（英石）文化就好办了。玩石头的人都知道，石头都是没一块相同的，个性都不同的。那些古怪的，每天还要去服侍它，你才不会去理它呢；但自己有了一定的文化知识以后，你（的看法）就不同了。

别人卖资源，我卖文化

我做中学老师（的时候），上完课就喜欢研究英石文化，英石这些（文化作为英德的特色）都要了解的。来了文化局以后，赖展将局长担任文化局局长兼英德奇石协会会长，那肯定要协助他来推动英石文化。

在英石文化产业的发展中，领导重视就是高潮，领导一不重视就是低潮，这几年，英德奇石协会就有个发展的高潮。市场景气的时候协会起的作用很大。

这几年政府搞过七届英石文化节，我都是做英石评奖工作组的组长。办展的时候，我跟（英石品鉴的）专家（商量）怎么评法，每年评的（意见）没有相同的，今年是这个意见，明年是那个意见，有的时候有点难统一。2010 年，我评了第一届，评完之后，一个搞英石的石友，他就跟我说："富哥你搞这石头，今年搞得很好，但是我建议你搞完了一届你就不要搞，再搞就会身败名裂。"（举办英石文化节）有很多意见的，我就不相信他。这个石友知道，玩石头，这块石头两三千块，人家不一定要，但评了金奖以后，三万块都要拿走的。就因为这一点，所以我们每年评石头都要坚持正确（的评判标准）。

我搞研讨会的时候说，别人卖资源，我卖文化，就这么回事，我可以点石为金，我可以指石为名，这就是本事，也是根本。

英石文化，要走出现在的困境。现在总说"贫困"，我们说"贫"是没问题的，关键是"困"，解决了"困"就能解决"贫"。困在里面，破不了局，就没办法脱贫。现在园林英石行业也是这样一回事。这方面艺清（邓艺清董事长）就有想法，如果现在整个英德园林行业能连在一起打包，形成一个园林合作社，本身他的公司在这个行业有一定的影响力，有自己的产业发展，就会影响带动整个合作社的发展。这个基础上，加上我们英德是中国收藏协会承认的中国英石之乡，又有地理保护和英石假山盆景技艺非物质文化遗产，如果能再申请成功省级、国家级的园林造景技艺非物质文化遗产，最终申报成功国际非物质文化遗产，那么对整个英石产业文化的发展一定是有很大的促进作用。

英石文化和产业未来还有很大的发展潜力

加强英石文化历史课题的研究

我编的文史书，包括我个人的专著加起来有三十多本了。2011 年最高产，一年编了六本。说起英石文化研究这个课题，如果我能搞到一笔钱，我要做一次全国性的古代园林（普查），凡是有之前留下来的英石，搞一个资料、尺寸，对应一个照片，这个就作为一个课题研究去实施。地方政府拿得到钱的话最好就去弄这样一个普查，对我们英石文化的发展很有意义。古代园林里的英石，故宫就有 27 件，扬州、杭州好多（太湖石）都是英石，以后如果有机会啊，你们把这些英石的信息整理、收集起来，汇在一起展示，就能提升英石的地位。怎么弄到这些信息呢？第一，我们可以根据网上征文或者游客提供英石的位置和线路，然后去调研、收集；第二，成立课题组，以科研单位的名义去收集，我们地方政府能够拿出一些资金，通过这个（课题）再拿到上级的专项资金，然后支持科研工作。这个就是英石基础材料的收集嘛，将来出版一个英石文化的书，比什么都好。

除了这个（古代园林的英石）之外，现代园林（的英石）呢？全国各地也有很多使用了英石的现代园林，具体有哪一些园林？这些园林用了什么样的英石？怎么用的？这也是一个课题。

未来要培养更多英石产业特色人才

未来的可持续发展还是要讲到英石的特色人才培养。你们看看现在那些搞英石、特别是搞园林这块的人，很多还是小学毕业的，初中毕业的人都不多。这些人如果能认识到英石不只是作为园林工程的材料，更是一种艺术的体现，并且专门研究和做这种有内涵的英石园林工程，那产业的发展才具有持续性。

未来在英德地区，要建设专门的园林学院、园林培训基地，以培养足够的英石园林人才。培养多一些园林的人才，到时候出一两个国家级的园林大师，引领园林行业、园林技术建设，才有利于形成英石文化产业链，才可能以英石为依托，支撑园林这个行业，搞活这个行业，（将英石园林营造）放到英德来发展。英德那些农民玩石头很有创意，已经是做艺术创作的范畴了。石农和工匠多年砌石头，也砌出了很多经验。包括邓艺清这样的企业家，你叫他写文章不一定写得出，摄像机对着他的时候他讲不出话、全身出冷汗的，但平时动手方面，他就做得很好。（像石农、工匠和艺清这样的企业家）他们有丰富的实践经验，他们的东西要形成理论，成为一个系统，弄成史料记录下来。

英石文化产业需要挖掘，就要培养有实践经验的人。然后这些人怎么从实践上升到理论，怎么将理论形成一个系统，可能就要由高校园林专业来承担这个课题。让全国人民都认定英石假山盆景做得最好的就在英德这儿了，不去其他地方找人做了。申报国家级非物质文化遗产，就是补上这个知识理论的缺口，高校科研力量就很能帮得上忙了。

英石文化价值的传播更需要重视

现在整个英石行业有点连不起来。所以我们就说英石行业和红茶行业的对比，涉及政府的政策支持，对比一下政府政策资金的支持，项目落地方面的支持。那么多年搞英石节，英石文化节上午开幕，下午就拆架子拆舞台了，这样根本就没办法去推，去宣传，去推销产品。有人鼓励我继续搞，就是专门奖励英石园林那些设计工艺、学术先进的人。

问题就是，我对英石行业，整个英德出去到全国各地搞英石园林设计的，有哪些人，有哪些工程队，没有这个数据。为什么我们不统计？统计不要资源、不要精力、不要钱的吗？哪里来的钱？所以要是有个（专门的）部门就不同，比如有个英石局，它就不同了，要有个资源整合。

从英石文化产业出发，得到地方政府的支持，来做文化包装，它的魅力、生存能力都可以做一个调研，有必要去呼吁。

英石与红茶的产业发展相辅相成

我以前在给他们（英石产业）推英石红茶文化节，我一直在想，地方的文化传统都是跟盆景、包括它的自然山水环境，都是跟工匠他们在做的东西有很大的关系的，但现在没这么系统。

所以我们英德两大产品，红茶和英石，精力放在红茶上面多。没办法啊，这个茶叶，它在卖出去之前，是要投产的。他（卖茶的人）一钻进茶叶行业，就像高铁转动的车轮一样，停不下来。一亩茶叶投资就要两万块钱，种一百亩茶叶，就丢下两百万了。一百亩的茶不算什么，要三百、五百亩，那就有上千万投下去。这些人（卖茶叶的人）投资，与投资搞个石头店、搞个石档（就不一样），他们（卖茶叶的人）就没有像他们（卖石头的人）这样投资这么容易啦。种下去的茶叶你不管，茶叶长大，长成树了；你不动（茶叶），还要发（工人的）工资，就（需要）高速运转了。石头呢，我玩了一会以后不玩了，丢在那里，不动，我先去干别的，最多把钱压住。（石头）卖了一块就少一块，因为石头没有第二块相同的。你说它不值钱，没人去推它就不值钱。但是，（如果）有个名人说了这个石头值钱，它就很值钱。而茶叶，你说这盒茶叶好，名人说是好，但是怎么说也就是这么好了，也就是这么回事了。所以石头呢，它是带有文化艺术的。文化的东西你不说它，就没有东西，一说就有东西了，就有故事了。（把石头）画成画，讲成故事也是一个推出去的思维嘛。

所以英德方面这几年都可以做到一年出一本书，2017 年出了一本《石韵英州》，还想出英石论文这一方面（的书）。这几年（2017—2019 年），政府推出英石文化节，英石产业的品质整体提高了。但是，这几年因为红茶上来了，就英石和红茶一起搞（文化节）。如今就以红茶为主了；英石，没有专门管英石的部门。你说文化局，文化局只能从文化角度提一下，从个人感情我们帮一帮；你说有一个奇石协会，（但是）协会不是局，没有行政命令，听你行、不听你也行的，关键也没钱。所以，在发展的时候，红茶有农业局（支持）就不同了，农业局专门弄茶叶，它（红茶）可以通过行政，通过政府和财政拿资金去推。

英石与红茶来比呢，当然他们（红茶）现在有优势，我们（英石）也有我们的优势。这个石头，卖出去还在的，只不过是主人不同。石头承载着很多文化内涵，有故事的，（跟红茶是）不同的。这种文化传承的东西，它不会跟喝茶一样，喝茶喝完了（就没有了）。这个石头它与红茶相辅相成，起到很好的互补的作用。所以我就觉得英德这两个特产真的是很好的。

超然物外，富自心中

2018 年 10 月，华南师范大学搞 85 周年校庆，我是那里毕业的嘛，我给他们做了个演讲视频，是这么说的：

“我是中文系 84 级学生林超富，现在英德政协工作。我喜欢英德文史，情缘 30 载。有人常常笑我，你林超富，研究文史，何富之有？我笑说，超然物外，富自心中。毕业至今 30 年，我编了 35 本英德文史的书，这就是我的富有。有人问，你有这么多闲情去写吗？我说，别人炒股，我考古；别人跳舞，我听古。我就是用这些时间去实现我的梦想。又有人问，文史枯燥无味，人家喜欢听吗？我说，英德故事山山水水，历史文化风土人情，尽在富哥话英德，这是我在英德电台专栏每一期的开头语，目前已播出 140 多讲，许多人都听得津津有味。”

“富哥讲古”就是我告诉人家，文史的东西、历史的东西，虽然枯燥无味，但我把它转化为趣味的故事，我的家里人、我的朋友圈、我的英德大部分市民，通过电台这个平台，(我讲的故事）播出给大家就有味道了嘛！一个星期一期，从 2014 年 8 月讲到现在。我原来答应（电视台）讲够 100 期就不干了，现在脱不了手了！领导说，这个星期你没讲新内容哦！发微信来找我。所以害得我现在要经常去找资料，就形成了一个星期一篇，一个星期一个成果。一期是 20 分钟，录音文字稿呢，一篇是 3200～3500 字。现在我有雄心壮志，我要搞个 1000 讲，把英德的所有东西都讲通讲透，那个时候可能我也退休了，但是这一套故事和资料就是一笔财富了，就是英德文化的财富了！ 1000 年以后人家也能听到我的声音。英德电台为什么要叫我讲呢？之前他叫我讲，请了两年我都不肯讲，后面领导也（来跟我）说。人家（电台）都说，你看看有什么条件提出来。他们以为我提的条件很特别。我就说，这样啊，就提了三个条件：第一个条件，我先讲三讲，一个星期讲一讲，因为我知道我的精力只能一个星期讲一讲，其他人可能可以一个月讲一讲还讲不下来，我的精力还可以一个星期讲一讲英德的故事；第二（个条件）呢，你们班子开个会，审一审，听下来觉得没问题，这样讲法好，我就讲够 100 讲；第三个条件呢，你（电台）让我讲，就不要算钱给我，我不能要你这个钱。他说不行。我说你怎么算？如果按专家来说，一出场少说两千，多的话两三万，那你也不可能给我的。你电视台给我两千块钱，我讲够 100 讲，那就二十万了，社会上口水吐死我。我也不会要，要了我不都发达了。你给我 200 块 500 块，倒不如我给你。这个社会公众的（公益事业），我会来讲，放心，你就给我讲够 100 讲，到时候（讲完），我（继续）讲不讲再说。

之后人家觉得这个节目成熟了，要卖广告什么的你们（电台）去搞，你们赚到钱了记得我就行了。结果现在讲了100多讲了。我现在啊，不少于200人问我这个问题，你讲一次多少钱啊？我响当当地告诉他们，我没要钱。他们不相信，说应该要给你的。现在满街都是叫的富哥，听得多舒服啊！

跟着我一起的有70多个人，成立了文史委员会；（他们是我）聘请的一起搞文史的。一开始（这个委员会里面的）有人就说，富哥你搞这个文化，跟其他的不同，人家动不动就要利益、酬劳。（我就跟他们文史委员会的人说，）你告诉别人，我们这个叫文化义工！现在不是很多人搞义工的嘛，（我叫）文化义工。我说，我讲故事，一讲出去文字录音，你们要抄就抄、变成文章发表，都没问题。但是我很巧妙处理这个版权问题。为什么呢？哪个内容都好，最早都是出自我的“话英德”这里，这个声音复制不了啊！我这个五音不准，广州话、白话、普通话、客家话、附城话（混在一起），都不准的，讲什么就用什么（话）表达出来。结果老百姓说，很接地气，就很喜欢！档案馆都要保存这些（录音）的，要保存音频和视频，多少年以后，（老百姓）还能听到我的声音。

一期访谈人员：李晓雪、陈燕明、刘音、钟绮林、邹嘉铧、陈鸿宇

二期访谈人员：李晓雪、刘音、邱晓齐、黄楚仪、刘嘉怡、黄冰怡

整理人：刘音

以心品石，以石圆梦

英德市奇石协会前任会长朱章友先生口述记录
访谈时间：2017 年 7 月 30 日
访谈地点：广东省清远英德市文化馆

我的身边都是英石

我本身是英德人，我的家乡就是在英山脚下。英德作为中国英石之乡，（文化）核心的地方其实就在望埠镇，也就是我们家乡那个镇。我喜欢石头，喜欢英石，其实是跟我出生地有很大关系的。在 80 年代初，我们村就有很多人玩英石，其中有些人经营英石假山园林工程。像我堂哥朱章伦，他很早就经营（假山园林工程），经营的（规模）比较大，他的一生当中也没做过其他工作，从当兵回来就一直从事英石的经营工作。而我也是受到他的影响，我的周围，英石相关的幕前幕后各种工作都有。这石头从山上采下来，堆放在那，然后再售卖出去。英石常常作为原料被拿去做园林工程、山水工程。我就是天天跟它们见面，天天接触它们，逐渐被英石文化影响了，慢慢就喜欢上了英石。

英石要很细致地用心去品

我正式开始收藏英石、玩英石是在 1987 年。在我看来，在英石玩赏里面，有分赏石和叠山，品赏英石跟园林工程假山品鉴相比，有相通的地方，也有不同的地方。

先说英石怎么赏、怎么品。下面这些都是我个人的观点，仅供参考。

“赏”，一般我们称之为“观赏”，是比较浅显、比较粗地看，主要看这个石头漂不漂亮，顺不顺眼；然后说到“品”，就是比较用心地去看，我个人的理解是更进一步的观察，更加细心地去品评。山也好石也好，我觉得这个方面都是相通的。例如，我一眼看到这个石头很漂亮，走近一点看这个石头，发现这石头不仅是外表漂亮，它还有纹理，还有一些很细腻的地方。比如说，（这块石头）是不是有白筋[①]？它是什么质地？质地怎么样？还有没有其他的颜色？这些细节就会让你更近一步去观察，研究石头更细微的一些东西。

看就是说眼看，心品就是让你更细致地观察，这两样的共性会带来心里的愉悦，看了石头养眼，心情变好，从而带来一些美的享受。至于它们两者之间的关系，就是一个是粗的，一个是细的。你去看石头，就是由表及里，看了表面的东西、看第一感觉，再慢慢地、细细地去品，去研究，形成由表及里的观察层次。反过来说呢，观假山和品石是一个道理，我认真地研究，细细地品赏，就能知道这个石头、这个假山好在哪里，它的表面怎么样，整个山体走势怎么样，整块石头造型怎么样，这个石头真正的寓意又是怎么样，就能说个一二三四五出来。如果我们只是粗粗地看，这个石头就像一个山，只不过是稍微大一点的石头，可能就说不出这么多道理。只有经过细细地研究和品味，才会更加了解这个山或者这块石头的全部内涵。

①白筋，即石脉，本地人也称“石筋”。

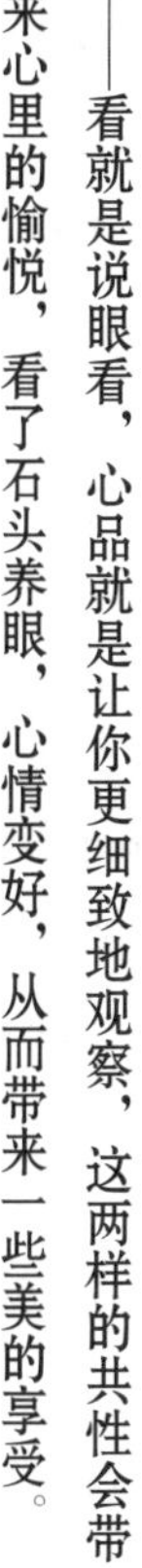

——看就是说眼看，心品就是让你更细致地观察，这两样的共性会带来心里的愉悦，看了石头养眼，心情变好，从而带来一些美的享受。

图 4-39 朱章友先生 （拍摄者：林志浩）

朱章友

广东英德人。曾任英德市奇石协会会长。英德奇石专家，中国观赏石二级鉴评师。

如果要给石头一个评分标准，我们一般大致地分一下。比如说，一块石头我们平常认为还不错，可能是等于60分，合格的阶段；再稍细一点去看，这块石头不单是看起来好看，它还有孔洞、悬崖，还有一些山峰，都是很自然、很漂亮的，这块石头可能就是70分；然后我们走近去看，看石头的背面，发现背面很完整、也挺好看，而且有很多变化，那就是80分；假如我再细细地看，不只是观察石头的正反两个面，我从两侧去观察，发现这个石头两侧也很漂亮，这个石头就不是80分，而是90分了；可能这石头大一些，四面可看，又带孔洞，有平台或是悬崖，带有一点飘逸、灵动的感觉，从各个方面去看都很完美，挑不出其他的毛病来，那这个石头就接近100分，这样的话我们就说这块石头是高品位、高级别的了，按一二三四级来看，这种石头就是一级。就大致这样来分。

像我们平常去做评委，去评英石和其他石头，大致都是这样来分。如果说一块石头它正面的确很好看，然而去看石头的背面，这块石头背面很平甚至是有一些崩了，出现某些缺损，石头的价值都会大打折扣。一般人不细心去看，会说“这石头这么漂亮才评那么低分”，问到我就好办了，我就跟他解释，如果他不问，他就会说不公平。因为我们平常开展会，会有很多方面的意见或者看法，他们（的看法）也就代表了自己。真正的好石头真的要全面地看，包括你要细心把那个石头从入座上拿起来，看看里面是不是很自然，特别是有些山形的石头，你不拿起来看，它外面是面积更大，接触那个座的面积更大，有一些切底或者说敲掉一块，那样就会大打折扣；而且有一些评展会很严格，人工的不给评，只能是当一般的展品。

我们跟其他省的专家交流过，有些专家认为山形的石头是允许它切下底的，如果是福建的九龙壁，它就是一块圆圆的石头，但是它切了底之后呢，让人观看的这一半就是一个山，很漂亮。我也同意切底这个观点，这个观点现在很多人接受。如果说这块石头360°的话，你要把它全部看，它是圆圆的，你去掉一半，它那个山峰就出来了。你把那切的地方放座子里面，平常也看不出，但你要拿去参加评比、去参加评展就是会扣一些分。

参与英石文化工作要尽量去学习，去总结

我出来工作后一段时间，在市政府遇到当时的书记江惠生。他是个考虑很全面的书记，能很好地把理论和实践结合在一起。江书记在市委和政府工作之后，给予英石的文化很强劲的推力，其中的一个推动工作就是成立了英德市奇石协会。当时我就在英德市政府办公室，被推选为协会的副秘书长，这样我接触英石文化方面的机会就更多了。之后在2000年，我就被任命为英德市园林局局长、市政局的副局长，跟英石这一块打交道的地方就更多了，自己也是想在实践和理论各方面有所进步，更加丰富自己，然后可以自己去研究、去总结。

接着2004年，我被推选为英德市奇石协会副会长。到2008年的时候，很有理论知识、很有文化水平的前任会长赖展将，他选择交棒给我，我就担任了协会的会长。当上会长以后，身上的担子就更重了，更加需要我去收集和总结英石的相关文化。如果没有去总结相关的资料，自己（作为协会会长）的责任就没到位，所以我尽量去学习、去总结。

赖展将是对我影响比较大的老师，我跟他的关系是多重的，同事、老师、领导、师傅。我们两个人都在市府办工作，一开始我们就是同事，而他是一个很有才的人，我们书记就发现他的才能，让他做文化局的局长。他跟我做同事之前，在乡镇做老师，也做过校长。他来到文化局以后就研究英石文化这方面的工作。有一段时间，许书记跟他说，赖局长你就把四分之三的精力放到研究英石文化方面的工作中，其他四分之一的精力就去搞行政工作。这说明当时的许书记特别重视英石文化。然后赖展将局长参加活动经常把我叫过去，我当他助手，也做他学生。我们经常在一起，慢慢地我通过向他学习，自己也有了提高。

英石文化产业的发展需有多方面的推动

一点一点推动英石文化节的建设

打“中国”字号、国家级字号的“中国英石文化节”我做了五届。第一届是2010年，比较大型的。以前也做过广东英石展销会，也做了一两届，参与的人也更多。我们自己协会的英石展在2012年也做了一次。2007年也做过一个英石展，当时是配合政府申请中国优秀旅游城市，大大小小的展览也有十次以上。2015年、2016年就不是单纯的英石展览，还加上红茶，同时加上旅游节，组成“中国英德红茶英石旅游文化节”。

2010年，英德市举办了第一届中国英石文化节，当时我是展览组的组长。大家都是第一次搞英石文化节，都觉得担子很重，就更需要自己去丰富自己，去学习英石文化方面的东西。在2010年冬天，我们顺利筹备并举办了第一届中国英石文化节。在这期间我们接触了很多这方面的有识之士，包括奇石文化和观赏石文化方面的老师和专家，其中也有现任中国观赏石协会的会长、广西观赏石协会的会长，这两位领导也是做行政工作的，他们两位都来到我们英石节的会场，我们尽量请教他们、向他们学习，跟他们交流一些很细节的东西。像当时我们碰到一些石头说有放射性，也是跟他们交流之后才知道，大部分时候石头是没有放射性的或是放射性极小，不会影响人们健康。

除了两位领导，还有上海来的几位老师，他们做石文化工作都有很丰富的经验，当地的石文化产业发展得很好。通过请教他们，我的英石文化和观赏石文化的理论丰富了。

以前（刚开始的英石文化节）展览都是纯英石的英石文化展，现在跟其他资源要素合起来，气氛也是蛮好的。不过若是从专业来说的话，不合起来专业性更强，针对性更强。比如说来观赏、参与的嘉宾、商人，他们会更有针对性，就奔着这个石头来的。但是就现实来说，把红茶和旅游跟英石加一起，气氛就更好一些，大众化程度更高。

设定合理的标准进行奇石评选

这么多届的展览会或者文化节，里面评列石头的流程和方法有一个大致固定的模式。我们先组成评委会，评委会有个评委会的主任，要更公正些就有个监委，再成立个监委会。监委会不参加评，也不参加打分。一般来说我们小型的评委会有7到9个评委。评委评审的过程中，如果是面对很多石头，我们一般是让每个评委先看一下，先把不合格的石头去掉，留下合格的，合格以上即是70分，大家就先把范围缩小一些，要不然评选工作量会很大。第一轮筛选之后，每个评委独立打分，打分之后统计。统计的时候去掉最高分和最低分，就更接近公平。这样按分数由高到低排列，金奖设置十个或五个，由高到低选择，然后银奖、铜奖，最后优秀奖。整个展会首先是有个门槛，一般先出个公告，出评选标准，不是什么石头都可以进，有些石头只能打30分20分的，甚至有些石头根本就不行的直接就不用进了。还有就是英石的评比有特殊要求，英石中的阳石不能用化学药品去洗，洗了之后就很难看得出是不是对英石动了手脚。因为这一块我最清楚了，每年都是我在布展组，也是我在做组长。每年送石头参展之前会发布个公告，比如什么石头是不能进来的，拿过来就对不起了还是要拿走。就在我们办展的前几届，我们限制没有这么严，但是现在要求慢慢变高了以后，老百姓都已经在这方面有一定的认识，确实不能用化学药品去酸（洗），酸（洗）了之后就不可以进评比。

每次英石文化节不仅有英德本地的石友参展，还有外地的、全国范围的石友来参展。头四届英石文化节，我们对其他石种都是很包容的，全国范围的石头都可以拿来参展，我们也评过花岗石金奖；但我们评选还是以英石为主，这也是说明我们办展包容的心态。

在举办的届数比较多的时候，石友就多拿英石过来，因为是以英石为主，叫英石文化节，比较切题。但是也碰到一些情况，我们这大部分是英石，而你拿来几块其他（石种）的石头，比如说你拿来一块矿石，这个就不评；因为没有可比性，没有参照。我们第一、第二届碰到很多这样的情况，他们觉得我这石头很漂亮就拿来了，整个场就只有你这一块这个石种的石头，这个就没法评了。

每年参展的都有很多石头，最高纪录有400多块石头。我们对石头的大小有限制，这个标准每一届的英石节都不一样。最早我们是限制在250斤，太大了展台承受不了，而且这么大的石头放在那里，一块可以把人家四五块石头的位置给占了，所以有这限制。后来我发现很多石友就喜欢山形的石头，山形它就比较长，也很占地方，但这石头确实很漂亮，又不能说不让它进。后来我就召集筹委会调整一下，确实不行，在下一届再调整过来，于是在2013年的英石文化节就调整到250公斤。然后就涌现出一大批好石头，那些大块、漂亮、有意境的山型石，也有一些拿到了金奖，所以我这个决定是很正确的，大家也拥护。大的石头容易出气势，甚至有一些外地的老板看这个石头很漂亮，马上就买了，就容易交流、容易售卖出去。

除了几案石，2013年我们也举行过园林石的评选，之后也偶尔评一两次园林石，带动一下英德这边的产业发展。园林石的评选就很难把它们放到一起来评，我们评委就辛苦一点，跑到他们的厂里去评。先让石场推荐作品，我们经过一轮筛选，看哪些能入围，然后才到他们厂里面去评。也是为他们（石友）服务，让他们把作品拿过来倒也拿得了，但是很费力，浪费财力。所以平常我们还是以几案石评选为主。

4-40 朱章友先生分享心得 （拍摄者：林志浩）

英石文化节能提高石友的审美水平，推动英石市场的良性发展

举办了这么多年英石文化节，英石的品鉴、大家欣赏的水平方面和英石文化市场都有很多变化。首先是我们的石友，要提高他们的整体欣赏水平，最好（的方法）是办展。办展是提高石友或者说民众的赏石水平最好的途径。办展的时候，我们会评奖，我们会把好的石头评出来，展示出来，然后普通石友一看，知道原来这个石头才是好石头，他们心里自己就会去比较分析，特别跟自己家里面的石头进行比较，看看下次他们能不能也拿来（评奖）。有些石友没什么信心就过来问我，有时叫我去看，问我（这块石头）能不能参评。我就说“经常过来看展，看了之后自己心里就知道了”。有些石头确实很好，就会拿去参展，刚好碰见那一年有很多人拿好石头来，然后评奖的时候金奖银奖数量是有限的，今年好石头多的话，它就可能是银奖，要是下一年石头没那么多，这块石头也可能是金奖，所以就会有个动态的变化。还有就是，我们一般的老百姓，亦农亦石的石友，做农业工作的石友农闲之时会拣些石头，也会去经营一些石头，他们的欣赏水平也不能说很好，比如这块石头长得很像狗、像猫，就觉得这石头很漂亮，就放到家里面，甚至洗干净放床底下，觉得这石头肯定能卖个好价钱。其实不是，因为英石有个评价的标准，我们办展时他们去看，就觉得自己的石头确实不怎么样。所以这类人他们自己知道这个石头怎么样，我们一评出来的时候，他们就第一时间去看金奖，看自己有没有获奖，所以我就觉得这个变化是蛮大的。

市场方面，办节之前和办节之后变化是很大的。办节之前我们英石的知名度和外界了解的程度就没那么高，也没那么多人去了解。办展之后呢，外面的老百姓、外面的石友他们就蜂拥过来看，就把我们这个宣传出去。还有一些需要石头的商家，他们也是通过这个办展来了解英石的美，了解英石的环境，给他们带来一些好处。比如说一些搞房地产的老板，他们不是要美化的环境、绿化吗，批这房地产项目都是有规定的，你的容积率是多少，规定你们要做多少绿化面积。他们通过我们这个办展，能知道哪些石头价格怎么样，哪些石头怎么样，其实等于我们的石头就多了个销售渠道，把我们的石头也就宣传出去，这个变化也蛮大的。还有办展之后呢，提高了我们英德的知名度、名誉度，也是地方政府宣传的一部分，如果一个市一个地方没有什么媒介，是很难把自己推销出去的。通过办展，他们就知道英德是怎么回事，这是个很好的宣传的机会和媒介。接下来还有个变化，我们的奇石街也多了，几案石的店铺也多了。以前望埠镇这边基本上没有奇石店，办展之后呢，就不是店而是街了；以前英德也是没有形成（奇石）街，后面也有一两条（奇石）街在城市了。

只要能够去交流，就要去交流

这几年除了在英德搞英石文化节，其实我们还做了其他推动文化发展的工作，这个工作也是自己（作为会长）的职责。说简单一点就是去交流，通过交流去推动文化的发展。我们主要跟不同地方的奇石协会进行交流，最远跑到山东济南。我们积极去交流，包括北京、上海这些地方，反正只要我们能够去的，我们有机会去的，我们尽量去。

广西去过好多次了，广西柳州的观赏石（市场）是全国最大的，它大到什么程度呢？他们有三个专业的市场，而且每隔两年举办一次国际石展，也请了一些国外的石友过来。办展的时候，他们也会对石头的种类和大小有所限制。他们办展办得多，规定更严格，比如你这个石头有瑕疵或者其他问题，是不能参加展览的。他们长期办展，百姓也慢慢掌握了（相关的标准）。一开始搞展览就要求老百姓认知水平很高，这是不实际的。经过几次办展之后，老百姓的认知水平逐渐提高了，这个时候主办方再要求高一些，才能提高整体的水平，要不然石文化审美不能大众化。我们都尽量让基层老百姓、最普通的石友都能参与我们的活动。像广西这边呢，他们办了好多年，水平也办得很高，他们的石头也有所包容，各地的石头都会展，但最多的还是本地的石头，如大化石、来宾石、三江石、红河石、贵州石等；在评选的时候，也会分多种类别来进行评比。

坚持学习，用英石来圆梦

除了参与英石文化节的组织策划，我还参加了其他协会的学习班。2010年冬天，中国观赏石协会在韶关举办了个学习班，我就去参加了。学习班持续一周，具体学习了跟观赏石方面有密切关联的理论，一个是美学，一个是地质学，还有岩土岩石的相关理论。这个学习班他们举办了几十期，我们去的时候比较早，在全国他们每年都要举办，很多学员、石友想去学，但他们除了培养培训，当然还有其他工作。所以我抓住了这次机会，这机会也是很珍贵的。学习这方面也是永无止境的，平常也是丰富自己，加强自己，去总结、去提炼。

我就觉得，英石作为中国的四大名石之一，它其实是很有文化底蕴的；你要去认真地推动和发展，前景是很广的。第二就是，我们中国梦，很多人向往一个梦，自己怎么圆自己的梦，其实梦是很多的，有家庭的梦，事业的梦，还有一些学术追求的梦。作为英石，它是一个圆梦的物质基础，也是文化的方向。那么作为圆梦的话，像当地房地产界、房地产业，他们就把那个住宅、小区做成仙境一样；仙境要什么去美化呢，除了其他绿化以外，少不了石头，少不了我们很好作景、作山水的景石。作为家庭个人，你有一块好石头放在家里，多美多好。作为诗人来说，这个石头放在家里，诗兴大发；作为画家来说，这个石头放在那里就是一幅画，就很符合我们中国人的这种审美和文化传统。

访谈人员：李晓雪、陈燕明、刘音、钟绮林、邹嘉铧、林志浩、巫知雄、陈鸿宇

整理人：刘音

英石文化推广工作我们一步步在做

英德市文化馆馆长朱伟坚先生口述记录
访谈时间：2017 年 7 月 28 日
访谈地点：广东省清远英德市文化馆

早期我参与英石文化节的工作经历

2004 年之前，我大概知道，他们（英德市政府）当时是举办过一届英石国际研讨会的。后来，我来了（文化线）以后，我们提议说，能不能搞一个英石王的评选（活动）。当时他们（英德市政府）是有这样评选的（活动），什么十大英石之类的，他们有办评选。那时候还没有形成一个叫英石文化节的大节庆，只是叫英石评选的一个活动。我们当时主要是做几案石的评选，后来做着做着，政府觉得应该把英石文化继续做强做大，然后逐渐就开始有了这个英石文化节。

2010 年，第一届英石文化节在望埠镇中华英石园举办，当时是仓促的，包括现场的地基都没有，不会像现在看到的那么好，当时是比较简陋的，所以说我们从最初比较粗线条地去做，到后期，结合 LED 显示屏（来做），（这样）整个档次可能都不一样。我们邀请的领导嘉宾，范围影响力现在是越来越大了，这些都是在变化的。当时一个目标、一个方向性仅仅是局限在英石的几案石，现在就结合了我们奇石和英德最大产业之一的园林景石。现在园林英石在全国做园林工程、园林项目其实就是望埠的英德人做起来的，而且落点也是望埠，所以现在望埠的人做英石产业，我觉得是做得相当不错的。

我们从最早期的（活动的组织策划方面），比如说场地的选择、确定场地，然后到后期的方案制订，也有很多东西（要做）；比如说我们的规模要做到什么样子，邀请哪些方面的领导，事实上我们是有成立领导小组的。每个活动开始之前我们都会成立领导小组，要么就是一个市委常委，或者一个副市长，作为领导小组组长，然后就准备牵头做这样的活动。当时前期的准备，是在我们文广局这边筹措，包括林超富主席他当时也是在我们局这边，所以其实很多工作更多的是我们这边在做。

成立了领导工作组以后，包括这个活动方案的文本，还有一些邀请函之类的，都是前期要准备的，甚至场地的布置，然后交警、警察、公安、消防、医疗、卫生、环保这些方面都需要他们（不同部门）协调。活动真正开始以后，交警、公安的指挥，现场的指挥、车辆的指挥，这些都要预防（可能发生的情况）；包括供电、消防、医疗那些（都需要有）保障，也要在这边协调，整个活动的统筹组织，这些都需要（考虑）。其实真的是挺复杂的，前期有很多的工作（要做）。

——英石文化推广工作我们一直在做，现在做非物质文化遗产保护这一方面，就是要进行文化挖掘，然后是进行推广。

图 4-41 朱伟坚先生 （拍摄者：巫知雄）

朱伟坚

广东英德人。早期从事教师行业；2004 年转到文化线之后，推动英石评选的相关活动，推动英石文化节的举办；后在文化局工作，于 2017 年 2 月任英德文化馆馆长。

我们一般可能就是一过完年，应该是二三月左右就开始，各单位召集相关的几个主要部门，坐下来开会。开会完了之后又开始确定（活动给谁搞），前期我们还得要招策划公司。前期的有一两届就是我们这边给的一个策划方案，然后直接进行执行公司的招标。招投标，就是谁认为他们能够出好的效果，那么那些公司就过来投标、接标，最终就让他们来出这个方案。事实上我们试过很多公司，你说他们有一些有理念，有大的理念，但是最关键是好的东西，最终有一点水土不服，落不了地。很多东西其实还是要我们去帮忙，去把更多东西变出点子。实际点说，比如在开幕式的时候，特别前几届的领导，都比较关注领导宣布开幕的那一瞬间。

启动仪式的创意，事实上我们最早期有试过放蝴蝶，就是宣布开幕，然后礼花一放，这时候蝴蝶也跟着起来，那不单是放礼花，起码有个创意，很生动，活的东西在那里，寓意是整个产业更有生机这样一个意思。我们后来有一些是结合音视频，现代一点的，光电的效果也有过。有一年我们在连江口那边，一揭开以后，公布的是那一届评出来的英石王。后来我们感觉英石王可能会引起争议，为什么说它那一块一定是英石王？事实上，我们觉得，这一届所送过来的（英石当中）就那一块最好，为什么不可以评（它为英石王）。我不是说这一块英石就是整个英德最好的一块石头，只是这一届当中，它是最好的。后来就想着还是按我们最开始（的意思），在浈阳湖办公场地的时候选十大英石，后来就是选评十大英石，也是一样的，就是这么多（英石）送过来，我们（评委们）就认为（这些）当中这十块是最好的，那我们就评出来。

在英石文化产业推广方面的工作

2010 年举办了第一届英石文化节，英石园那边连续办了两届，之后也去了连江口浈阳坊那边举办过，其他大部分就是在市区举办。市区主要的场地就是在我们体育馆这边了，（因为）体育馆这边是空的。林超富主席他们是从 2015 年开始评园林英石，（评完之后的）园林英石（需要摆放的地方），就是看这么一个地方（文化馆门口）是空的，也怪可惜的，然后把英石摆在这边（文化馆门口）。一个是评选需要，起码让观众、群众看得到你的英石是什么样子的；另外一个也可以作为点缀、装饰、展示的意思，所以就把英石搬到这边（文化馆门口）来了。

每年在英石文化节期间，我们会有针对英石的一些书画在文化馆展览。我们有一个小剧场，什么论坛之类的活动都会将我们这边作为一个提供场地的地方。2010 年举办的红茶文化节、旅游文化节，还有砂糖橘文化节，（各种文化节）太多了，政府觉得吃不消，就精减、合并了，之后就形成了我们的英德红茶英石旅游文化节。（来的嘉宾）有奇石界的，也有红茶界的，也有一些旅游方面的，各方面结合起来，这样整个节庆的影响力会更大，宣传力度也会更大一点，集中起来做的品牌效应还是比较大的。

2010 年，中央电视台《寻宝》栏目来过，当时跟他们合作过一期。我们就请李佳明过来，推出我们的古英石。英石是（很有价值的），这个石头（古英石）可能就是以前哪个人收集收藏起来。那个时候《寻宝》来了，再次（把它）拿出来，也有结合我们的英石文化节这样一起做，当时他们也去了我们的英石园。《寻宝》节目包括很多宝贝，但更多的是把侧重点放在英石这一块。（该节目）中央电视台综合频道有播出。

英德这边很多非遗的传播或者教育性的东西，都是落在文化馆这边，这是我们的工作。非遗申报从前期资料收集到后来的资料制作，包括视频和表格，都要做文字资料的收集。视频这一块是比较难的，还得要去那个项目的实地拍摄、收集。我们现在这个英石假山盆景技艺（国家级非物质文化遗产），它也是文化馆这边着手申报的，是在2006年整理申报省的非遗，然后2008年是第二批国家级的非遗项目。

目前的英石文化挖掘与发展工作

2015年，我们派过新人去参加广州国际盆景大会。前段时间这个盆景（壁挂式英石假山盆景）还被邀请去了成都，参加"第六届中国成都国际非物质文化节·中国传统工艺新生代传承人竞技与作品展"活动。那场活动关注度还是比较高的，电视台也现场对他们（技艺传承人）进行采访，然后我们传承人还把做好的盆景赠给了组委会，代表我们整个广东，（因为）他（们）是代表广东去的。这个国家项目在整个广东来说也不是太多，把这个盆景代表广东赠给组委会，他们（组委会）也很高兴，也给他们（传承人）颁发证书之类的。他们现在做的盆景在我们英西中学，现在已经什么样的呢？我们之前是有一个水平的盆，做成一种山石盆景，现在是用一个瓷盘做成壁挂式的英石假山盆景，已经与之前那种完全不一样了，这是一种创新。

我们现在在推这一方面的非遗项目，挖掘英石文化的内涵。包括我们园林假山造景这一块，我们觉得更大的一个可能是产业这方面的发展。其实我们更多地应该推这方面，而且这个真是很有历史，你看像苏州园林、像故宫这些，都有我们的英石，我们广东的四大名园这些也都有我们的英石，所以我觉得我们这边其实应该要做这一点。我们已经搜集了材料，成功申报了清远市级（非遗），通过了。所以我们现在在做非物质文化遗产保护这一方面，就是要进行文化挖掘，然后是进行推广。

现在我们还跟院校结合研究与推广（英石文化），也专门请了一些公司来进行包装。另外一个方面，我们还成立了米芾文化研究会。米芾当时是在我们浛洸这边做县尉，是我们一个地方文化名人，我们也正在打造（地方名人文化特色）。米芾是石痴，他喜欢（石头），喜欢英石，我们成立这个米芾文化研究会以后，主要就是想在这个方面加强。当然，除去书画、养生、诗词，我们单讲米芾爱石这一块。我们成立米芾文化研究会以后，想要（建造）一个米芾文化公园，这也是对英石文化方面的推动，到时候也会召开研讨会之类的，将研讨会作为一种宣传媒介。现在英石（文化推广方面）还包括（英石）进校园，目前来说这一方面我们是做得是比较好的，比如英西中学，他们已经成立了一个课题组，在这些方面，目前来说，效果还是不错的。

这些（英石文化推广工作）我们一步步在做，这些东西你想一步登天，这也是不可能的。

访谈人员：李晓雪、林志浩、巫知雄

整理人：巫知雄

做石头是很潇洒的

英德市奇石协会终身名誉会长、英德市艺青英石旅游有限公司董事长邓艺清先生口述记录
访谈时间：2017 年 7 月 27 日
访谈地点：广东省清远英德市望埠镇英石园

邓艺清

广东英德人，前英德市奇石协会会长，现英德市奇石协会终身名誉会长，广东省奇石协会副会长，英德市艺青英石旅游有限公司董事长，著名英石收藏家，是当代英石产业腾飞的重要启蒙人和带头人。他不仅自己的奇石产业做得很大，而且还带动了当地英石产业的突飞猛进，推动了英石产业的巨大发展。他率先在望埠的公路边开辟了奇石门市，引领英石市场的建立；后南下珠海，在毗邻澳门的横琴岛上建起了“石博园”；其后到东莞松山湖经济开发区开启了奇石专营；随后返回家乡，更进一步在望埠东隅青山之阳福地，兴建了“英石园”，开张了“石头酒店”，以家乡方物回馈桑梓邻里。

他与他的弟弟邓毅宏早年建立的英德市艺青奇石园林有限公司，是英德市首批在政府鼓励与支持下开拓石头市场的经营单位，石场拥有多个石山、多条河渠的多年开采经营权，储备资源异常丰富。产品销售范围广至东南亚等海外地区。近年来，石场不断发展壮大，由单纯的石头开采加工销售向多元化发展，成为集石头开采、加工、运输、销售、设计、施工为一体的景观石经营企业，不仅直接批发整石，而且参与工程设计施工，同时承接园林景观规划设计施工。

图 4-42 邓艺清先生 （拍摄者：李晓雪）

遇到高人，启发一下就发展起来了

我一开始做英石（产业）的时候是最早（的时候），（那时候）很少人做的，（都是）一边上山捡石头一边挖石头，是做得很小的。很早的时候一路搞过来都是小搞，不是大搞。我们搞英石有一定的历史，我15、16岁，开手扶拖拉机帮他们拉（英石），后来开东风车帮他们拉（英石）。我开东风车帮人家拉货时可以接触到不同的老板，特别是东莞一个叫祁中棋的（一个老板，在东莞很出名，做假山特别好，在花市上搞园林），现在80多岁了，我帮他拉石头的时候，他就启发了我，他说你想发财，（就）回英德把石头干起来，干大起来。因为有人指点自己，才来干的，我们也不是傻乎乎去干的。我当初不认识政府，很难干，又（需要涉及）政府很多个部门，又是村委又是镇委，（推动英石产业）基本是推不动的。后来，也是遇到贵人，90年代初，在公路旁边，认识我们江惠生书记，就两个人探讨，我说推动石头很简单，我已经想要推动几年了，（只是）找不到人。当年我二十多岁，同谁说？没有人相信，就是找不到（一样想推动英石产业的人）。

江书记和我两个人差不多每个礼拜都共同探讨英石的事。我当年去开发石头的时候，带很多人去开发，当初农村那里争来争去的：这个山头是你的，那个山头是我的。然后我跟他们说，先有石头，后有人类，就是先有石头后有树木，石头到这里来，没有两亿年都有一亿年，把它挖出来，谁保护得好就旺谁，（英石）是大自然的美。后来，他们村民大家一起上山去挖石头，挖的石头我都收购。1997年之前，我就在艺青石场那里拿了一块地（1997年开艺青奇石轩），很多人都说我：石头好吃的吗？很多人反对（我开石场）。当初我艺青石场公司的股份，送给人家都没有人要，个个都笑我。搞到所有认识我的人，都说不要听他说，他傻的。到我石场开大了的时候，后来，英德政府也有领导过来帮我剪彩，我花了十万块钱，做那个场地，做了一次轰轰烈烈的剪彩。

当初（1998年）我第一年收上来的石头，上半年没有卖掉一块，下半年突然就卖了几百万元。1998年过1999年小年夜之前，一下子来了两帮人，一帮新疆的，一帮龙江区的，同一个小时来向我买了（石头），卖了两百多万。（来的是）不同的人，也没有约好，因为当初路旁边只有一个石场（艺青奇石轩）。后来很多人看我赚得轰轰烈烈，（搞得）我身边那帮人都去找地开石场了，这个场就起来了。再后来，他们（英德市委市政府）一定要把我们的石头摆到宝晶宫那里去，和宝晶宫管理会做个园，这样就和原来的书记、区长签了合同：我们出石头，他们出钱。我们1998年就准备搬石头到宝晶宫去，做石头园。

1999 年，珠海市政府来向我买了两块石头，都是回归石，摆在了板樟山，是绿化委员会（来向我买的），他（绿化委员会的人）看石头奇形怪状，就说，我同你合作。那时候（国务院）刚刚下了文件，政府不能同私人合作。后来珠海市政府重视的时候，珠海市政府把一块地给我们，就是在横琴岛，又做起来一个石头公园，石博园。一做了石博园，我们英德电视台的新闻栏目就去（珠海石博园）采访我，回来说我开了两三年石场，突然赚了几个亿下去投资，（搞得）现在我们这里的人全民皆去挖石头，去看石头。这样就把产业带动起来了。

没多久，因为当年横琴岛的开发，不准对外宣传整个岛，什么也不准，（石博园）又停止（经营）了几年，搞得我很累，旺的时候又掉下来了。就这样，石博园开业以后空了七八年。到 2008 年，（政府）才定好那个计划，这七八年，（我）在珠海几乎就是玩，没事干。我 31 岁到横琴岛，我最旺盛的年纪、最好的时候就在那里。（后来）项目停下来，说实在的很累。（年轻时候的）英气没有了，这么种锐气没了，冲劲没了，精神也没了。要到另一个地方去干才有精神，所以我们把横琴岛的石博园让给人家，2010 年回来（英德）干。2010 年回来的时候，用了 100 天做好整个英石园。我拼命指挥，就这样干起来。一干起来，就到现在，所以现在必须要挖掘（英石文化内涵），再来慢慢地重新做成一个品牌。

我从外面赚回钱回英德投资，英石园是没有人投的，就等我回来把它做起来，要把英石做成一个名片，所以我做英石园的时候不是当一种生意来做，也不是（为了）赚多少钱来做，（是）当成一种爱好、带着一种事业使命感来做，作为一种历史去做。因为我赚的每一分钱都是用石头赚回来的，（所以）我赚的钱必须要去做（石头方面的东西），就要把精神放在石头上。石头的精神，是人的一个代表，你有精神玩什么都可以的。你看我们在珠海，在澳门旁边，横琴岛，都没有去澳门赌博过，因为我们一玩石头，石头是很深刻的，很自然，你都不会去赌钱，没有思想压力。

我们这个石头是有一定价值的，一定要保护好它。一定不要散卖，所以我买石回来不卖石，种树不砍树。所以很多人都说，你靠什么收益？我说你靠买回石头卖出去，是不赚钱的，赚小钱的，你种树砍树的人也是赚小钱，种树不砍树的人才是赚大钱的。他们读不懂这本书，因为我曾经和一帮人去调研过，探讨过：为什么种树不砍树？假如你一万多亩地，你把这个地，种了品牌的树，种好了，以后你到那里住，空气是最好的。石头，你卖散了，你一块我一块，就成不了大气候；你组织起来就是大文章，就可以去做一个主题公园，走英石文化路线。做主题公园，把我们的石头作为一种文化，就是石头酒店、石头公园。所以很多人卖（英石）到地产里面去，让我们（的英石）去那个别墅、地产里面作陪衬，而是让它们来当我们的配角。以后我们整个国家富裕了，国家富裕就要玩文化，就要看看哪一种文风好，就向哪。我认为英石主题特别不同。

我自己出来干事，我的两个准则，一，不准欠农民一分钱、欠下面的员工一分钱；二，不准欠银行一分钱。两不准。如果他们去搞大事也是他们搞，我都说你想好一件事，必须大家来参与，有好的吃大家来吃。我喜欢强强联手，我不喜欢全部都是你一个人干的，（一个人再多）也没用，所以我以后去哪里干石头干什么的，做好的时候，让大家来看，大家来参与。

还有，我去了省政府那里摆石头，还去东莞松山湖摆千层石、去东莞水帘山做瀑布，做了广州的大一山庄（英石假山方面）等项目，这些项目的石头都是从英德过去的。

我回来做会长，规矩就让我定

我 2010 年回来到现在 2017 年，没事干。因为这段时间，2012 年到现在，我们国家大转型。能去大干的，就不去做小石头，这几年政府是一种调节的时候，所以我没有站出来干。

我 2013 年开始担任英德奇石协会会长。那时候，由于搞石头的人大家都是好强的，你争我抢的，你说你的好我说我的好，可能你们听过我们的赖展将会长 ，还有朱章友会长，还有富哥（林超富）主席，他们一开会，有些搞石头的人就吵架，就在奇石协会那里吵架，你骂我我骂你，开会差不多都这样。他们（赖展将、朱章友、林超富等）2013 年叫我回来，200 多人（在奇石协会），也准备吵架。我说你们不用吵了，我已经带东西回来了。他们说带了什么东西？还有几包水泥，还有两桶水回来。我说，你们吵架是正常的，不吵架是不正常的。他们说为什么？我说因为你们就是石子，搞建筑的石子，人把它挑到搅拌机里去，人家打石（的时候）吵是正常的，我已经放了水泥下来，水泥来凝结，一搞出来就可以做桥梁，也可以做大项目，也有力量去凝结。

4-43 艺青奇石轩前景（拍摄者：李晓雪）

图 4-44 访谈邓艺清先生 （拍摄者：李晓雪）

当初，奇石协会还剩下4300块钱（经费），我说这么有钱的？还有4300块，还不错，我总以为你们负债。后来，搞英石红茶文化节，市政府没钱拨。因为2013年以后没钱拨了，国家的政策变了。原来我们的协会会长，加上我十几个人，坐到一起来，我说怎么办？有人说你做会长，你借五十万出来给协会？（我说）会长借钱给协会，协会哪来钱还呢？所以我想来想去，（因为）搞奇石节需要费用的，就是看看怎样来把它做活做大做强。我定下了规矩，会长要牵头，我们是一个班子的。第一，我提出来，我（作为会长）出两万块，副会长一万，副秘书长两千。有些人就走了，（剩下的）还有就是我、富哥，还有阿宝，还有一个想走又不想走，在这里摇摇摆摆的。我说，你（如果）走，将来想回来，（协会）要五万，后来他没有走。他没有走，我说马上立规矩，就叫他们发布信息。因为我们英德望埠，英德人很多出去干，全国各地都有人做石头的，我说，回来一个，就搞个（副会长的）牌给你，（我）说有两个规矩，第一不准赌博，第二不准抽烟。做我的副会长，除非你抽了二十年烟，让我了解到才能同意你抽，所以他们说我强权。我说不是强权，因为我们这里的人素质比较低一点，你赌博，输了钱，或者你骗我我骗你的，就要吵架，那时候谁来处理事情，是不是？

现在我们（副会长）在新疆干的都是有的，也是我们这里的人去新疆发展的。因为英德的人有两个话题，一个话题是石头，第二个话题是红茶。你在北京（发展）也好在哪里（发展）也好，办个副会长，过去那里挺好的，最起码（可以说明）你是这里的人，大家喝茶聊天有个话题。我说为什么大家都愿意当副会长呢？（第一个）搞个牌（好开展工作）；第二个你以后赚了钱回来英德投资，起码有个副会长头衔，副会长去找人都很好商量。我说，现在每个副会长都买几块小石头放到办公室去，我们的石头就起来了。还有，我做会长，我说，开红茶石头文化节，我现在让你出3000块，我们必须要画一幅画，请个小有名气的画家。每年奇石协会评石头的时候，我们大家来评一块（石头），第一没有损伤，第二一定要有这个座，（要有）一定的实力，才评金奖，还要画一幅画。所以任何产业的东西，你（都要）看看怎样包装（才好销售），我们的石头是很玲珑的。

做石头是很潇洒的

按照我去考察的（情况），现在我们英德园林石石场是全国做得最好的，小石头做得最好的是柳州。我觉得做石头、玩石头是很潇洒的。第一，要看像、看人，当官的一定送个稳重的给你，经商的就看风水、元宝什么的。都得看个人的身份，个人家里的情况。第二就是地理，就是你家的地，看看（石头）摆在哪里，什么朝向。第三才看石头，看石头的纹理，皱瘦漏透之类。

现在(石头)生意难做，生意不好是大气候，是自然规律。第一个，没有这么多别墅，第二个，没有这么多房地产，它肯定要走下坡路的。你不走一条新的思路出来，绝对是没得做的。所以，我去年回来，就是准备收编他们的（石场），因为他们各个都向我打电话：头痛，春节有点失常，一块石头没有卖出去。生意好做的时候，收编很难；生意不好做的时候把它搞起来，是很快的。因为他们知道我们，他们用进货价同我们合作，就很便宜。所以，我们也不好意思同他们说价钱，我们都是你开价给多百分之十给你。我现在收编了七八个石场，准备做成一个大盘。

目前，做石头的风险就是安全问题。要安装得好、要绑得好，开吊车的要开得好，就是每一个环节都是要师傅来（操作）的。危险的东西，你必须要严谨，不行就不行，没牌就没牌，有牌就有牌，等于你开车一样，喝酒你就不要开，这红线不要越。

现阶段，协会会员大概有一两千个；我们协会活动就是经常带会员去学习，哪里有会展，哪里有奇石展（就去哪里）。去年是去江南五省考察，武汉、苏州、杭州、上海、合肥这些，我们协会每年组织去一次；还请院校相关教授来讲课；还有就是学校里面的培训，像望埠镇中心小学、英西中学，以及英石园里面的盆景制作培训。

在我们这本地，奇石协会有两帮人，一帮是开石场的，在山上和河里面挖回来（卖出去）；另外还有一帮，有人挖石头，有人负责吊装，就是分工，有的靠屯石头卖钱，有的靠接工程赚钱，有的去帮人做工程赚钱，挖的、吊的、装的，已经分出很多产业来。所以我们镇，没有贫困村，只有贫困户，整个英德各个镇都有很多贫困村，就我们这个镇没有。

此外，因为我还是广东省奇石协会副会长，所以今年准备去新疆考察。我们协会不同于其他协会，他们是搞小石头，就像几案观赏的，帮人家点缀，做假山之类；我们是搞大石头，和园林主体去做的。我们协会（工作），属于一种主业，其他的（协会）是副业，其他的可搞可不搞，我们这个就是我们这里的主体，差不多吃饭都靠它的。我们的是产业，其他的协会是业余爱好，所以我们最好还是做起英石园来。

由于英石产业的带动，我们这个镇得到了很大的发展。首先，我们镇2000年才五台小车，到2010年，（经过）10年，现在超过3000台小车；第二，原来连房子都没有的，现在住进了高楼大厦；第三，（原来因为穷）没老婆的也娶上老婆了。

我的梦想就是做个“假山村”出来

我的梦想就是在我们这里做一个项目，做个“假山村”出来。大家（工匠师傅们）回来，全部回来做假山，找一块地，几千亩的，一个人做一座假山，就是做五十座、一百座、一万座，这样也是一个旅游区。我们有材料、我们会做，我们就做出来，这个也是一个品牌。因为有故事说，（比如说）你砌富士山，他砌这个山，我砌这个，就是把世界的名山都做出来。我们找到（你们院校）同你们合作，风景园林设计是挺好的，现在很多其他市，想拉我们去投这个项目，但是我现在就想怎样把那个石头保护起来，怎样把每块石头推上市场。每一块石头都有一定的价值，要做出它的文化来，把它的故事说出来。

还有就是英石园的目标，做好这个园，是让人家来，可能我们就像辐射一样。石头酒店我们可以到全国去发展。下一步推动英石就是大家都来推动，我们把英德奇石协会的作用发挥出来，因为到处都有我们的副会长。我们在这里成立公司作为总部，你是南宁的，他是湖南，那个是湖北，可以到处去做大做强，一定要做出品质，因为现在的生意比较难做一点，你做不好，也是没有（办法）生存，一定要做好才能生存。

从整体的产业上来讲，就英石产业未来的发展，我感觉以后小石头挣一些，做小的点缀，（比如说）你在家里面，做一个鱼缸，要做一个小假山。以后的发展，要做出品位来，做出感觉来，不能像以前那么做。现在大家的素质、层次和以前不同，做精一点，做精做好，实际将来的发展更好。现在很多家庭里面都有鱼缸，种点植物，点缀一下，（看到之后）人的心情都比较好。

人才方面的话，奇石协会下一步（计划）是慢慢去培养、慢慢去讲课、慢慢同大学（合作），我们组织，以后培训合格发个牌给他（工匠师傅等）。因为做这种属于苦力，等于他是做的、吊的、装的，成为一个个专业。有个认证、有个专业来，就慢慢培训，看看到时候同你们（院校）怎样来合作，来培训。学校里面，我们有中学、小学，像英西中学、望埠镇中心小学，还有清远的技工学校，可以让他们（老师傅）去讲讲课。

访谈人员：陈燕明、李晓雪、刘音、钟绮林、巫知雄、林志浩、邹嘉铧、陈泓宇

整理者：巫知雄

以石为财，点石成金

英德市艺青奇石园林有限公司董事长邓毅宏先生口述记录
访谈时间：2017 年 7 月 26 日
访谈地点：广东省清远英德市望埠镇英石园

邓毅宏

广东英德望埠镇莲塘村人，邓艺清先生的弟弟。于 2004 年成立英德市艺青奇石园林有限公司，旗下的广东英德市艺青景观市场，创立于 1998 年 8 月。主要从事假山工程、园林工程、英石销售等工作。

主要作品

假山置石类：北京顺峰山庄、北京十三陵水库、广州番禺宝墨园、英德英石园、珠海石博园、琶洲国际会展中心、深圳大运会、英德市政府迎宾馆（“龙凤呈祥”），创作有“狮子迎宾石”“五羊石”“欲与天公比高”等一批园林置石，并藏有古英石“麝月”。

园林工程类：英德龙山公园、英德滨江公园等。

——我这一生就献给英石园了……以前刚出来工作的时候，其他人有摩托车开，我们就自己奋斗到买一辆摩托车；别人开奔驰的时候，我们就努力买奔驰。所做的一切，就是要努力实现自己的理想。到了现在，建好英石园就是我最大的理想。

图 4-45 邓毅宏先生 （拍摄者：李晓雪）

当时卖盆景，都是装货柜出口的

我做（英石）这一行已经20多年了。读完初中，1991年开始帮人开车运输假山拼接的英石碎石。一开始卖英石，按吨计算，一吨成本七八十块钱，（石场）从石农那里收购，

利润一吨有几百块钱，现在一吨有四五百块钱，比以前要好很多。石农的石头都是他们自己从山上开采运到山脚下的，都是两百斤以下的石头。以颜色来区分有白英石和黑英石，这两种石头在用途上相同，都可以拿来造园、造假山，也可以做造型石，但是顾客更喜欢黑英石。以前在卖英石的过程中陆陆续续也能接到一些工程，但是工程量很小。一个工程下来，石头（在整个工程中）的用量是最少的，一般不会超过工程量的百分之十。当时英石的造景只是局限在庭院内部。

1992年的时候，我不去开车（运送英石）了，就出口盆景。出口到台湾的盆景，8块钱一盆，人家就说我傻，（8块钱）还要配一个小水池和假山。当时我们这里有两个做出口的（地方），一个在（英德）龙山，一个在（广州）花都，当时两个都做得很大，后来都破了产。我当时虽然被说傻，但是还是有钱赚的，我五块钱包给石农，一个盆的成本就两块五，（石农）就放点东西种点植物。当时也很喜欢那种喷雾的装置，（带喷雾的）那种（盆景）是大的，大的就贵一些。后来（做的盆景都要比当时）大得多。当时卖了很多，都是装了货柜运出去的。盆景出口旺了四五年，现在没有多少人做了，佛山还有一座工厂，但是出口量不大，现在每年广交会都有人去展出。

1998年，比尔·盖茨向我买了一块英石（阴石）放在他西雅图的花园内作为主景石。他家里围墙的原材料都是三峡的石头，铺石阶路的那种，从中国运了1.1亿元的石头。当时我还不知道客户是他（比尔·盖茨），帮他把石头运到黄埔港去，接头的人才跟我说这块石头是运到首富（比尔·盖茨）的家里，后来还登上了《广州日报》，当时登了我石场里最大的一块石头在报纸上。我有一本书《石话石说》，是珠海一个记者帮我出版的，也记录了这一件事。后来北京顺峰山庄的老板看到了这个报道，就过来找我（谈项目），那是我比较成功的项目。

北京顺峰山庄算是我的第一个项目。我记得顺峰山庄的老板，他特别喜欢英石，买石头从来没有讲过价钱，那时候我也老实，七八十吨的石头，二三十万就卖给他，现在那园区里还有石头。十三陵水库的高尔夫球场里也有，每一个（球）洞都有一块英石，都是我去帮他摆的。每一个球场（门口）都放一块石头，好让别人知道这是（高尔夫）

球场。

顺峰山庄以后，我还做了几个项目。2004 年以前，英德市没有公园的概念，英德市政府找到我，让我做了龙山公园和滨江公园。我负责的是两个公园的全部工程，包括绿化、置石，但是摆的石头不多，因为工程造价有限，后期我就不做（公园规划改卖石头）了。我有一块五羊石，在文化馆前面，当时是准备送给奥运会（做置石），要价五十万，后来因为很多缘故，没有运过去，我就送给了英德市政府。还有在英德市政府迎宾馆前的“狮子迎宾石”，老的火车站那边的两条石龙，都是我的作品。可惜的是，老火车站那里，刚做好就拆了。我们英德有东乡和西乡，东乡的地势比西乡高，所以（石龙）东边的石头比西边高，当时西乡不同意，就把它（石龙）拆了，几千吨啊。想起当时是（市政府）选择老火车站这个地方，是为了让外地人一进来就能看到我们的英石。当时江惠生书记过来看石头，市委就跟我买了一块石头。那块石头很漂亮，像条鱼龙，本来我舍不得卖，当时还有人就说石头买贵了，江书记就说“不贵，而且要登出去（报道）”。后来很多领导都到迎宾馆去过，（我们英石）就慢慢宣传了出去。（这之后）竹岛、滨港、市委桥头（的置石）都是我的作品。

现在的英石主要用在家居庭院，或风水石这方面。有些人会喜欢在庭园里摆一块英石作风水石，但是整体来说，英石的需求量没有黄蜡石多。杭州有太湖石，但是喜欢英石的也多，估计跟那些建筑的风格有关，杭州那边古建比较多，英石跟古建搭配起来和谐。广东这边则更喜欢黄蜡石。“方圆云山诗意”“方圆十里”等一些新中式建筑的项目都喜欢摆风水石。广州普邦园林股份有限公司在做越秀公园的时候，我们运石头过去（作置石），是他们老总涂善忠亲自出来对接，（当时）设计总监黄庆和过来（审批）。珠海的“云山诗意”，也是他们的总设计师亲自过来挑石头。前三四年，（青岛）旅游公司也来过（我们石场）挑石头。富力桃园的假山也是我的作品，但是那个是黄蜡石叠的。当时他们的老板先找广州的园林公司去堆假山，但是堆得不好，就找我去堆。后来我做了广州白云大一山庄的工程，这个项目就厉害了，当时是广州的第一豪宅。他们的老板太执着，（假山）拆了几次；他比较喜欢青石，而不是英石和黄蜡石。现在的琶洲会展中心，有个“7”字形的楼，旁边有一块风水石，是我帮他（会展中心的老板）做的，后来他在长沙分公司的那些石头也是我们做的。

我们是望埠最大的园林工程公司

我们公司自成立至今已经有十几年了。最开始是石场，2004 年成立公司，注册资本是三千万。我们当时在艺青园林公司下面办了一个房地产项目，属于艺青园林有限公司的经营范围，而旅游公司就是独立的。电商由我外甥负责，他们在我们石场搞电商，也是艺青奇石公司旗下的。我们不想搞得太多关联（指集团化），（公司结构）越简单越好。现在我的公司都不怎么单独卖石头，（业务）主要是在（园林）工程，（石头）是作为收藏。现在望埠镇的园林工程公司有几百家，我们是最大的，跟我们差不多规模的一共有三四家。现在的（假山）工匠工资是一天 800 到 1000 元，我们养不起，所以只能跟做设计一样，搞个项目，然后按项目给工匠多少钱。2000 年以后，石头生意开始旺起来。以前石头生意的市场规模很小，石场就十几家，主要销往广东省内。现在（2017 年）没以前好卖，（现在）有五百家石场，（交易）量大，每天都有外地车来运送石头，主要是销往北方的城市，其中上海比较多。我们望埠有很多人去上海租一个铺位卖石头，帮人造假山、做鱼池，店铺主要集中在花木场这些地方，像广州岑村“花卉世界”，英德市政府还专程去报道过这件事，进行产业宣传。杭州也有几家（这样的铺位），前段时间，我在杭州做娃哈哈的项目，去看过（这些商铺），他们生意都很好。我在广州岑村有两家（店铺），东莞也有，但主要做花木这块。现在市场形势的变化，主要跟人民生活的改善，还有（对英石）审美水平的提高有关。

我现在主要负责英石这块，还有后期的房地产项目的工作。当时政府让我把好的英石都收集起来，为了收集好的英石，公司一直亏本，我们也没办法，只能慢慢熬。我们除了收集石头，有时候也会到香港、国外拍卖古英石，有好的石头我们也会拿出来拍卖，（大部分古英石）是明朝、清朝的石头。其中一块名叫“麝月”的古英石，就是找石主张泉伦拍卖回来的，他是古玩收藏家，当时新闻还有报道。这块石头没有考证过，但至少是三百年以上，石座是黄杨木的，一石一座，底座是唯一的。2016 年广东省召开世界盆景大会，大会的会长想用 30 万美金买下“麝月”，我不舍得卖。它的保存没什么特别的讲究，二三十年不动它也没啥变化，最多有点（发）黑。古代也有人收藏石头，但没有我们现在玩的这样（方式多样）。小的英石只能做摆件。收藏石头，好石头不用多，几块就可以。现在增值（空间）最大的还是古英石，虽然玩的人特别少，但是它时间越长增值空间越大。古英石表面很光滑，有“包浆”，跟我们的木头一样，时间越长越漂亮，玩石头玩的是文化，现在古英石都是在（石友）内部交流。2016 年，国际盆景协会（的负责人）过来，告诉我说随时都可以邀请他们过来，其实我现在（英石园）做好了，可以搞个小园做盆景。但是我现在还在创业阶段，没有闲心去搞。以后我准备搞一栋别墅，作为公司的（总部），里面最好放五块十块最好的、有记载的、名人把玩过的知名英石。

我这一生就献给英石园了

英石文化节是2010年开始在中华英石园举办的。现在（清远）组织部有个“扬帆计划”，每年安排30万元资金培训英石工匠，做一个盆景专场。我的想法是在英石园上面种一些树，教工匠们做塑石，学习报价。现在有些东西还没有批下来，要等政府统一规划。现在（望埠镇）的师傅基本都是在搞房地产（项目），除了一些搞水泥的师傅，基本都是年轻人，他们接触得多了，就自然（做回英石这行）。我们望埠镇出去工作的，文化水平都很差，（学徒）就跟着（师傅）摆石头、画图。（英石园）门口有几个中专毕业的年轻人租了个档口，帮人画那种摆在门口的置石效果图。他们做的设计很简单，但是做得很好，我们去杭州做宗庆后的项目的效果图都是他们画的。现在英德这样的效果图公司就他一家，新闻都采访他，鼓励年轻人创业。他们在制作效果图的时候，师傅会给他们意见，让他们做出（跟师傅的构想）差不多的效果图来。

2014年，广东省财政厅拨款150万、清远市政府拨款50万、英德市政府拨款15万给英石园作为文化项目的支持资金，以收藏（保护）英石为主要内容。现在每年（政府）资助的金额不一样。2014年省政府拿了2000万出来（扶持）全省的文化项目，英德市获得200万的支持资金，还有50万给了连南的“耍歌堂”[①]。

现在的工匠喜欢在石头上做盆景，要恢复（假山盆景技艺）。一些家里没有园子的业主，喜欢买一盆几千块（的盆景）放在阳台。我们这边的英西中学就在做创新的英石盆景，2017年3月份，他们的两个老师彭伙强、谭贵飞跟我的侄子邓建党去成都参加盆景大赛，还得了奖，引起了很大的反响。

我对英石园的期望还是比较高的，我这一生就献给英石园了；我未来就是想搞一个自己的英石博物馆。现在中交集团跟我们谈英石园（项目），河源政府给了我们3000亩地，1000亩地是中交集团收购的，房地产建筑才1000多亩。中交集团想要通过石头做出名堂，我们就负责提供石头。跟王健林说的一样，投资的钱，可以忽略不计，但是为其他投资项目提供宣传、技术和服务平台的作用却非常大，（河源的英石园）一定要规划好，不急，一步一步来。跟我们聊过的人都觉得我们很实在，为自己的理想目标奋斗。以前刚出来工作的时候，其他人有摩托车开，我们就自己奋斗到买一辆摩托车；别人开奔驰的时候，我们就努力买奔驰。所做的一切，就是要努力实现自己的理想。到了现在，建好英石园就是我最大的理想。我们现在不考虑（外资入股），因为（股东）会意见不统一，很难搞，（导致）最后没有生命力。

①广东连南瑶族的民间节庆，2006年入选第一批国家级非物质文化遗产名录。

英石园最重要的就是生命力

2005 年，去欧洲大英博物馆的时候，我感触很大，里面有一块很小的石头，是英石的阳石，上面记载是清朝时候从我们圆明园掠夺过去的，我拍照回来，把（照片里的）英文给老师翻译，翻译出来是灵璧石，但是我说绝对是英石，当时我没法在大英博物馆跟他们（外国人）争论，回来之后我更加坚定要搞英石园的决心。英石的筋和回纹跟灵璧石很不一样。灵璧石有网纹，但是没有褶皱，(扣起来) 声音也不一样，没有英石那么“秀”，可以做秤砣。英石在我们粤语里面讲，“有纹有路”（谐音“有门有路”），但是灵璧石没有。

我从 2008 年开始征地建英石园，英石园征地征了两三个月，是历史上最快，没有一点争议。当时酒店门楼的两边已经砌起来了，中间不知道要做什么，就请了林大（广东省林业职业技术学校）的莫老师过来，他来到现场看了之后就画了一个草图。后来莫老师还找了我一起合作出版了一本书《假山工》，作为中职的教科书。每年我们这边都有十几个去林校读书，也有毕业生回来英德工作，都是从事园林设计、园林相关专业的。

我们英石园最重要的就是生命力，不一定要一年内搞好，但要每一年都有新的东西做出来，捆住这帮（老顾客）。现在酒店的顾客，80% 的都是熟客，我们没宣传过，但是来的顾客住过一次，就肯定会再来住第二次。我们现在的服务跟不上我们的口碑，因为我们服务这块不是专业的，以后慢慢也要跟上了。我们慢慢经营英石园，如果需要做假山，我们可以自己找师傅搞，一步一步来，相信一定能做好。

现在我准备找人帮我们做个宣传册，把我那些项目都展示出来。我们以前有一本宣传册，叫《石话石说》，是珠海记者帮我做的。有了宣传册，别人就能快速了解我们公司，把我们的英石文化更好更快地推广出去。

访谈人员：陈燕明、李晓雪、刘音、钟绮林、巫知雄、林志浩、邹嘉铧、陈泓宇

整理人：林志浩

图 4-46 课题组成员与邓毅宏先生交谈 （拍摄者：李晓雪）

给浮躁的社会建造一座冥想的园林

英德市艺青奇石园林有限公司总经理邓达意先生口述记录
访谈时间：2017 年 7 月 29 日
访谈地点：广东省清远英德市望埠镇英石园

石头是文雅的，能吸引人

我们公司（艺青奇石园林有限公司）从 1996 年开始经营石场，当时英德一个石场都没有，没人觉得石头是值钱的，经营石头看起来很傻。1997、1998 年开始，从农村的角度来讲，我们逐渐赚了大钱。现在跟以前不一样了，马路两旁有很多石场。在之前，就算政府给地，农民们也觉得不赚钱，不会去办，但是只要有一家赚钱了，示范效益就很快传播出去，各地就开始办起石场。按照不完全统计，我们英德的“Y 字形产业带”是目前全国最大的风景园林石集散地。因为国外不喜欢将石头聚集起来卖，所以说中国最大的（风景园林石）集散地，就是世界最大的（风景园林石集散地）。全国各地的石头包括英石、黄蜡石等都集中在我们这里，还有外省像湖南等地的石头，要卖出去，都得拿到英德来卖。

我们英德经营石场的主人都是土炮，不会写合同，不会说话，也不知道要怎么宣传，但是我们从小都是在英山脚下长大，自然对英石有感情。玩石头有两种玩法，第一种是把它当作商品，暂时收藏，然后把它卖出去；第二种就是“石痴”，每天抱着石头，茶饭不思。对我们做这行的来说，不能做“石痴”，因为这样会失去对全局的看法。我自己比较少玩石头，我的石头都是展示，然后卖出去，起到宣传效果。

以前英德没有专门的园区供游客观赏英石，游客们去看的是我们在（望埠镇）黄田村开的第一个石场。所以我们当时的想法就是想做英石园，作为一个文化展示窗口，对石头进行展示宣传，让全世界的人来到英德，都能来这里看英石，然后遇到更多喜欢英石的人。石头是文雅的，能吸引人，比如说一些领导、文人雅士就可以来英石园看石头。每次他们过来都是我在接待，我一起帮忙写个合同、做一些接待客人这方面的工作，久而久之，对公司的事务就熟了，脱不了干系，所以我当时过来英石园，大家都欢迎我，一起助力把英石文化传播出去。来到我们英石园的一个感觉就是安静，我一直都认为人一看到古建，就会变得安静。大城市的节奏太快了，我改造英石园的时候就想把这里做成一个让人发呆的地方，不那么浮躁，放慢节奏，让人们停下来思考，沉淀自己。

现在英石园的项目都是我一手抓。这个项目成果还没有出来，我们现在主要的工作是市区的房地产项目。英石园这边日常管理由经理负责，我在这里主要是思考问题、积淀，在这个过程中很多人提了宝贵的意见，我再去进一步提炼和筛选。

——我们从小都是在英山脚下长大，自然对英石有感情……英石园作为一个文化展示窗口，对石头进行宣传，让全世界的人来到英德，都能来这里看英石，然后遇到更多喜欢英石的人。

邓达意

原任英德市望埠镇第一中学校长，从小喜爱英石。2010 年出来做英石的相关生意，现为英德市奇石专家、英德市中华英石园总经理、英德市艺青奇石园林有限公司总经理，主要负责英石销售和石头酒店经营。

图 4-47 邓达意先生 （拍摄者：邹嘉铧）

石头在园林中是画龙点睛的

技艺有两个方面，一个是国家级非物质文化遗产的英石假山盆景技艺，这个是“小假山”；另一个就是大型的园林假山（英石园林造景技艺）。80 年代的运输水平不是很高，一辆东风车也只能拉两三块石头。当时为了满足人们欣赏石头的需要，只能把景石缩小成微型的盆景，运到家里去。（盆景）在 80 年代风靡一时，销售到香港，以及新加坡，那时候很流行一种喷雾装置，特别是在北方。到了接近 2000 年，这种审美方式已经不能满足人们的需求了，因为（盆景）还是太小了。这个时候，高速公路建起来了，又有吊机了，房子也大起来，加上一些大型的园林公司发展起来，需要大型的园景，远处的景观要搬进来，做大型的假山多了，小的盆景就开始被冷落。

盆景技艺培训方面，我更注重的是实践。我们很多都是跟着师傅在干，就像邓建才师傅一样，我们公司派几个人给他打下手，钱（工资）方面，师傅付一点，我们公司付一点，这样（学徒）就可以每做一个工程，学习一点。但是我们这里的师傅理论知识比较欠缺，我们这些年纪大的（师傅），经过很多年的实践，如果能够到像高校里学习理论知识，就能（进步得）更快。举例来说，我们师傅去做假山的时候，还会带一个总工程师，因为像地形的标高，石头要怎么按照 CAD 的位置摆好，这种我们师傅就搞不定，需要总工来解决。做水的时候，水往哪流，要从多高的地方取水下来，还有一个就是钢筋的数量、承重是多少，这些全凭师傅经验。像一块石头，要计算（底座）能否承受得住，这些他们不敢自己决定。我们现在很多房地产底下都是架空的，在上面能不能放石头，也是一个很大的问题，所以需要更加专业的理论知识来支撑他们的技术。

现在我们园林假山的技艺会加入一些现代的要素进去，其中一个要素就是水，长流水。以前他们做的都是静水，小溪引流过来的。现在我们有水泵，可以模仿高山流水那种动态的（景色），更加自然。我们做假山，第一点要注意的就是水从哪里来，然后再挑选石头去布局，布局得越好，所花费的时间就越短，（石材）浪费的也越少。布局的时候，在出水口等地方打个底稿，画出大概，这样能比较直观地去做。我们发现一个奇怪的事情，就是把所有园林古建做好了，再去找假山，结果假山进不去（门太小了），我深入思考其中的原因，觉得是否是因为老板或者工程师不知道施工套路？他们用吊车和叉车把石头吊进去，我就一直在思考为什么是建筑先做好，再把石头放进去呢？我内心深处对造园的想法，觉得会不会是因为我们的石头在园林中起到画龙点睛的作用，当园林做好了之后，石头放进去，作为点睛之笔？

我们这个镇有五万人，加上周边的镇，由我们镇向外辐射，有两万人在珠三角、长三角做园林假山。这里 80 年代 90 年代走出去的那一代，都已经做不了（假山）了。以前都是做那种很小的盆景，2～3 米长。现在都是大的，两三吨一块石头，用吊机来吊的。现在假山叠石做得比较好的师傅，有邓建才、丘声武、丘声耀，还有邓建党，一天能有一千块钱的收入，少的应该是六百，收入其实挺高的，就是比较辛苦。邓建党师傅和邓建才师傅都是我们隔壁村的师傅。邓建党师傅现在在青岛，（负责）我们公司的一个项目。邢占峰是我们英石的老客户，他在青岛的工程，都是叫我们邓建党师傅去做的。他（邢占峰）是一个企业主，也有自己的公司和园林工程。我们很多时候都沦为二手、三手，赚不到多少。邓建才师傅从小就跟师傅一起学习，也已经形成了自己的一套（技艺）。

我们对叠山的师傅评定一个等级，要依托的标准有四个。第一点就是通性，就是自然，“虽由人作，宛自天开”；第二个就是口碑，金杯银杯不如口碑，因为你要用客观的东西去满足老板主观的东西，它不像我们设计图纸一样精确的，除了要满足自然的法则以外，只能通过沟通去达到（客户）满意的效果，最终去体现它（的造型）；第三个就是文化的传播，有些客户不懂欣赏，就去帮他提高欣赏水平，在座的都觉得好看，唯独他就说不好看，那你就得把你的理由、做法灌输给他（客户），让他逐步理解；还有最后一点，就是良心的问题，你（师傅）应该先为客户考虑怎么做才好看，再去考虑经济（造价）的问题，这样才会越做越好看，因为是按照（客户的）理解去做的，而不是单纯在推销商品。

做石头一般情况下是没有验收的。验收不验收、合不合格的问题，我觉得就当事的说事的人认可了就没问题了。但是其中有一点通性就是，大多数人都认为“假山”做得越自然就越好看，验收就没有太大的问题。

英石文化推广难免遇到一些问题

思维混淆

英石文化的推广过程中，难免会遇到一些问题。比如说杭州娃哈哈的项目，当时我叫了丘声武一起去跟宗庆后老总商谈。他的后庭想做成一个用碎石拼成的迎客松，像这种大工程，他（老板）下面有个总经理，总经理下面有个项目部，项目部要分一个总工，然后是施工员，施工员才是具体管理这个假山，这样就变成了一个工种，没得发挥。做好之后，他（宗庆后）就问我们多少钱，本来我们说好是多少钱一吨，但是我们用碎石去拼松树，用不了多少吨石头，后来他问报价，我就叫丘师傅报比较高的价，老板就说这么贵，问丘师傅多少钱一吨。他就说，老板，那个画家画画，一张纸和一支笔多少钱啊？我们这个是搞艺术哦。结果他（老板）就没话说了。他们把这种按照水泥砖来计算的方法用在我们英石的假山上，这是很不好的。

石头有一定的地方保护性。每一个县、市都有自己的石头。比如安徽有灵璧石，浙江有太湖石，广西有大化石，新疆有雅丹石；像我们广东，就要用自己的英石进行宣传。但是不行，我们广东留下的古建太少了，所以（英石）都是往江浙和北京这些古建多的地方去。整体对英石的需求量，江浙和北京是比广东大得多，因为那边都是古建，英石和古建是绝配。

我做过一个很简单的测试，问我们当地的石场主，我问他，“这是什么石头”，“英石”，我再问他，“这又是什么石头”，他们会回答“太湖石”或者“类太湖石”（其实是英石中的阴石），这样其实对我们的英石文化是有不利的影响。我们英石和太湖石确实有很多相似之处，但这两种都是英石，只不过一种在地底下（阴石），一种在地表面（阳石），“英石”和“阴石”我们在普通话里不好区别，所以他们才变成这种混淆的思维模式。我们现在帮宗庆后私宅庭院做了石头，不可能跟他说用太湖石，因为他指名用英石。因为我们英石的储量非常大，而太湖石储量非常少，江浙一带很难找到石头，如果我们（英石）能在江浙一带打开市场，那么“太湖石”就只能成为传说了。

人才欠缺

工匠这方面的人才，采石头的石农我们是不缺的；我们缺的是园林设计专业、电子商务运营、英石的财政管理、英石文化研究这几方面的人才。电子商务的人才都喜欢往大城市去，不会到我们这里（偏远）。我一直认为，我们英石这方面，以英石文化做研究，才能把公司做大，甚至做成上市公司，但是我们这欠缺这方面的人才。

现在省政府组织了一个“人才驿站”的计划，各行各业、各个地方要设一个专门培训人才的地方。英石技艺这块，就由我们酒店提供场地。曾经有个领导问我“我们培养人才不单单是培养英石方面的人才”，我说“我知道，我们英石也需要培养很多人才，与其他行业培养人才并不一定矛盾，而且我们英石园的环境很安静，能让人安静下来，能提供这个环境（做培训基地）”。

现在我们门口有一个效果图公司，叫“英东园艺”。几个年轻人也就是会几个软件，photoshop 这种，就能够帮人画效果图了。有效果图给客户看，就是有个差不多的样子。效果图要素材，但是有些石头素材我们是没有的，那就需要手绘去画出来。以前没有电脑，师傅们也不会用电脑，像邓建才师傅就会画一些手绘的效果图给老板看。就算是没有电脑素材，我也可以手绘出来。但是我更加倾向于一个作品要表达的意思，要达到的目的（是什么）。因为每一块石头都是不同的，你不可能用图纸表现出来。比如说我们有几种山峰，要做成行云流水、玲珑剔透的，这种能由工匠（与客户）交流去发挥，能比图纸更集中（表达），因为有的时候图纸做了，表达不出来。

积极联营，集中力量办大事

虽然目前由政府作为主导才形成这么大的市场，但是整体格调比较低，没有形成一个集中的（英石售卖）园区，而是散乱在路边。现在的经营方式有两种，一种是等客上门的实体店，另一种就是电商。现在奇石产业带的每一个石场都有一个个体户，大概有 200 个左右的个体户，他们各自经营。在这个过程中，石场主是非常难熬的，每个月才几拨客人，这拨客人不买的话，可能很久才能等到下拨客人。

电商是 2008~2012 年发展起来的。石头区别于其他商品，是一种艺术品，网上看的效果跟实际看的效果有差异，为了看清楚，还得到现场去核对货物。但是客户到了现场以后，周围都是石场，选择就多了，就不一定会跟你（原来谈好的卖家）买这块石头了。为了留住客人、去吸引客人买石头，石场主就会竞价，比谁的石头更便宜，这就导致恶性竞争。最严重的是按吨计算的竞价，严重破坏了市场。所以我们不赞成电商这种经营模式，因为石头是不可复制、不可再生的，会越产越少，我们觉得电商应该进行宣传式的经营，而不是现在这种。

20 多天前（2017 年 6 月底），我也邀请了政府领导、各个石场主，商量要搞联营，一起搞好英石的宣传工作。第一步就是，所有公司要成立一个股份公司，最终形成一个品牌，这个品牌是所有人的品牌，但是产权不变，石头转化为股份，谁买了石头，大家从资金池里抽取（分红），也不用将资产全部重组。第二步，我们会集中力量在网站上做宣传。宣传的对象第一个是别墅假山，第二个是园林绿化，第三个是高校园林研究人员的设计运用，第四个是风水置石。我们也可以把政府的名片一起打出去。原来我们是等客上门，现在我们要主动出击，只要有人在网站上看到，

图 4-48 邓达意先生现场讲解英石园建造情况 （拍摄者：刘音）

图 4-49 英石园晨景 （拍摄者：刘音）

就可以来我们英德看石头。到时，我们会派接待员去专门接待。石头价格会有A、B、C三种价格，卖到最高价的，资金就放到资金池里。政府每年可以拨款资助这个网站，使得网站每天可以有七八个员工去进行信息的筛选和整理。

做好基础工作之后，我们也有更大的想法。每一个场地，石场主去进货，把钱给品牌，由品牌把钱付给石农，卖了石头的钱，打到某个园林公司的账户，然后再扣掉一些费用，再还给石场主。这样有利于我们政府收税，也能引起政府的重视。

我们英德现在没有一个大型的公司能够与其他用石行业的大公司进行对接。举例来说，碧桂园这样的大公司，不可能跟你个体户合作，因为人家是大公司，他可能就会选择跟大型的园林公司合作，由大型的园林公司去负责石头。这就使得我们各个石场主成为二三级的承包商，沦为帮人家打散工。大型的房地产公司跟园林公司合作，开发票开的是园林公司的发票，而园林公司却往往不在当地（英德），政府就收不到税。我们（所有石场）联营，每年就能有十多亿的资金流量，政府就能收到税，公司也能够上市。这样做，还有一大好处就是能对石头进行保护，如果大家联合起来（联营），石头也不用派人去看着，因为再没人偷了（都是自己的），这样就省下请安保工人的钱了。我提出这点以后，政府有很大的反响，奇石协会内部也有很大争议，如果成功了，就是集中力量办事情。

但是这当中牵扯到一些问题，一方面就是信任度的问题，另一方面就是市场分配的问题。石场主们不理解，他们主要担心这个公司成立之后，石头就归你了。还有最重要的一点就是没有一个公司站出来带头做这件事（联营）。因为这是大家的事情，要花很多时间，而且在做的过程中可能会出现很多流言蜚语，还不如搞好自己的公司。所以说，政府带头会好一些。要有这样的公司站出来不难，我们公司也可以做这样的事情，有很多承包贸易公司也可以站出来。

我对这个产业未来的发展方向，往这方面（联营）走，还是很乐观。联营的举措，我们还处于讨论当中，包括我们邓艺清董事长也只是其中的一员。他的工作是先把石头给储起来，保证石头的储量。石头毕竟是不可复制的资源，我们不想贱卖，还是想提高石头的价值，成立这个公司，是我们的梦想。但其实联营也不是上策，因为我们英石毕竟是不可复制的资源，联营也是卖了。最好是本土参观，包括我们的山也不开挖，就像你们那天去蛇斗山一样，我们做成只看不卖，这样是最自然的方式，即使不能全部做到，能有一部分作为代表，这样我们的子孙后就有享受（资源）的权利。资源有一天是会枯竭的，枯竭了就没有了。

石头是精神上的追求，越是平静的社会、盛世，对石头的需求越大。现在我们习主席讲的“中华民族的伟大复兴”，以前我们看到罗马柱就觉得高大上，都向往外国，现在我们都觉得还是园林好。

访谈人员：李晓雪、刘音、钟绮林、巫知雄、林志浩、邹嘉铧、陈泓宇

整理人：林志浩

面向全国，面向世界，才能做大

英德市奇石协会秘书长兼办公室主任邓志和先生口述记录

一期访谈时间：2017 年 7 月 28 日；访谈地点：广东省清远英德市望埠镇英石园

二期访谈时间：2019 年 1 月 17 日；访谈地点：广东省清远英德市望埠镇英石园

结识石友、举办活动，推广英石文化

我和邓艺清董事长是同乡。我们从小上山砍柴，脚下踩的就是英石，对英石也是耳濡目染。2016 年 3 月份，我回来（英德）工作。一开始主要协助其他公司做一些工作，并且慢慢了解和熟悉英德奇石协会的相关工作。在转来做园林之前，我在广州做交通工程信号优化的工作。从 2011 年开始，我跟英德奇石协会的邓艺清会长有所交流，也慢慢促使我产生了转行的想法。2016 年春节，我得知，未来英德在英石、红茶和旅游这三大产业将会有很大的发展前景，当时我就考虑回来英德发展。2016 年下半年，我开始正式接触奇石协会的工作。 2017 年，我开始真正意义上从事园林规划方面的工作。

除了专业学习，我对传统书法、山水画等也接触得比较多，所以对英石文化推广的理解能力相对会好一点，做起来也会比较顺手。我父亲也是在做园林这一块，我家有三个兄弟，我们都没有从事园林这一块工作，我二哥 2014 年回来是在英德另外一个园林公司做奇石销售的工作。我回来的话，也是希望自己在英石文化产业有一定的发展。

担任奇石协会的办公室主任以后我不觉得后悔。因为在奇石协会工作，可以接触很多很有鉴赏能力的石友，可以向他们学习到很多知识。以前看石头只是知道石头好看，现在能说出石头的“瘦透漏皱”、石纹、特色，知道哪些石头比较稀有，比如红英石。

目前，英德奇石协会主要的工作就是定期组织一些石友去外地参展，比如深圳国际文化产业博览交易会、清远非物质文化遗产展览等。我们的英石假山盆景技艺已经入选了国家级非物质文化遗产名录，所以我们每一年都会有相关的盆景技艺展览。另外，协会还会组织石友们参加一些英石收藏方面的活动，例如 2010 年 12 月在顺德清晖园举办的英石邀请展，是由“顺德英石观赏协会”举办的。这些活动能够加深各个石友对英石文化的学习、理解，提升自己的鉴赏水平。

现在全国各地，包括广东省都有各级的观赏石协会，但是除了“顺德英石观赏协会”，目前全国范围内还没有其他的专门为英石办的观赏协会。英德一开始命名是“英德市奇石协会”，没有以“观赏石协会”命名。顺德就特别提出了英石这个名字，而且邀请了英德很多精品（英石）参展，很有水平。

——好的师傅可以判断石头的重量、大小以及石头哪一面更好看，他可以只看一下你的设计图纸就能完成整个园林工程，但是现在我们工匠师傅的价值却没有体现出来。

邓志和

英德望埠镇人，2016年3月份回乡，从事英石相关园林工作。现为英德奇石协会秘书长、办公室主任，致力于推动英石文化的发展。习书法、画山水，从小对英石耳濡目染，有自己独到的体会和见解。

图 4-50 邓志和先生 （拍摄者：刘音）

图 4-51 邓志和先生访谈 （拍摄者：刘音）

顺德人民对英石情有独钟，有一定的因素是因为清晖园。这座园子的主体假山叠石都是用英石来做的，做得很漂亮。另外在英石收藏交流方面，因为顺德离英德很近，算是有一个地域性的原因，所以顺德、英德两地的交流比较密切。顺德那边确实是比较多石友喜欢英石，所以会经常直接来英德跟我们的石友一起上山捡石头。

除了定期组织参展，协会还有两个比较重要的项目都是围绕英石，针对英石文化产业的人才培育，分别是清远的“启航计划”，还有广东省的“扬帆计划”。目前我们奇石协会有两个子项目，一个是英石文化保护与研究，另一个是英石文化推广与英石销售大数据平台。我们希望能够以这些项目来推动英石文化产业的发展。“扬帆计划”是2015年申请下来的，这个计划由省政府组织，已连续几年得到支持，到2017年已经是第三年了。我们每年都需要汇报本年举办的活动和研究成果等工作细节，做好材料汇报和总结。“启航计划”，是由清远市政府组织的，它们都同属一个系列，计划培育的是英石技艺、商务运营、营销管理、文化管理等方面的相关人才，都是跟我们英石息息相关的。

现在英石文化推广方面，我们邀请了英德市的诗人、摄影家协会、美术家协会一起参与进来，推出了“七个一”的活动，叫作“一石一证一故事，一照一诗一书画”。每一块英石都具有唯一的收藏证书，然后如果这块石头被一直收藏下去，就会产生一个故事，这是“一石一证一故事”；此外，我们还会请摄影师、摄影专家为每一块石头拍出一张非常漂亮的照片，请诗人专门为这个石头作一首诗，或是一篇文章，（把石头）跟文学结合起来，就是“照”和“诗”；“书画”就是书法和绘画，拍好照片以后，我们会为它作一幅画，题上一首诗，将它跟诗书画结合在一起，在收藏的时候又有石头又有书画，这样能够将石头与文化收藏价值结合起来。而且我们邀请的都是英德市本地书法家协会的书法家，还有本地美术家协会的画家，这样有利于我们保护和发展本土文化。以后，我们希望有更多的大师为我们画英石，一起来为我们英石的发展助力。最近我们也在朋友圈交流，我有一个朋友，现在就读于天津美院，他想专门画英石，而目前专门画英石的人是非常少的，只有英德才有。如果英德人把英石画得非常好，那到外面，可以说独树一帜。诗词这一块，我们请的也是英德市的诗人，他们都在英德，自然对英石文化怀有热爱，对产业发展非常关心，所以才能够创作出好的作品。“七个一”就是关于石头的故事、诗、书法、画，作为“七个一”工程最后的成果，我们会出一本书，选一百块有代表性的石头，或者以后会有更多创新的产品出来。

英石匠人的价值亟待体现

英石技艺包括两方面，一个是英石假山盆景（技艺），另一个是英石园林造景（技艺），英石假山盆景技艺已经入选了国家级非遗名录。英德市的英西中学、英石园，还有望埠中心小学，都吸收和发展了假山盆景技艺传承基地。英西中学这两年在传统技艺之上，创新地运用英石，将其贴在一个圆的瓷碟上，做成一幅山水画。平常我们看到大多数都是在花盆上做一个英石假山，他的创新点就是用一个碟子，让英石更加立体化，挂在墙上就可以欣赏山水画，这在近几年是一个创新点。他们还将这个传统技艺作为第二课堂去培养学生，很多学生的作品都做得非常漂亮。作为一个普通中学来说，这对英石假山盆景技艺的人才培养是起了非常大的作用，因为他们在初中的时候就有对英石的敏感，这些学生高考以后，也许就选择了园林这一块的专业，（大学）学完回来以后，对英德的园林行业这一块会有很大帮助。

现在我们整个行业的发展并没有体现师傅的价值，体现的都只是公司的实力，然后再由这些公司去请师傅。我们做一个园林假山，一百万承接下来，派一个施工队去做这个园林工程，但是我们在报价的时候并没有说明，我们是请的什么样的、什么级别的工程师，什么样的师傅做这个工程，这样就很难体现师傅的价值。师傅是很重要的，虽然有园林公司设计或者承包商已经做好了效果图和设计，但是我们英石具有材料多变、形状不规则的特性。怎么摆好看，不同的师傅、不同层次的人做出来的效果是不一样的。我们的师傅相当于独立出来的设计师，虽然他不会画图，但是他摆石头很有技术。好的师傅可以判断石头的重量、大小以及石头哪一面更好看，他可以只看一下你的设计图纸就能完成整个园林工程，但是现在我们工匠师傅的价值却没有体现出来。

整个产业，按照上一辈人的情况，他们都没什么文凭学历，靠自己的经验才把英石这个产业支撑起来。到了现在我们这一代可以说是“石二代”，当我们有一个文凭学历的话，就有一个很好的基础，能够有更好的创新点。我们协会很重要的任务就是把这些（师傅的价值）梳理出来，先让我们的老师傅拿到证，之后师傅们通过做工程提升价值，这样能够对我们后来出来学习的人提供很大的帮助和指导。

英石产业缺人才

英德还是比较小的城市，大学毕业回来英德创业的人比较少。像我 2016 年回来，英德工作的朋友同学，大多是公务员、事业单位，真正回来投入到园林行业的，只有我一个人。所以其实在英德，如果政府对大学生创业提供更好的政策的话，会多一点人回来。

现在年轻人才主要是做英石销售的工作。像我们二十多岁这一批人，父辈有石场的，就回来做销售这一块；没有石场的就做网络营销。这几年电商发展很快，他们自己可以利用整个市场的资源去做销售，比如说你有石头，我可以跟你谈一个底价，然后我放到市场去销售。

我们英石在市场卖的价格并不高，卖的时候都是按原材料的价格出售。像园林、环艺这些设计单位，购买我们的原材料去做设计能卖出更高的价值，而我们英德在设计这块就比较缺乏，设计人才也好，设计的相关企业也好，都比较缺。

人才培育方面，现在主要是在假山盆景这一块做。园林工程这一块目前是一些工程公司在做培训，但是不成系统。身边也会有人学园林工程，绘图这方面他们也会自己报名去学习，参加一些培训。我们身边的同学，小学就毕业出来做园林，一般就跟着师傅，现场制作，跟个一两年，然后相当于成为一个工程师助理，做多了，三五年就可以自己慢慢独立出来，自己画图，自己做一个简单的百吨级的假山也是没问题的；也不是很大，一百吨到三百吨是比较常见，大概是 10 米 ×20 米这样一个场地，（石头）实体占地，应该是 5 米 ×6 米到 5 米 ×8 米。他们做的叠石假山按高度来算（重量）。邓建才师傅就是初中毕业，他没有获得什么园林资质，但是他的作品，可以让人家觉得他做得好。他去到现场就能手绘，画一个图出来，这个可以体现他的设计能力。如果奇石协会为他颁一个证，技艺工程师或者是园林工程师，哪怕只是在我们英德承认也好，慢慢地，大家就会获得更高的资质。因为我们现在整个市场做什么事情都要有学历、证书。他们没有这方面的学历，如果有教育机构的认证，公信力就不一样了。奇石协会暂时还没有实施园林工程的培训，但是有计划请做园林（工程）比较好的师傅，来做一些培训，开一些讲座。

2016年开始到2017年上半年，我们专门做了十几场英石文化的讲座，为的是推广英石文化。我们的讲座没有说专门面向某一类人，除了石友，我们比较希望面向更多普通老百姓。

大部分人对英石文化还不了解

我自己的定位是我从事这个行业，我必须懂得假山设计。我收集作品，一般不会针对某一个人的作品去收集，我们团队觉得可以的作品都会收集起来，主要是因为我们这边还没有大家公认的英石做得好的大师。我接触的比较近的就是邓建才师傅，他参与了粤剧艺术博物馆的英石假山制作（工程），这个作品就很有影响力了。这些收录下来的作品基本上分为两大类，“峰山”跟“叠石”，竖向的叫峰山，横向的叫叠石；另外，我自己就还分为室内和室外，以及按照工程量进行分类。按照我自己的估计，英石假山工程在整个园林工程中占的比重相对其他石种，占有相当大的比重。90年代，在珠三角特别是在东莞、顺德、中山这一块有比较多的我们英德人开的石场。到了现在，我平时接触的工程都是覆盖全国各个地方，往北一点像贵州、江西、福建和苏杭、上海这一带，都有我们英德人在那开石场、做园林工程（英石假山）；南方的湖南、广东珠三角各个地方也都有。

我在珠三角的时候，别人问我是哪里的，我会说我是英德的，然后再补充清远英德，因为大家都是先知道清远在哪，然后才知道英德（在清远）。然而，英石这个行业里面，外面的人都知道英德在哪里，因为大家都知道这里的师傅假山做得好。有些人不知道英德这个地方，是因为他没接触这个行业。

因为英石是四大园林名石之一，英石在收藏这方面知名度是很高的；但是英石假山行业（知名度）是非常小的，是园林行业里非常小的一部分，属于细分的领域。大部分人对英石文化以及英石的收藏还不是很了解，这些还只是局限在圈子内。

未来在英石文化的推广普及方面，可以从收藏这一块入手。除了大件的英石，我们还有更加小的那种英石，可以拿在手上把玩，它的受众更广。这类小英石不需要配底座，它可以放在茶几、书案，放在插花的盆子旁边。比如我们喝茶，我们有办公室的就放一整套茶具，但是许多普通的农民就是直接扔茶叶到水壶里面煮一大壶茶，喝茶就是这么普及的。以前只有达官贵人能喝到茶，现在普通老百姓怎么喝茶都可以。以后我们英石也是这样，也不用上升到什么样的文化高度、配一个底座什么的。他可以很普通的，拿着一块稍微有点形状的英石，像玉一样拿在手里把玩，像喜欢喝茶的人会随身带一个小茶罐一样，只是我们的英石比较锋利，手感要刺痛一点。这个也是我最近在思考的一个新产品，以后我们的英石也希望能做成这样。

我们石头园酒店的石头现在都只是摆在酒店里面，未来我们可以做一整个系列，摆个几十件上百件的英石在外地的酒店、机场。到那时，别人就会问，这是什么，不懂的人会问这是不是用水泥做的，然而一旦他知道了这个是英石，看得多了，对英石的印象越来越深，英石的文化也就逐渐传播出去了。

一代一代人能够将假山做得更精致

我未来想把工作重心放在园林工程这一块，而把玩英石这一块，我现在理解为副业。公司未来的发展有计划去引进一些设计师，跟一些园林设计公司合作。目前，我们尝试提供给园林设计师一些石头资源的照片，然后他们可以直接运用到设计中去。现在英石的应用主要是建筑材料、鉴赏和水泥。把英石用到建筑材料的，可以切成自然面，贴到墙体，但是英石的石质比较容易碎裂成粉末，这些都离不开设计师和我们师傅的配合。像我们师傅，也只是通过经验，也没有去形成什么理论。所以未来，相关的多领域合作一定是英石和园林设计一个重要的发展趋势，那时跨界的概念可能会更加淡薄，大家都是同时在做不同的行业，所以我有可能不只从事一个行业。

英石跟现代建筑结合得比较好的例子比较少，现代的建筑大厅里面有个大水池摆一块大的英石，这种案例还是比较少的。英石还是一种比较传统的造园工具。在建筑设计这一块，我们的工程设计知识储备也是比较缺乏的。我们现在的认识还是英石配古建，用在现代化的建筑里面还是比较少。

我们英德是中国英石之乡，但是我们去哪家店都没有看到挂出“中国英石之乡”这个招牌。我们已经有这个资质，像英石假山盆景技艺已经获得了国家级非遗（名录）、英石获得了国家地理标志产品，这些都是我们的品牌，但是我们都没有去用。我们英德的这些师傅没有学历，但是有水平，有水平但是没有资质。我们就是将这一代师傅，通过与高校结合，将他们资质转正，去培育下一代。公司的经营也是慢慢地走上正轨，我们现在（师傅）都是接私单，不用签合同，像普通作坊，专门做英石假山的公司就还没有出来，还没有在全国有公信度。以后我们公司的发展一定是做园林工程这一块，虽然这一块不是公司的强项，但是拥有英石资源同时能做出优秀英石假山的公司才会出名，才能够把英德、英石都宣传出去。

我们推出大数据销售平台是为了将英德石场的资源整合起来，大家放到一个共同的平台去销售。英石没有专门的销售平台，而像“中国园林网”，有自己专门的奇石销售。我们英德奇石销售的市场空间其实也很大，只有我们将石场的石头集中放到统一平台进行销售，面向全国、面向世界，这样才能做得更大。

我比较喜欢书法，绘画和书法都是一体的。我作画就是直接用毛笔画假山，像《芥子园画谱》一样。以后我可能会有一个自己的工作室，为业主做一个园林的过程就是画一幅山水画，同时配套着做出来。这样，我们园林假山就被赋予了一个内涵——做一个园林，按照一幅画来做，石头和画是有呼应的。在园林这块，我觉得是比较有前景的，我想专注于英石假山这块，因为全世界英石之乡就在英德，我们有独一无二的资源，我们如果专注这一块，以后面向全国，有可能我们英德做英石假山就是第一流。我希望以后一代一代人能够将英石假山做得更精致。

图 4-52 邓志和先生介绍行业情况 （拍摄者：邱晓齐）

图 4-53 邓志和先生讲解碟景制作 （拍摄者：钟绮林）

假山制作的标准就是自然

英石园这边的碟式盆景，可以让有兴趣做的年轻人都过来做，这里是对外开放的，也用来培训。英石园这边有工作室，都是我们做园林的，人数比较多，主要负责的人有7个。

有的精品碟式盆景会放到另外一个办公室去，大厅的东西主要是展品，给人学习；也有人定购这些盆景。大厅的盆景不算多。我们在外面有生产，不过是按照一个造型去做的，批量生产的碟式盆景的内容是可以重复的。这些盆景以山形为主，山形又以峰山为主。我们构图要留白的空间有三分之一或者四分之一；横向的话留白三分之一。有些师傅完全不懂，但是他们也能做。

峰山自然（形态）上是竖的，只有英石有这种直纹，所以从另一个方面来讲，英石（在碟景制作的时候）一般不做叠山（指横向堆叠）。碟式盆景造型有它统一的地方，主峰、副峰、流水都有套路，（盆景中假山的整体造型）有S形，有C形。S型的主峰占盘子长度的四分之一时最好看；从风水来说主峰还是要靠左——我们面对它时，它是在我们的右手边，对它自身而言则是在左边。盆景要摆出好的风水的话，主峰就要靠在左边，然后流水留下来，不要看到水走。主峰除了要靠左，它的顶部到碟子边缘的垂直距离应该是碟子直径的四分之一左右。主峰一定要用最好看的石头，（用）最大的一块石头做，这个主峰的主石要突出表现，其他的石头都是给它作陪衬。如果你用碎的石头去做（主峰）的话就出不了整块石头的效果，所以山峰最好是一整块石头。放置顺序的话，先定好主峰，然后再配其他石头；底是在最后面再做的。

石头（整体）的外轮廓一定要顺着碟子的轮廓曲线。流水的话讲究曲水，有些师傅做的水是一条直线下来，就没有这种感觉。因为我们做这个讲究风水文化，赏石文化，要有云头雨脚的感觉。要把赏石文化在这些假山中体现出来，把“瘦、透、漏、皱”表现出来，而这些假山制作的标准就是自然。从侧面看碟子里的假山一定要有厚薄（变化），就是假山立体上的厚薄（变化）。假山里面一定要有平台，也可以有小桥，有些拼接的石头，拼得很生硬；不要石头有多长，就做多高。也不要强行地对接，那样接会有石纹，选石头也要选好。

假山可以构建一个场景，有空间让人进入其中，引人入境。有平台的话，人就可以去游赏停留，有引人入境的效果。配树也有讲究，树一定要跟人在一起或者比较近的距离。有些作品，树直接种在平台下面，有亭、路，这样来营造一种环境跟人（互动）的效果。这个配树（材料）是专门有人做的；有时我们会用真的树干，然后再插些叶子。也可以自己种真的树，真真假假，到时候真的树长好了，可以把假树去掉，但是比较难造型，会比较难养。配树要像山水画那样子，一般是近景才画树，远景（的树）是点缀；树的种植要有层次，是一组一组（种）的。

如果是要落款的话，我就把这种白色的碟子当作宣纸；落款的位置、大小、内容都有讲究。这个碟式盆景的款呢，我就会在营造的环境的视觉焦点附近落，人们在看环境、空间的时候，会自然地看到落款。落款有些时候讲究画面均衡，有些地方需要强化营造的意境。

一期访谈人员：陈燕明、刘音、钟绮林、巫知雄、林志浩、邹嘉铧、陈泓宇
一期整理人：林志浩
二期访谈人员：李晓雪、刘音、邱晓齐、钟绮林、黄楚仪、刘嘉怡、黄冰怡
二期整理人：刘嘉怡

摸着石头过河

英德市园林景观石业发展有限公司温必奎先生口述记录

访谈时间：2017 年 7 月 28 日

访谈地点：广东省清远英德市望埠镇英石园

摸着石头过河，都要从不懂到懂，从人家不接受到大家接受

我生长在这个英石之乡，小时候也不知道石头是分英石、黄蜡石这些的。2010 年，我开始接触英石，也是人生当中第一次开始慢慢去接触石头。当时是我们现在的英德奇石协会会长（邓艺清）在珠海那边有个石博园，我们在石博园做导游的时候就开始认识英石，接触英石。从珠海回来英德，然后我开始慢慢做卖石头的网站，到我自己出来创业是在2014年的时候。现在通过互联网这样去做石头贸易，把这个石头卖到全世界，包括中东国家和美国、韩国这些地方，我们都有石头这样（通过网络）流通过去。以前是着重发展传统（卖石头），我们现在的话都是发展到这个互联网（奇石贸易）这一块。

当年比尔 · 盖茨就是通过互联网在望埠镇这买了一块石头，应该是 2003 年。那个时候还比较早，是互联网刚刚进入中国不久的时候，像我们这些四线五线城市，那个时候是没人懂互联网的，到 2010 年最早的第一批人才慢慢打开互联网的市场。2010 年我们英德望埠镇奇石市场就有几个年轻人开始做网络这一块，做网络（贸易）跟其他产业一样是分代的，一代一代发展，现在的话衍生到了第 4 代、第 5 代这样。“石二代”比较专攻互联网这一块，也有一部分会慢慢回来进入金融市场，学市场管理这一块，还有一部分会继承手工艺这一块，跟着自己的父辈去做这个事情。年轻人觉得这个行业有意思的就会加入（我们），他们就看懂这个行业，知道这个行业是个什么样子，以后会发展成怎么样；但是更多（年轻人）是往外走的，他们认为外面才是世界，世界是他们的。

当时第一批做网络（贸易）我自己也有份，也是自己干自己的，摸着石头过河，什么都不知道，跟传统行业是一样的，都要从不懂到懂，从人家不接受到大家接受。我们就是读了高中，没什么文化，在网络上我们也不是顶尖的那群人，我们也很普通，其实就是每天勤奋地去上网去研究这个怎么弄，以前就是一天半天都坐在电脑旁边。现在做开了基本上就比较少自己对着电脑了，公司和平台运作起来了，我们就通过管理人员，来管理我们的平台。

我做的第一个互联网的生意是接到一个西安的地产项目，它这个地产项目，建设的时候就需要我们英德的园林景观石。当时我们好像谈了两三个月，这个客户会私下调研下你这个人怎么样，再时不时打个电话问一下你到底有没有这回事，问你是不是做石头的，然后到客户差不多认可我们的时候，他就从西安飞过来（看石头）。他过来的时候，我就跟一个同事开车，到广州机场把他接到英德。那个时候也没有说（这个生意）要做成，也是当一个朋友这样去接待他。这个老板到英德以后，他也不去看你的石头，然后就跟你聊天，直到认可了你这个人。我们当时带他去选石头，他说他不去选，因为他也不懂石头，他就需要我们把景观做成一个什么效果。当时他来之前我给他做了一个效果图，

——园林景观做得好，它确实是会提升这个房地产的价值。

温必奎

1991年生，广东省英德市奇石协会副秘书长，经营英德市园林景观石业发展有限公司、英德市向奎茶业发展有限公司；着重经营英石的电商贸易。

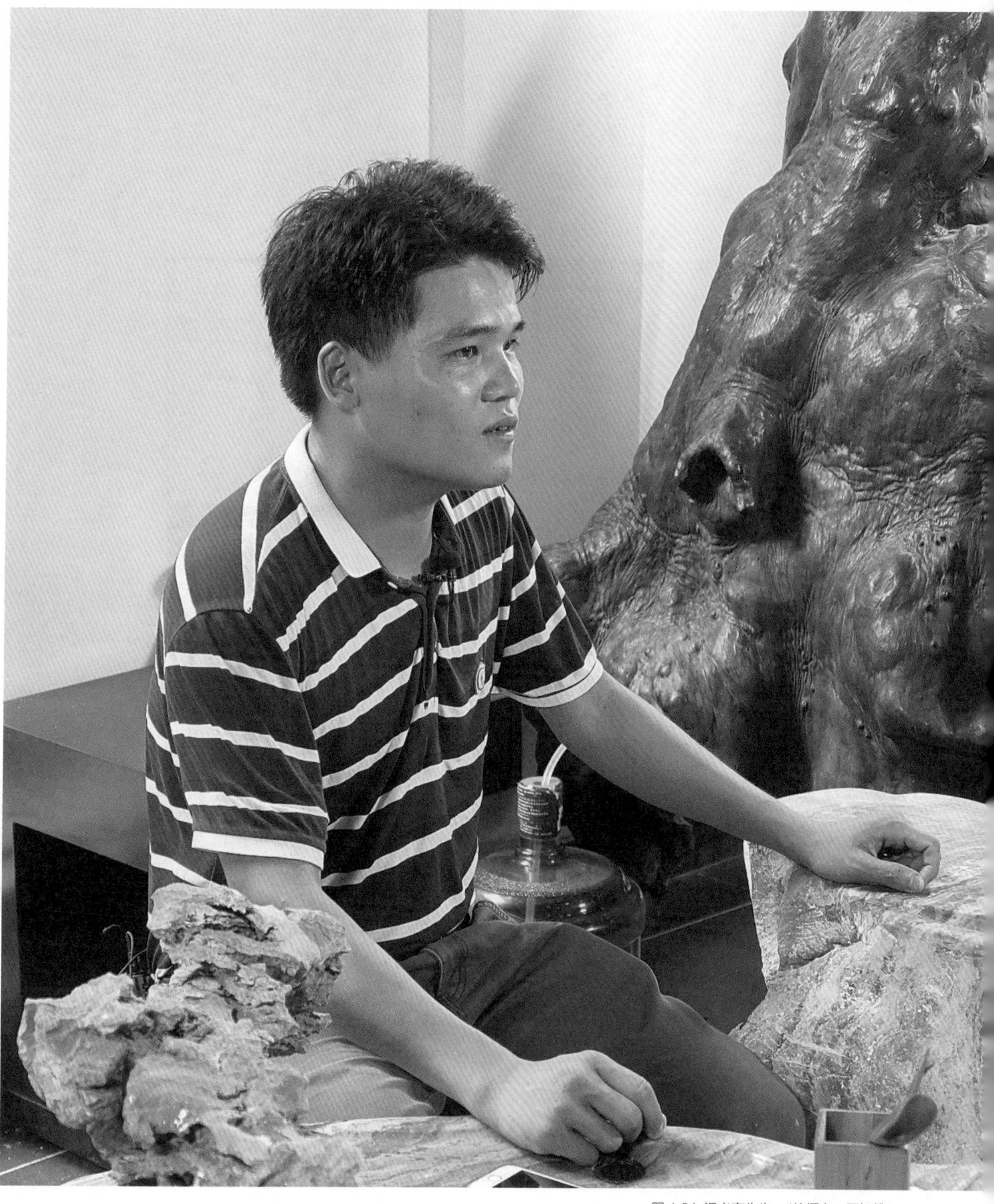

图 4-54 温必奎先生 （拍摄者：巫知雄）

图 4-55 课题组采访温必奎先生 （拍摄者：巫知雄）

是一个四季图，这样让他见到我们的人，然后见到我们的石头，都是真的，然后他（客户）就基本上不用去看这个石头，就只需要达成这个效果。当时谈得还是比较愉快的，客户付了10万块钱定金，也没有说什么时候发货，没有说什么时候去（西安）做。老板认可了以后，他就明白是有这个事情，剩下的交易就水到渠成了。这样我人生当中第一次通过网络的交易就成功了。

发展到现在，对于老客户来讲，他基本不会坐飞机或者坐高铁这样过来确认。其他客户买个石头，可能只要喜欢，就会下手。整个市场都很成熟，人们都能接受这个互联网（销售平台），他们是通过电话来了解石头，然后比如说一块石头，客人知道它是什么石种，还有它的规格大小，这样大概确认了就可以直接打包发货。

整个石头行业现在也比较少说用什么东西去处理这个石头（后期修图），现在大家都建立了一种意识，对于石头来讲它应该就是原汁原味的，拍好就放到电脑上，再放到我们的网站以及互联网上面去。现在讲求社会诚信，比较少存在（欺骗行为）了。我们当时还经历了被骗的事情，我们石头发过去，但是收不到对方的钱。所以（电商贸易）也还是比较多风险的，所以都是摸着石头过河的。

海外的合作越来越多

海外的项目我做的不多，就是美国以及中东这边做了一些（生意），还有就是韩国和马来西亚那边，也有一些项目。

它（英石买卖）是分国家的，英石还是出口的多，在石头买卖这块来讲，英石这个板块占得比较大，黄蜡石这些相对比较少。像我们做韩国的生意的话，一年整个市场总量都会有几千吨。

韩国那边是用来做景观，他们做的不是传统的园林，是另外一种类似于日式的、更加韩国式的那种造景。韩国那边的景观有点区别于我们中国的这个（景观），它（叠山）就是堆起来的，也不要堆土坡，堆起来就很漂亮。一般做得很大，也有小的，但以大的（叠山）为主。

韩国那边早期是他们的师傅自己做（叠山），他们有跟我们交流，邀请我们带师傅过去。去年我那个搭档就去了一趟韩国，当时我们说一起过去的，但是我刚好还有个项目在赶工，要准备开业，然后（韩国）那边我们三个月前就定好什么时候过去，就没有推迟那个时间，让我搭档直接就过去了。那一次师傅没过去，我搭档只带了一个翻译过去，还是他们本地的师傅在做这个事。我们也邀请过他们，但他们来过的几次都没有带师傅过来，因为他们主要是过来采购石头的，他们很多东西都不怎么公开。我们当时不是直接面对韩国的，是一个厦门的朋友帮我拉了几百吨石头，然后他（厦门的朋友）又引进了韩国的园林公司，带公司的老板到我们这里来考察，再进行合作。

青龙石有很广阔的市场

小的英石都在高端的市场上使用，但这个使用的方法确实是外面的人比我们先研究出来，有专门的公司做这个内容。比如说，我做的时候，会被要求在一个鱼缸里面砌假山，然后再弄点花花草草，可以养鱼，也有过滤系统，平时都不用管它，没有什么后顾之忧，英石原本就有在水里的，他可能养一段时间，鱼养了，石头也养了。

图 4-56 青龙石鱼缸景观（图片由温必奎先生提供）

以前我们有一个拍档就是这样的，因为他认识很多北京那边的客户，他们有用这个，就邀请我们在一个展览厅做一个 12 平方米的（鱼缸）。他们（北京那边的客户）就跟我们说，让我们再宣传一下，提升（知名度），把这个市场做出来，因为现在外面的人都在享受我们这个东西，但我们现在是贱卖，很亏。而且有一种情况，很多大公司不太屑于做这个（小的叠山景观），他们都更喜欢做大的，做个十米或者二十米，像“清明上河图”那么长，因为小的英石要再加上运输上的成本，很多大公司不愿意做。

外面的人喊我们这些小的英石碎石叫青龙石，它虽然小小的，但是可以通过一些创作，弄一些新的价值出来。从庭院的那个尺度再往微观就像做这个鱼缸，它这种是更小的工艺品，每个人都可以把玩，然后价格又不贵，需求量很大，还有一些新的创意！这种东西以后可能就是传统工艺发展的一个方向，因为传统的东西在现在生活中要变化嘛，那可能就像这种鱼缸，大家看完很兴奋、很有趣，从来没有想过可能会有这样的东西，传统的基本都不去讲这一块，而且这也是这几年才兴起来的。我们都有计划准备去参展的，去上海，去那个广州琶洲，这些地方才对接得到更大的市场。

挖掘到英石的附加值，我们才有新的出路

如果是讲危机，那都是成熟了的市场。我们是做石头生意的，石头讲究一个“暴利”；以前是这样的，到了现在的话，基本上是没有“暴利”这一个说法，现在就类似于在打一份高级的工。比如说，以前我们一块一千块钱的石头，可能能卖到两万块钱，那就叫“暴利”；现在可能就是一千块钱买回来，再卖个一千五、一千八出去，因为也是通过互联网，然后这个市场就透明了。

发展到现在，我们电商跟传统产业的冲突基本上很少，现在是实体的买卖跟互联网的一起了，市场是这样的，我们卖石头也只能就是这样的。但是实体来讲，我们（实体的商家）始终还是没有互联网（的商家）竞争得好，这个市场上的竞争还是比较大、比较混乱的，因为它（互联网）带来的客户是全世界的，实体（商家）的话，即使再大，它带来的也只是周边的圈子的人或者是朋友，这其中一部分还是由互联网带进来的。市场就是这个样子。

据我了解，好像在早期，就是我们这里有个人在花都开过一个类似于学校的东西，他们做盆景，是一个盆景工厂这样的。现在据我了解，应该是还有五六个师傅吧，就是从那一代留下来的，然后到现在都没有说开办专业的工厂啊、盆景基地啊什么的，没法邀请学生过来这里去培训，或者是拜师傅。这些师傅还在英德，既做盆景，又做假山。一个是邓建才，另外一个是丘声段。丘声段是丘声武他哥哥，丘声段还是前一辈，还有丘声考也是他们同一辈，那一代的师傅都是有很高水平的。现在可以自己动手做的大概有几百人，他们会全国范围去接生意，不是单独在这个镇上待着，有些已经在杭州、四川那里开场了。这样估计，因为有些人已经是老板了，有些还做着师傅，那就应该不止几百，可能就有成千上万人了。

平时的园林工程石是按吨来计算的，很廉价。在我了解的话，有个公司是上海的，他在我们英德每年会买500吨左右的青龙石，然后可以发挥它（青龙石）的副价值，总计可以卖到2000万。他们公司买的500吨那种小英石最终能卖到2000万，你除一下，算一下，就是4万一吨，4万一吨那是多少钱一斤？然后你才知道，我们那个石头是可以讲斤卖的啊！所以一定要挖掘到英石的附加值，我们才有新的出路。

采访人员：李晓雪、陈燕明、刘音、钟绮林、邹嘉铧、林志浩、巫知雄、陈鸿宇

整理人：刘音、巫知雄

回乡创业，白手起家当老板

英东园艺公司负责人吕保进先生口述记录

访谈时间：2017 年 7 月 30 日

访谈地点：广东省清远英德市望埠镇英石园前英东园艺公司

英德这个地方比较小，基本上也没人做效果图

我本身是英德人，所以我回来家乡做石头就顺理成章了。一开始，我帮家里的石场（昌伦奇石场）卖石头，我姐他们就在东莞、增城、佛山这些地方做（园林）工程。石场偶尔需要做效果图（给客户看），而英德这个地方比较小，基本上也没人做效果图，所以我才开始做。

我们做这个效果图有七八年了，大概从 2010 年开始做的。我们也就是个工作室，现在这里很多事情要做，但就三个人。有时候我也要到家里石场帮一下忙搬搬石头，没有太多的时间，人手不够，做不来这么多；即使生意很好，也只能推掉一些（效果图的）工作。英德市做效果图的公司可能就只有两三家，但是他们不是针对石头为主体的，大部分是做园林设计的效果图。以石头为主体的就两个（公司），我跟我姐；我有三四个姐姐都是做效果图的。我们现在也做一系列绿化（的效果图），但是不专业。

在我们工作室，一般像一张效果图，按工作量来算，差不多一两千块钱；如果是外地人（找我们做）就不是这个价了，我们都是本地的给优惠价。邓建才和邓建党师傅，都是我认识的英德这里的工匠师傅，也经常找我们做效果图。

我们现在主要的客户群体基本上是本地的师傅，还有一些石场的客户，都是以石头为主。现在邓毅宏董事长（英德市艺青园林奇石有限公司董事长）在杭州娃哈哈的项目、青岛“港中旅”温泉度假村、深圳云计算中心的置石、艺青奇石场的效果图都是我们做的。现在也有一些英德师傅在外地做工程，所以我们也会有外地的客户。广州番禺宝墨园的效果图，也是我们承包下来做的；这个是先有园林公司做的（绿化），后来我们做的假山。河源那边石头园、重庆清远园的效果图也是我们做的，石头都是从珠海石博园取过来的素材，碧桂园别墅的项目我们做得也很不错的，还有很多在外面接工程项目的效果图也都是拿回来让我们来做。

对石头熟悉才能又好看又快地做出效果图

一般师傅找我的时候也不一定有手绘稿，有的是师傅自己先画好（再找我们）。他们会先给我一个场地尺寸，我画的时候，他们也会帮着画一些尺寸。师傅需要告诉我这是一块什么样的地，要什么样的鱼池和假山，具体的假山形状则由我来定。如果他要过来修改，就我们两个人一起一边沟通，一边修改，自己（效果图设计）这关能过，跟客户对得上就没什么问题，除非他（客户）不喜欢这个石头。所以，做效果图要事先沟通好，弄清楚（客户）喜欢什么石

吕保进

广东英德人，现经营着一家英德市为数不多的效果图公司——英东园艺公司。公司位于英德市英石园入口处，规模非常小，但效果图生意却异常火热，供不应求。

头，大概的意向，要做什么效果，是要做气派的、还是那种细水长流的瀑布，用什么石头来做等等。这些内容说不准的，每一个师傅手艺和审美是不一样的，做起来都不一样。如果说客户喜欢黄蜡石，你做英石的就白做了。一般他们的工程做完之后都会回复给我实景图，有些还不仅仅做了石头（还包括一些绿化）。效果图和实景图的效果不敢说完全一样，但是一般（做成之后）会比效果图漂亮。我们也有做简单的效果图模型。

本地也有人在外面用Photoshop做效果图。有一些人对石头不理解，做出来的假山就不好看。石头是有高低层次的，主峰、副峰都有讲究的。一些公司门口会做风水池，很讲究的，做错了有些人讲话会比较难听，一般峰和石头都有讲究。比如说这里面是一个走廊，下面的石头基本都是基础，基础的石头高低要有层次，感觉不舒服那这块石头就不应该摆在那里。风水也说不准，好像室内的风水摆设，只要走进去不是很压抑、很不舒服，能顺自己心意就不是很有问题。这些就没必要再做一个模型，这些（效果图）最直观，做出来也是差不多的效果，如果再做一个模型，他反而会看不明白。这个地方如果不大，一般不用建模型；如果这个地方是一块黄泥地，那就要做模型。

我们的素材都是自己去拍的，基本是真实的，比较好，这里很方便，逛一下就能收集到很多的素材。我经常会到现场的屋顶上拍实体相片，然后直接用Photoshop做出效果图。我对石头比较熟悉，一般我做一张效果图一个下午两三个小时就可以了；实在不行，再多磨两三次就可以了。

想把公司做大

望埠镇这里就只有我（做效果图），做石头的企业集中在望埠，而做假山的师傅又集中在我石场那边的村，同心村那里。那里的人是最早出来做（假山）的，然后慢慢带（徒弟）就形成一片。

我们有想过把公司做大，但是比较难，请不到人，来了的都是学了两三天就走了。学这个（电脑技术）的都向往城市，不会往这里跑。

访谈人员：刘音、邹嘉铧、林志浩、钟绮林、陈鸿宇、巫知雄

整理人：林志浩

朴实的生存之道，踏实的发展路途

中外园林建设有限公司广州分公司骆宏周先生口述记录

访谈时间：2016 年 6 月 25 日

访谈地点：广东省清远英德市望埠镇英石园

从自作聪明到自我成长

我当时报考专业填了不服从，当时我从来没有考虑我会考到海大（海洋大学），但是当时学校打电话问我，我自作聪明选了园艺。园艺，园林艺术，是搞艺术的，期待着。后来发现，原来园艺就是搞花卉果树的，园林才是搞园林设计的，当时真是自作聪明。

其实，读园艺对我之后出来做园林是有帮助的。读园艺的会比读园林的人对苗木的生长习性等懂得更多，比如什么时候开花、落不落叶。园林是怎么把它种得好看，设计得好看；园艺的人主要工作是怎么把它种活、种得好。

我读园艺，但是我一直以为我可以做园林，我就一直想做园林，因为做园林是可以养活自己的，可以帮人做效果图呀。因为这个原因，所以当时我是整个园艺系里面软件用得最好的人。以前我读书的时候，为了能够养活自己，我就跟几家公司签协议呀，帮他们做效果图 。那时候的小老板看不出你的设计有多完美，他最喜欢好像照片那么真的效果图。现在的效果图呢，不会像以前一样，3D 来拉 Box，建模然后用 Photoshop 来做；现在就用“草图大师”，拉一个框架，把透视做出来，然后手绘再画两下，就很有水平一样。一开始 200、300 元一张效果图，一路做到最后 1500 元一张效果图。后来他们嫌贵，我说这样吧，包月，包月一个月 500 元，四张以内，只画局部效果图。当时读完大学就没跟家里要过钱了；第一年拿了 4000 元回去。

大学刚开始有落差，我觉得那时候的自己呀，不应该在这里读大学，所以就没什么心思上；而且第二点呢，想看看靠自己能不能生存下来，想自己养活自己，所以什么好赚钱就干什么。但是我有一个要求，新学期出来的课程，我会发给做这个行业的亲戚，她说很重要的我就会学得很好，如果不重要的，我觉得及格就行了，多一分都是浪费。

我最早期做的是那时候很流行的全 flash 动画的，那时候我为了做一个全 flash 的网站逃课去计算机程序专业学。有了 flash 这个基础之后，我学软件就比较快了。因为做 flash 动画的时候还要做排版嘛，平面设计也要去选修的，在平面设计里面我们专门去选修，去学这些东西。

我跟别人不一样的是我不是用常规的思维去考虑问题，我也不建议太着急去做一件事，先把它想透了再去做。刚开始没赚到钱，我连电脑都没有，就学会了这些软件。我去图书馆，譬如我想学这个 flash，我就随机翻，找到相关的 10 本书，我的图书证可以借 4 本书，拿其他同学的图书证一起借，借 10 本书出来，我把这 10 本领回去都翻一遍，然后挑一本我最喜欢的来看，我就以这本为教材。晚上宿舍的人睡觉，我就起来操作；当我遇到看不懂的，就从另外的 9 本中随机选，直接翻到那个章节看，因为每一个老师在软件上有他自己的方法，在不同的领域里有他擅长的地方，

——我跟别人不一样的是我不是用常规的思维去考虑问题，我也不建议太着急去做一件事，先把它想透了再去做。

图 4-57 骆宏周先生 （拍摄者：李晓雪）

骆宏周

毕业于广东海洋大学园艺专业，现工作于中外园林建设有限公司广州分公司。

解释的方式也不一样，总有一个老师说的我能懂。所以我就拿这9本按顺序看，直接翻到那个章节看，当我看懂了就不再往下看了。我还没遇到过有一个问题我看完10本书我还不懂的，真没遇到过。

我学过什么，我能干什么，我能干到什么程度

我第一次去找工作还读着书，有个老板很急要招人。我们班有15个男生，13个都去了，但他们都不行。约好八点半，我提前了解他的公司在哪里，来回花多少时间，因为太早来不好，迟到了更不好，所以我提早20分钟来这里。结果老板有事耽误了，前台财务让我进去，但这样呆呆地坐着也不好，我就在那里泡了一壶茶。

老板来了，我说："不好意思，没等你就泡茶了。"他一下子就很高兴："啊，坐坐坐。"觉得你这个人不见外，能跟别人打交道，能马上拿出去用，当然这是后话。我说："我们不用那么见外，你给我待遇那么好，找人那么急肯定有什么急事，我能做马上帮你做，也不耽误你的时间，我不能做也不耽误你的时间，你再找别人吧。"他说："有道理有道理。"马上拿了一个项目，是公园的整改，我用一天半把图整理清楚，他没仔细看就直接给业主，业主说，就是这样的。他就马上要我了，然后再谈我的待遇问题；我说不用那么繁琐，我能做就做。

一直以来，我们公司面试的简历我基本都看过。我以前简历超级简单的，什么都没有，就两个表格，上面一栏基本信息，搞清楚男女，给张照片看看。下面我就写了三个问题：我学过什么，我能干什么，我能干到什么程度。我找的是想找的工作，所以我写什么东西能干到什么。老板最喜欢这种简历的，他们特别不喜欢写获得什么奖的，不需要；但大家都是生怕别人不知道自己有多大本事。

2006年到2007年年底，那时候园林行业发展得特别好，公司很多中层因为待遇问题全跑了，公司一下子空了。其实不能随便跳槽，不是随便进一个公司就可以做经理。因为中层领导只适合培养不适合空降，他是承上启下的；换到另外一家公司呢，老板的信任度也没那么高，下面的人基础又不稳，不服你呀，他们认为你影响了他们的利益。

我这样总结大学四年，用一个比喻：大一的时候，我看到青菜里面有虫的时候会把整盘青菜都扔了，还骂爹骂娘地把人都骂一通；到大二的时候呢，我会把有虫子的那根青菜夹出来扔掉；大三，把虫子夹出来扔掉，把那根青菜吃了；到大四的时候当没看见连虫子都吃了。老师说整个教育过程不仅仅是灌入专业知识，大学其实是培养你怎么做人；你把人做好了其实做很多事情都是成功的，但你要把这个基础做好。我每次逃课出去赚钱，老师知道我不会出去打游戏就睁只眼闭只眼，他都不管我的，甚至有些事情还会介绍我去做，他想让我多接触社会。

跟国外合作伙伴谈人生、讲文化，用手势也能沟通得很好

2010年上海世博会，赤道几内亚总统的儿子来参观中国香港，参观了中外园林做的一个志莲静苑项目。他们想建一个国家公园，香港政府报到中央部委再推荐到我们。2011年4月11日，我们一班团队就去调研了一个多月，主要做原地形测量，还有材料的解决问题，包括能种什么苗木。为了把这个公园做好，我们把胸径1米的大树全部一棵棵标注好，把所有的大树能保留的尽量保留。当时我们在国外做项目也是相对封闭管理，做公园要讲地形的嘛，所以就

要土方，你也不可能从外面大量运土方，也贵，可能还不安全，我们估计要用多少土方，我们就在两条小溪汇水的地方挖了一个很大的人工湖，把水蓄起来，然后土方给其他地方用。现在这个马拉博国家公园很有影响力的，是整个中非第一个人造的公园。

国外基本上是不存在赶工的，做一个项目不会划定一个很明显的时间，你只要做得好，可以慢慢做，不像国内那样说给点钱就可以加班了的。他们（当地人）做事，就是不急。他们爆发力没有中国的好，但是不会随便偷懒，只是慢慢地做。他们工人上班都带闹钟来的，闹钟一响正扛着树也把它放下就走了，搬东西走了一半的路也放在那里就走了。

他们的服从性比较好，做事很严谨，做什么事情的职业道德都特别好。中国（工人）的话随机性很大，看起来可以就差不多啦。他们把工作和生活分得特别开，周末的时候就讲生活，你去到他家都不能讲工作，我们就谈人生，讲文化。

因为我们的场地在海岛上，离最近的一块大陆是70多公里，当地的树大、高，品种多，我们广东有的树它基本都有。他们是这样，连总统府也是这样，种棵小苗等它慢慢长大，从来没有想到说可以移植这样的，他们很惊讶（大树移植），颠覆了非洲人对园林的理解。还有什么呢，自己开苗圃，现在整个国家最大的苗圃就是我们做的那里；一个变两个，两个变四个这样繁衍出来。

粤博这个项目很有意义

对叠山要求高就高在粤博，基本有很多项目都会有假山的，因为在中国园里面无水不成园嘛，有水的地方很多都会叠假山的。所以我们基本上每一个大项目里面有水池的，或多或少都叠假山，但是材质都不一样，做这么大的英石假山还是第一次。因为在整个广东现在可以说英石还是我们最大的假山，在园里面的，就是我们粤博了。

我觉得这个项目很有意义，新中国成立以后做的第一个这么大的古建项目，是可以传承的。这个项目的难度也不是一般的单位能实现的，首先这个项目关注度太高了，定位也很高的；第二个它场地难度很大，本来做假山一定要正面吊的，不可能背着吊。这个假山的面在湖里面，水池已经做好了，不能把大的吊机放在湖里面去做，整个负一层都会垮掉的。一个吊机都几十吨重，还吊个几十吨东西在那里，荷载很大了。背着吊也不可能，消防车道背着这个吊，很危险的，而且这边有前山后山，就挡住视线看不到。最后是侧着吊的。因为我们是两个假山包着这个广福台，广福台在山体里面、在山林里面建起来的，所以那个石头是包着广福台的，我就跟场地沟通，广福台工期延迟，把这个场地先空给我；把吊机放在广福台的上面，来吊两座假山。

现场难度特别的大。现在来看，我们副峰做得很好，我们副峰做的时间比主峰的时间还长。到工程后期，第一，师傅没有时间慢慢去做，工期很赶，业主就要求你什么时候一定要做完。第二个呢，我们采石一批一批采下来，采下来要分类的，好的石头放在那里，拉上一车来摆开。做副峰的时候已经有一定的储量，所以你看副峰不管是山啊，包括原材料，那个石头都很好的，很漂亮。到主峰的时候呢，我们供不及了，我们去开料，石头有时候一天都搞不了几块。所以你看主峰的石材本身就没有副峰那么好，因为时间又那么赶，所以主峰最后没有副峰那么好看。

我们不是随便做一个假山出来

以前我们因为经常要接触这种假山，我们接的项目都是重点项目嘛，那重点项目我们做的时候肯定要把它做好，要找行业里的大师来做啊。我们这里的大师分两种，一种是理论界的大师，一种是实干型的大师。你看余永森老师他是在事业单位，一个公园里面，他的身份可能是个工人，不是在管理层，但他是省政府市政府认同的，真正地实干出来的。那我们要的不是理论大师，而是要个实干大师。我们还用过别的大师，但是做得都不怎么满意。后来通过朋友介绍，就找了他，跟他长期合作；项目都是余大师去现场直接指导，我们的工人在那里做。哎！余大师从今年（2016年）吧，他就退休啦。那我们也得培养一个接班人，让他来做画龙点睛的那种，就找了邓建才师傅。其实这个行业里面谁能做这些东西，这个圈子不大，园林圈子都不大，那到假山更小了。英德这么大的市场里面你说叠石的师傅出名的，可能也不超过十个。

我们不是随便做一个假山出来，所以它的技术性和艺术性更强。园林行业从2006年一路到2010年发展很快，在广东来说，特别快；亚运过后就开始逐步回落。以后这个行业会两极分化，淘汰一些，所以现在大公司越来越大了。2006年到2010年这样的上升期，那时候项目多数还是商业项目，这几年房子赚了那么多卖了那么多，做了多少这种花园啊，所以那时候项目都是以现代园林为主的。亚运会过后，文化这块东西才越来越突出。现在有种趋势就是古建筑这块会多，越来越多。假山很多现代园林有，但它只会做黄蜡石假山之类的；英石假山呢，不是哪里都适合做的，就像在CBD里搞一个英石假山就不合适，只有去做古建的才用得到这种湖石英石假山，它以后肯定会越来越多。

访谈人员：李自若、钟楚滢、赖洁怡、齐思懿、简嘉仪

整理人：钟楚滢、赖洁怡、齐思懿、邱晓齐、李明伟

图 4-58 山间的骆宏周 （拍摄者：简嘉仪）

坚持城市民工的身份

英石假山匠师余永森先生口述记录
访谈时间：2016 年 6 月 25 日
访谈地点：广东省清远英德市望埠镇英石园

一百双“广州之手”，石山盆景就只有我一个

我在越秀区住沙堤路，西门口那里，几十年啦，我是地地道道的广州人。我十个姊妹，“五好”（五男五女），七个在园林系统；我父母、大哥、阿嫂、老婆、妹妹，都是搞园林的。子女没做，怕辛苦嘛。所以那时的人都笑我们两公婆“城市乡下佬”；70 年代初，就上山下乡，响应党的号召，在白云山明珠楼，山清水秀的。

我们住那里上无片瓦下无插针之地啊，我们租房住咯。买房做什么？不如拿去玩。（我）周围都去过的，中国我都跑遍啦，东南亚去七八次了，最喜欢就是山、水、大海这些。我是“鬼佬”[①]思维，所以去到澳洲啊那些地方，儿女一成家立业就叫成人，你没钱你的事，别回来找我要，他们一有钱就去玩。中国的思维就是你生了儿子你就带啦，带小孩多辛苦，我不会带的，最多请个工人服侍他，还自己服侍那么笨？

我不喜欢宣扬，我不为名不为利的，那时 2010 年广州市“一百双‘广州之手’”评选了各行各业，石山盆景就只有我一个，介绍我出来，但是我觉得（这个）不重要。

那时候呢，我们回来就在流花西苑盆景之家做盆景，和孔泰初老师一起。那时候我二十来岁，孔泰初是我们岭南派的祖师爷，创始人，全国十大盆景专家之一。就跟他学，那时候学盆景呢，是自己爱好啦。那时有个市叫“树仔墟”，五六块买个树仔头[②]。那时候的人不是在山上采完就拿去卖的，他丢下山塘里泡着，十天八天，卖的时候就剪掉那些湿口，就好像新（采）的一样。你以为那是新的，其实早就已经死了，拿回去怎么种都种不活，就算种到足月，当树的养分没了，那树也没了。那些农民也没这个意识，反正他泡着卖相就好。后来我们西苑又有一个石山组，一个盆景班一个石山班，业余的时候我就看那些老师，所谓偷师；自己有些小聪明啦，看老师傅怎么做石头，后来自己再摸索，再后来就形成了风格。在广东来说，（我）做石山算 OK 啦，大家都认可，后来石山、盆景一起（做）。开始走了就慢慢会走了，初时跌着跌着，场地它会教你的，你迈出第一步，就知道第二步（怎么走）了。

蓄枝截干，缩龙成寸

盆景都是单位的，我在单位搞盆景，那时是屡屡获奖。中国的盆景展览，除了第一届我没去，第二届隔了十年，1988 年在武汉，以后就四年一届了，1993 年就在天津，1997 年在扬州。那时开始就自己一路押运过去，再加上那时上海的亚太盆景展，两个地方啊，两日两夜不睡觉的，就这样坐在车头，一路过去，一直就做到今年。最辛苦呢，就是 1999 年，做盆景的主题做了几个月，广东拿了十个盆景，一路押运过去。那时候广东的盆景在全国认第二没人敢

① “鬼佬”，广州话俗称，指外国人。
② 树仔头，广州话，指小树。

——我看石是百分百准的，这个真的是经验积累，轮不到你吹嘘的。我做事很认真，过不了自己那关我是绝对不会过的，自己的过得了，如果人家说不行，我认为你要讲出一个道理，为什么不行。因为我毕竟做多过你理论是吧？你只是在讲，说不好，为什么不好？如果从理论去换，未必换得了第二块石头。

余永森

出生于广州越秀区，70 年代初进入西苑，师从孔泰初学习盆景。1983 年参与广州白天鹅宾馆“故乡水”假山建设；1988 年开始参加各种盆景展览，屡屡获奖。

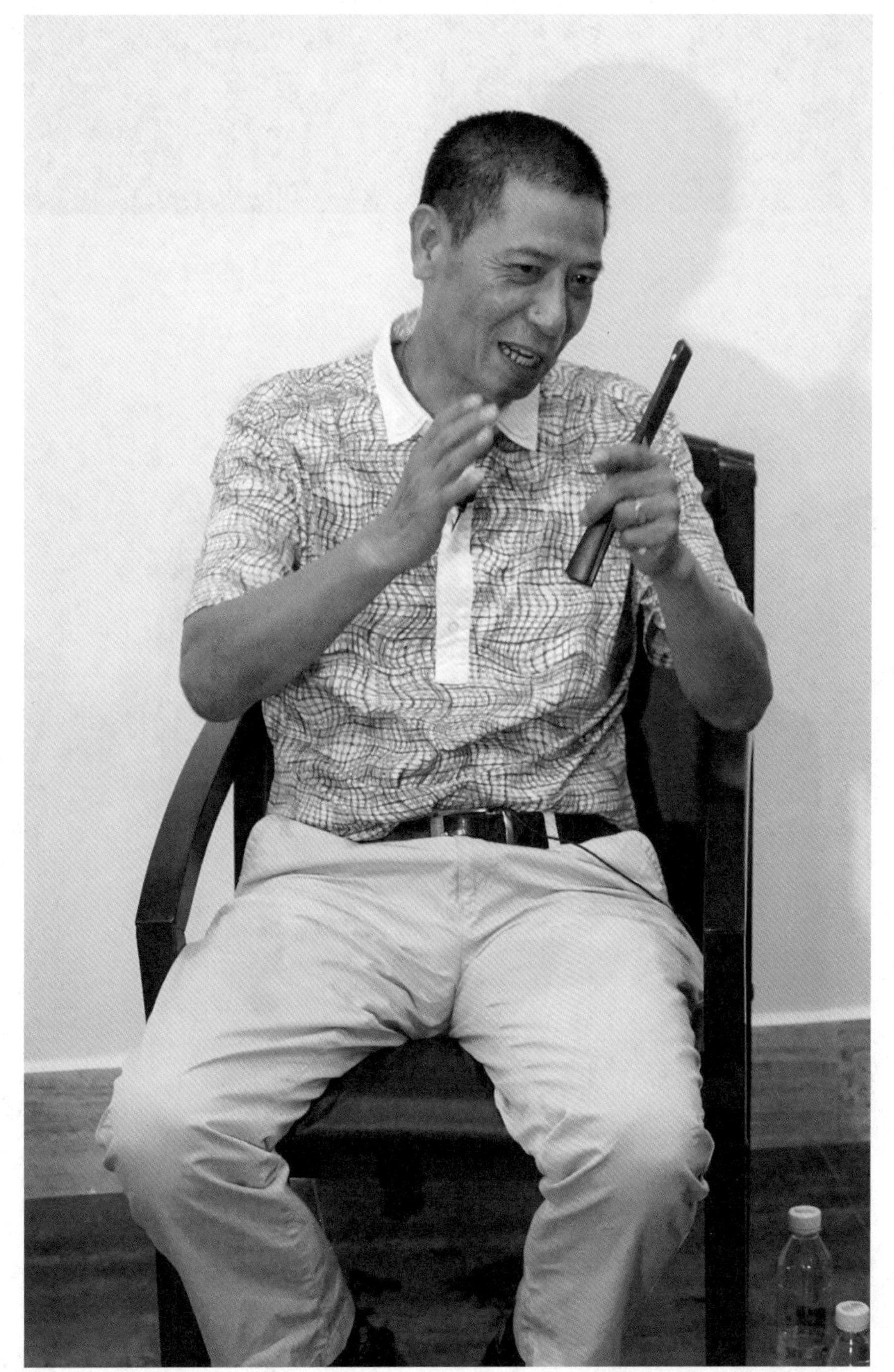

图 4-59 余永森先生 （拍摄者：李晓雪）

图 4-60 课题组师生访谈余永森先生 （拍摄者：李晓雪）

认第一；特别岭南派的盆景，蓄枝截干，很有诗情画意，真是“冇得谈”[①]。所以现在搞展览，川派也好、海派也好，基本已经吸收我们岭南派的手法，蓄枝截干。而且初时去三、四届的盆景展览，那些人笑我们，说广东佬怎么拿些死树来？因为我们盆景是这样的，去的时候一定要剪枝，看那些枝爪。但是我们剪枝的时候就想着什么时候开幕，几时萌芽，等萌芽那个时候，那些叶最嫩最靓。所以，岭南派是全国认可的；像那时七八十年代兴做雾化盆景，我们搞出来，都出口到新加坡、加拿大了。

现在的年轻人，不太肯学东西，做多点都不愿意的。现在做盆景专职的还有五个，有些师傅都做了十几年；有一个老师傅明年（2017 年）八月份就退休了，再有一个就后年（2018 年退休）。剩下三个年轻人，二十来岁咯，现在的人已经不肯学，我认为主要就怕辛苦。我们那时候如果下雨，就打泥，预备好大寒潮的时候换泥，但凡清明这段时间都是换泥的。日晒雨淋，浑身湿透的。不是工厂开着机器砰砰地出产品，它长一条枝，要等它长到一定比例才能剪，所以就叫蓄枝截干，缩龙成寸。这门艺术很深奥的，你必须肯学肯钻才行，现在的后生和我们那时候比“冇得比”[②]了。

过不了自己那关我是绝对不会过的

我做的石山都在广东，一般很少外出，要上班嘛，我也是去年（2015 年）才退休的。

我做石山都很贵的，那时最贵就是我，但有时一分钱都不用，有时就为人民币服务。后面我为什么钻研假山呢？如果你做好一盆石山在那，没人买，放在那里也不会死；做盆景呢不浇水会死的嘛，所以我就转攻石山，那时候个个都认可。有些人叫我做，我未必做，不是钱的问题。另外一个，有些业主会一直看着你做，他就看着这块石头很靓，叫你摆在那，他说：“这块石头摆这里好看啊。”我会和他讲明，因为我知道这石头放在哪里好的，我告诉他放上去的效果是怎样的；已经说给他听了，他还是坚持摆上去看看，结果，还是得拿下来。石头确实是好，但是放上去不对啊，我已经在心目中留下一个位置了，但是没告诉他，总之你说放这，我当还你个心愿。第二天，因为他印象最深就那块石头嘛，问在哪啊？指给他看，因为只有在这里整个石头才显现出来。

如果说起白天鹅宾馆“故乡水”这座山呢，在那个年代也算不错。这座山做起来呢也未必说就是最好的，最好的就是那个命名。那座山有凹凸感，叠石型的山，用的材料也不是很多的，它的水分两级上，那时一级水上不去，就分两级。之所以美，故乡水，这名字好。

做石山呢，按评分都不够一百的，八九十了，一百不可能的，如果有九十分已经很好了。艺术呢，每块石头都不同，它不是画出来的，是一块块那样拼起来的。做石山，拼得好不好、吻不吻合，就看它做出来的层次，深远感、立体感强不强，就最关键了，还有搭配得好不好。年轻时（石山）我亲自做的，现在就很少做了，年纪大啊，跑上跑下很辛苦的；现在就指点咯，这里不行就拆下来。我看石是百分百准的，这个真的是经验积累，轮不到你吹嘘的。我做事很认真，过不了自己那关我是绝对不会过的，自己的过得了，如果人家说不行，我认为你要讲出一个道理，为什么不行。因为我毕竟做多过你理论是吧？你只是在讲，说不好，为什么不好？如果从理论去换，未必换得了第二块石头。

①冇得谈，广州话，指“好得不能再说别的”。

②冇得比，广州话，指“没得比”。

广东的东西，用回广东的石头，广东的味道

粤剧艺术博物馆原先这座山本身想做太湖石的，我让他变个主张。因为怎么样呢，粤剧是我们广东的东西，用回广东的石头，广东的味道。如果用太湖石，苏杭那边没那么多，就算有，韵味也不同了。你说用太湖石衬下驳岸，没问题，这个叫多样化，后来也采纳了；而且，太湖石成本高，按他的预算没办法做，那就在这里运材料。而且我说用英石来做有它的味道、它的感觉；英石它有凹凸感，太湖石全都是光滑面，没棱角，没那个动感，做起来从结构来说没英石那么好，因为太湖石凹凹凸凸没那个咬力。那时候（运石）路都没上山啊，为了粤博专程开条路上山，这个山的石头都不差的，它现在还有些石没开采，所以还有很多宝贝。

其实我做假山呢，入脑子了。石山大小，都一样的原理，一定要看完知道石头的数量，还有所需材料的大小。你比如说做私人别墅的，有个小阳台，几百斤石头而已；如果做小花园，两三吨，大一点。做粤博，它那么大型，这座石山来说，两千多吨石，吨数最大的啦；而且做这座假山，石头不能小，人都抱不起来的，得用吊机。如果做大型石山用小石呢，就很细碎，没效果的，必须用几吨几十吨的大石才有效果，越大越靓。从我角度来看，它不完美，因为环境限制，特别是前山脚的水池漏水，我们砌好之后下雨，因为渗水，我们只能拆掉啦。做这么多次石山，最艰苦就这座，时间来讲太紧了。副峰一流，没得挑剔；主峰就不能说完美，因为场地局限，脚没了咯。山啊，必须有个山脚衬托，有个起伏感，现在没了，没办法。

长江后浪推前浪

我说长江后浪推前浪，有些后浪比我还厉害啦，你在沙滩上看得到，我们就看不到咯，都推在沙滩上了还看什么？就安享晚年吧，还怎么样？如果说有人还看得起我的，我高兴就指点一下咯；不（一定）是徒弟，如果他肯学肯问，一样教他的，我毫无保留的。好像骆经理（骆宏周）他那时候搞绿化，我和他在福湾那几个月，他一路跟着我，他可以叫我师傅，跟我学了不少东西。学东西最重要呢，是问！就要你肯学、肯做。福湾的别墅每一行有两条绿化带，我就说，你们一人做一条。两个人做一条？我说不好，你一人做一行，再叫我去看，两个人一起做无非是“怕死”，万一做不好可以分责任，就这种心态而已。如果你一人做一行，哪里不行的我点评你，这样才更加入脑，更学得到东西。阿骆（骆宏周）就不一样啊，他是真的在做，做到“扑街”啊。

我们七八十年代义务劳动，真的没办法想到报酬。那时八小时上班，很多时候突击做其他东西，搞下活动啊什么的，叫作义务劳动，那时很流行的，（做出来的东西都）没你的名字呢，那时真的是不计报酬的。现在最没脑的人，只看眼前利益。如果你是可以的，老板不会亏待你。好像公司请人，一问到就说，做多久啊，报酬多少啊，其实你应该说：“我不计报酬的，我全心全意为这公司服务的，老板你认为我值多少钱，你去衡量。”如果你是可以的，老板不会亏待你，试用期两三千，他不会给你五百的是吧；那你知道自己心中的底线是什么，就捱一下咯。一个月很快过去的，如果你真的可以，他赏识你、重用你，自然会加你工资。一个好的老板和员工都不用讲数字，他自己心明。

访谈人员：李自若、程晓山、余俊颖、邱晓齐、李明伟

整理人：李明伟、邱晓齐

图 4-61 流花湖西苑盆景 （拍摄者：李明伟）

英石园　（拍摄者：张翀）

我们对精美的几案石赞不绝口，
对穿梭在山林中，踏破无数鞋底的山民
不以为意；
我们对临风耸峙的假山赞不绝口，
对在尘土飞扬的工地上挥汗如雨的工匠
不以为意。
那我们也许无法想象，
他们竟然可以与石头心灵相通；
那我们也许不能理解，
他们让散碎的石头有了山水之灵。
叠山区别于其他传统工艺，
它看起来没有什么特殊的技艺，
但却有着点石成金的魔力。
它传统，传统在中国人千年对自然的欣赏、
敬畏、乃至崇拜，
叠山的传承，是身传，是心传。

华南农业大学岭南民艺平台

寻回传统生活之美，营造美好生活之境

岭南民艺平台，全称“岭南风景园林传统技艺教学与实验平台”，是依托华南农业大学林学与风景园林学院的公益性学术研究平台。以保护与传承岭南地区传统技艺为使命，以研究与孵化培育为己任，以产学研相结合的方式促进与推动岭南地区传统技艺的再发现、再研究、再思考与再创作，为岭南传统技艺的可持续发展搭建一个研究、培育、互利的公益平台。

岭南民艺平台成立于2016年，先期以“口述工艺”工作坊开启以岭南传统工艺匠作为内容的遗产教育与研究活动，带领在校大学生进入工匠的工坊、企业、工作室之中，实地学习记录岭南传统技艺流程，以口述历史研究方法记录岭南地区的传承人与匠师，并形成文献与影像记录档案，让高校学子与研究力量真正进入非遗保护现场发挥力量。

经过近五年的积累与发展，岭南民艺平台已形成研究、传承教育、设计营造三个版块内容，聚合高校专业教师与研究者、在校大学生、岭南非物质文化遗产传承人与行业专家、行业协会及产业资源力量，共同探讨岭南传统技艺的传承与发展。

指导老师

李晓雪

华南农业大学林学与风景园林学院教师，岭南民艺平台负责人，硕士生导师，日本筑波大学世界遗产专攻访问学者，广东园林学会盆景赏石专业委员会副主任委员。主要研究方向为风景园林遗产保护与管理，传统技艺研究，遗产教育与传播。

李自若

华南农业大学林学与风景园林学院教师，秾·可食地景研究组负责人，硕士生导师，芬兰阿尔托大学访问学者，华南理工大学建筑学博士。研究方向为地域景观，研究对象涉及乡村景观、民居建筑、风景园林遗产、可食用景观、教育环境、社区营造等。

高伟

华南农业大学林学与风景园林学院风景园林专业主任，副教授，硕士生导师，美国北卡罗来纳大学夏洛特分校访问学者，中国风景园林学会理事，广东园林学会常务理事。主要研究领域为湾区建成环境更新与公共健康、善境伦理与历史环境教育。

陈意微

华南农业大学林学与风景园林学院讲师；毕业于华南理工大学，博士；中国风景园林学会理论与历史专业委员会委员。研究方向为中国传统园林香景（Smellscape）、设计与健康。

翁子添

华南农业大学岭南民艺平台盆景组负责人，广州上景园林景观设计有限公司设计师。出身于盆景世家，现任广东盆景协会副理事长，广东园林学会盆景赏石分会副理事长。

李沂蔓

华南理工大学风景园林系在读博士研究生。研究方向为清代广州园林生活；热爱中国传统文化艺术；研习中国传统插花艺术。

陈绍涛

华南农业大学林学与风景园林学院副教授，硕士生导师；广东省公共资源综合评标评审专家。研究方向为亚热带建筑与环境设计，园林建筑设计、传统园居当代实践、住区与综合体规划设计。

陈燕明

华南农业大学林学与风景园林学院副教授，硕士生导师。研究方向为SITES可持续场地评估与设计、生态园林设计、生态修复、自然教育景观、英石文化与岭南新园林。

岭南民艺平台历届课题组

2016 岭南民艺平台成员

2017-2018 岭南民艺平台成员

2018-2019 岭南民艺平台成员

2019 岭南民艺平台成员